AF357415

ÉTUDE

DE LA

CONFORMATION DU CHEVAL

Paris. — Imprimerie de E. MARTINET, rue Mignon, 2.

ÉTUDE

DE LA

CONFORMATION DU CHEVAL

SUIVANT

LES PRINCIPES ÉLÉMENTAIRES DES SCIENCES NATURELLES ET DE LA MÉCANIQUE ANIMALE

PAR

A. RICHARD (DU CANTAL)

Agriculteur, inspecteur général des haras, vice-président de la Société impériale
d'acclimatation,
ancien directeur de l'École des haras,
ancien membre des Assemblées constituante et législative,
correspondant de la Société impériale et centrale d'agriculture de France,
etc., etc.

QUATRIÈME ÉDITION
AVEC FIGURES DANS LE TEXTE

« Toute description des animaux ne peut
ressortir qu'à l'histoire naturelle. »
BUFFON.

« L'erreur est la seule chose qui, en
vieillissant, n'acquière pas le droit d'être
respectée. »
Is. GEOFFROY SAINT-HILAIRE.

PARIS

LIBRAIRIE DE L. HACHETTE ET Cⁱᵉ
BOULEVARD SAINT-GERMAIN, 77

1869

AUX SOCIÉTES D'AGRICULTURE

ET

AUX COMICES AGRICOLES DE FRANCE.

Les progrès d'un art, d'une industrie, dépendent de la part que les connaissances spéciales prennent à les provoquer. Sans elles, ils sont en souffrance. Les faits ont démontré de tout temps cette vérité confirmée par la raison. Le progrès dans l'industrie de l'élevage du bétail est rigoureusement soumis à cette loi.

Je dédie la quatrième édition de ce livre aux Sociétés d'agriculture et aux Comices agricoles qui, dans leur patriotisme éclairé, cherchent à répandre la lumière nécessaire à l'amélioration de notre production animale, si importante pour l'agriculture, l'industrie, la richesse et la force de mon pays. Puissent les doctrines que je professe obtenir leurs suffrages et être utiles.

A. RICHARD (DU CANTAL)

PRÉFACE

L'ouvrage que nous soumettons au jugement de l'opinion publique, est le précis d'un des cours que nous avons professés à l'École des Haras.

Lorsqu'un fonctionnaire dirige un enseignement dont le but est d'éclairer la question si obscure du perfectionnement des animaux, il doit répondre à la confiance dont il est honoré par un exposé loyal de ses doctrines. Son devoir l'exige, s'il croit se rendre ainsi utile à son pays.

C'est sous l'influence de cette idée que nous avons fondé les *Annales des Haras et de l'Agriculture*, en 1845. C'est le même motif qui nous guide aujourd'hui.

Nos principes sont loin d'être en harmonie avec ceux qui ont été mis en pratique depuis Louis XIV, et même depuis Henri IV et son grand ministre protecteur de l'agriculture ; mais une profonde conviction ne nous a pas permis de nous abstenir au milieu de l'anarchie qui règne sur les théories développées en matière d'amélioration des races en France.

En tout cas, nous prions nos lecteurs de ne voir dans notre travail, que l'expression d'un ardent désir de concourir au bien public. Nous avons pensé d'ailleurs, qu'un essai dont l'auteur n'a d'autre ambition que celle d'être utile aux haras, était la meilleure preuve de son dévouement à l'administration qui les a toujours dirigés. Nous lui devions ce témoignage public de notre gratitude, pour les marques d'estime et de bienveillance que nous avons si souvent reçues dans son sein.

D'un autre côté, l'État, les chambres législatives, toutes les associations agricoles, s'occupent avec la plus grande activité du perfectionnement des animaux ; si nous n'avions fait connaître les théories que l'École des Haras enseigne sur cette question délicate de notre richesse nationale, nous **nous serions cru** coupable envers le pays.

Nous avons lu avec soin les écrits des employés les plus distingués comme les plus instruits de l'administration. Nous avons eu de longues conférences avec nos honorables collègues professeurs au Pin ; nous avons consulté les éleveurs intelligents et instruits partout où nous avons voyagé ; nous avons réfléchi pendant plus de vingt ans au sujet que nous traitons. Aujourd'hui, nos convictions sont arrêtées : nous exposons ce que nous avons vu, ce que nous avons appris. Suivant nous, la méthode qui a présidé, dans ces derniers temps surtout, à la production de nos chevaux légers, nous a conduits dans la fausse voie où nous sommes. Les faits comme la théorie l'ont confirmé. Nous serions bien reconnaissant à ceux qui nous prouveraient le contraire. Ils nous démontreraient des vérités que les travaux de toute notre vie n'auraient pu nous faire découvrir.

Du reste, nous livrons nos théories au jugement du pays avec la confiance que nous a donnée la pureté de nos intentions. Nous n'avons écrit que sous l'inspiration de notre conscience et de l'amour du bien. Si nos faibles moyens nous ont failli, nous avons la persuasion que l'opinion publique nous tiendra compte du motif qui nous a guidé, et qui nous dirigera toujours en toute occasion.

Notre travail se divise en quatre parties bien distinctes. Dans la première, nous tâchons de prouver que les ingénieurs chargés de diriger la confection des machines vivantes, ne doivent pas être moins instruits dans leur spécialité, que ceux qui dirigent les travaux d'art. L'artiste qui modèle la matière animée, ne peut bien réussir qu'après avoir fait de fortes études théoriques et pratiques. La France les a trop négligées, et la dégradation de nos races ne reconnaît pas d'autre cause. Nous ne pouvons multiplier et améliorer nos animaux, que par l'application des sciences qui doivent s'en occuper. Or, pour les appliquer, il faut d'abord les apprendre.

Dans cette partie de notre travail, nous entrons dans quelques détails sur l'étude des appareils de la vie, pour en faire comprendre toute l'importance : comment perfectionner un instrument, si l'on ne se doute pas des formes qu'il doit avoir?

Dans la deuxième partie, nous décrivons le cheval.

L'enseignement a perpétué les préceptes de Bourgelat jusqu'à notre époque. Nous avons cru devoir y apporter de larges réformes. Le créateur de la médecine vétérinaire n'avait pas eu le temps de bien saisir, suivant nous, les véritables méthodes qui doivent

a.

servir de base à l'étude des animaux ; ses théories se prêtaient trop à l'arbitraire ; les conséquences n'étaient pas déduites des principes rigoureux fournis par la physiologie et la mécanique. Il ne peut cependant y avoir d'autre point de départ ; sans lui, il n'y a plus de règle fixe, plus de philosophie, plus de vérité dans les démonstrations : nous tombons dans le domaine du caprice, des modes, des hypothèses.

La science du cheval est une science mathématique et physiologique. Ceux qui ne l'étudient pas sous ce point de vue, ne comprendront jamais bien la question du perfectionnement de ses races.

Dans le corps d'un animal, chaque appareil a sa fonction particulière. Pour savoir si les instruments qui le composent remplissent le but proposé, il faut s'assurer si leur confection est convenable comme forme, et si la qualité des matières qui ont servi à le fabriquer est bonne. Ces deux conditions sont rigoureusement indispensables à une bonne fin, et il faut savoir les apprécier pour en juger.

La troisième partie est consacrée d'abord à l'examen des proportions du cheval établies par Bourgelat. On avait pensé qu'elles étaient un moyen assuré de juger des bonnes conditions de conformation des types : nous croyons avoir prouvé que cette erreur a été d'autant plus malheureuse, que l'autorité du nom de son auteur a été plus imposante. Le génie du grand maître voulut établir les proportions du cheval sur les mêmes principes que celles de l'homme ; il se trompa. La beauté de l'homme est idéale ou de convention, celle du cheval est mathématique.

Dans cette même partie, nous avons traité des

aplombs, des allures, des robes et signalements, et de l'âge du cheval.

Enfin dans la quatrième partie nous avons examiné les haras. Nous avons pensé que nous ne pouvions pas parler des moyens de reconnaître un animal, sans nous occuper de ceux de le perfectionner. Nous avons donc développé nos opinions sur les types reproducteurs, les courses, etc. Nous ne nous sommes pas abusé sur les difficultés de cette question aussi grave que méconnue en France. Cependant nous n'avons pas cru devoir reculer devant elle, parce que nous cherchons tous les moyens possibles d'instruction, et que nous sommes assuré d'en trouver dans les explications de toute nature qu'elle pourra provoquer. Nous recevrons, du reste, avec reconnaissance, toutes les observations qui nous seront faites pour nous aider à reculer la limite si restreinte de la science des haras (1).

Enfin nous avons terminé notre travail par un appendice sur les vices rédhibitoires, suivant la loi de mai 1838. Nous avons cru devoir compléter l'étude du cheval, par celle des défauts ou des maladies qui donnent lieu à sa rédhibition. Ces documents pourront être utiles aux éleveurs.

Pour remplir notre tâche le mieux possible, nous avons étudié avec soin les travaux de tous les naturalistes et agronomes que nous avons pu nous procurer. Les ouvrages de Buffon, Daubenton, Cuvier,

---

(1) Nous avons supprimé cette quatrième partie, dans la quatrième édition, pour nous borner à l'étude de la conformation du cheval. Nous pourrions reprendre plus tard ce travail par un traité spécial sur les haras, si c'était jugé utile.

Geoffroy Saint-Hilaire, Dugès, Desmarets, Bourgelat, Tessier, Yvart, Gilbert, Huzard, Mathieu de Dombasle, Grognier ; ceux de MM. Milne Edwards, Flourens, de Blainville, Duvernoy, Duméril, de Quatrefages, Doyère, de Gasparin, Magne, Lecoq, Royer, etc., et toutes les publications périodiques sur l'importante question du perfectionnement des animaux, nous ont offert de grandes ressources.

Si nous avons mal réussi à atteindre notre but, ce ne sera pas faute d'avoir travaillé, d'avoir consulté les naturalistes les plus éminents avec lesquels nous avons eu le bonheur de nous mettre en rapport. Leurs bons avis nous ont été aussi utiles que précieux. Nous les prions d'agréer ici nos sentiments de profonde gratitude, et de nous continuer le bienveillant intérêt qu'ils nous ont témoigné (1).

École des haras du Pin, 2 avril 1847.

(1) J'ai cru devoir reproduire ici, sans y changer un seul mot, la préface de la première édition de ce livre publié en 1847, pendant que je dirigeais encore l'École des haras. Elle pourra contribuer à prouver que les doctrines professées à cette École, ont été celles que je n'ai jamais cessé de soutenir, depuis que j'ai cessé d'en faire partie. J'espère qu'elles seront un jour sanctionnés par l'expérience, qui a commencé à se prononcer. La vérité se fait souvent longtemps attendre, *patiens quia æterna*, mais elle arrive toujours, tôt ou tard, et c'est la consolation de ceux qui se dévouent à son culte.

Toutefois, il est de mon devoir de rendre ici justice à qui de droit :

Bien que l'École des haras n'existe plus aujourd'hui, l'Administration n'en a pas moins reconnu l'utilité d'un enseignement doctrinal basé sur les anciens errements de cette école. Depuis quelques années des cours réguliers sont établis au Pin pour l'instruction des jeunes gens qui se destinent à la carrière des haras, et c'est seulement après examen qu'ils y sont admis à titre d'aspirants-surveillants.

AVANT-PROPOS

« L'empire de l'homme sur les animaux, dit Buf-
» fon, est un empire légitime, qu'aucune révolution
» ne peut détruire, c'est l'empire de l'esprit sur la
» matière. »

On ne saurait contester cette vérité ; mais l'homme
pourrait-il profiter de tous les avantages que lui offre
son empire sur les animaux, sans être éclairé par les
sciences spéciales qui se rattachent à leur élevage, et
notamment par la zoologie? Une longue expérience a
démontré depuis bien des années déjà, à ceux qui y
ont réfléchi, que, sans le concours de ces sciences, il
est bien difficile, sinon impossible, de bien faire multiplier et surtout de perfectionner les espèces animales suivant les besoins variés que font naître
chaque jour les progrès de l'esprit humain dans les
diverses conditions de civilisation des peuples.

L'illustre naturaliste Daubenton prouva, au siècle
passé, par un fait frappant, ce que peut la zoologie
dans l'acclimatation comme dans l'amélioration et la
multiplication des espèces animales. Depuis Colbert
jusqu'en 1766, c'est-à-dire depuis un siècle entier,
on avait fait d'inutiles efforts pour produire et perfectionner le mérinos en France. Sur les instances de

Trudaine, le savant professeur du Jardin des Plantes de Paris entreprit, en 1766, l'étude du problème, qui fut résolu dans l'espace de dix ans. Ses travaux éclairèrent l'administration comme les éleveurs, et depuis cette époque, nous marchons à la tête de toutes les nations du monde pour l'élevage du mérinos. De toutes les parties du globe on vient acheter nos reproducteurs mâles et femelles pour améliorer les races mérines. Avant les études de Daubenton cependant, non-seulement nous n'avions pas pu réussir à obtenir le mérinos chez nous et à le perfectionner, mais nous étions obligés d'acheter à l'Espagne, qui en avait le monopole, les laines que fournissait ce précieux animal pour alimenter nos manufactures de draps fins ou autres tissus de prix.

Si Daubenton avait été chargé de résoudre la question du perfectionnement du cheval comme celle du perfectionnement du mérinos, qui pourrait nous dire que nous ne marcherions pas aussi au premier rang des nations, pour la production des races chevalines? Y a-t-il un pays au monde qui soit plus favorisé que le nôtre, au point de vue des éléments physiques que nous offrent la France et l'Afrique, pour produire et améliorer les chevaux propres à tous les services? J'en appelle à tous les esprits judicieux qui ont observé, qui ont réfléchi sur cette question, et l'ont étudiée comme je l'ai fait, sur notre continent comme en Algérie.

Oui, nous avons en France d'une part, et en Afrique de l'autre, toutes les ressources matérielles nécessaires pour multiplier et perfectionner toutes les races de chevaux. Nous n'avons qu'à bien étudier ces ressources suivant les lois de la nature des lieux, pour les bien exploiter, ce qui n'a malheureusement jamais été fait sérieusement. Les montagnes du centre de la France et du midi, la Corse que j'ai étudiée l'an passé (1868), peuvent faire d'excellents chevaux légers. Les plaines du nord produiront des chevaux modèles de trait léger et de gros trait; l'ouest et le nord-ouest, surtout, nous donneront de beaux types d'attelage de luxe tant qu'on en désirera en France, et les Arabes ont montré, de temps immémorial, à l'Europe, ce que nous pourrions faire dans notre grande et riche colonie d'Afrique. Sommes-nous moins intelligents que les Arabes (1)? le sommes-nous moins que les Anglais, eux qui nous ont donné de si beaux exemples que nous avons chaque jour sous les yeux, et que nous n'avons jamais su imiter? Quel en est le motif?

Des naturalistes éminents des temps passés, comme de nos jours, ont parfaitement compris quelle influence leur science peut exercer sur l'amélioration de la production animale en général, et sur celle des espèces animales qui nous la procurent. Isidore-Geoffroy Saint-Hilaire, enlevé encore à la force de l'âge au pays et à la science qu'il cultiva avec autant de distinction que de dévouement, voulait suivre les traces de Daubenton et s'occuper de l'étude des animaux domestiques au point de vue de leur per-

(1) Pour chercher à démontrer comment les Arabes savent étudier le cheval, et les moyens de l'élever et de le perfectionner, j'ai cité plusieurs de leurs maximes dans cet ouvrage, et j'ai cru devoir reproduire des lettres du général Daumas et de l'émir Ab-el-Kader, avec des commentaires que j'ai été chargé de faire sur ces intéressantes communications, par la Société d'acclimatation à laquelle elles furent envoyées.

fectionnement. Dans son remarquable ouvrage sur l'acclimatation et la domestication des animaux utiles, on lit le passage suivant : « ...... L'étude des ani-
» maux domestiques a été longtemps négligée par les
» naturalistes ; et aujourd'hui encore, la plupart d'en-
» tre eux semblent considérer la détermination exacte
» d'une race domestique comme d'un bien moindre
» intérêt que celle de la plus insignifiante des espèces
» zoologiques.....

» ..... J'ai essayé, à plusieurs reprises, de montrer
» combien est regrettable cet abandon par les natu-
» ralistes, *d'une des plus riches parties de leur domaine.*
» L'ÉTUDE DES ANIMAUX DOMESTIQUES INTÉRESSE EN
» RÉALITÉ LA SCIENCE A TOUS LES POINTS DE VUE. Elle
» l'éclaire dans la partie théorique, et même philoso-
» phique, aussi bien que dans les applications prati-
» ques, et l'on s'étonnerait qu'on ait pu si longtemps
» en oublier ou en méconnaître l'intérêt, si l'on ne
» savait, par de nombreux exemples, COMBIEN LA
» VÉRITÉ A DE PEINE A SE DÉGAGER DE L'INFLUENCE DE
» L'ESPRIT DE SYSTÈME ET DU JOUG DES OPINIONS RÉ-
» GNANTES.....

» ..... Le temps me permettra-t-il jamais de réunir
» en corps d'ouvrage le résultat de mes études sur un
» sujet si longtemps négligé, et que j'ai eu à considé-
» rer successivement et sous les aspects les plus va-
» riés ?.... (1) »

Une mort aussi inattendue que regrettable a empêché Isidore Geoffroy Saint-Hilaire de réaliser son projet. Nul ne pouvait mieux traiter, sous tous les

____

(1) *Acclimatation et domestication des animaux utiles*, 4ᵉ édition, p. 161 et 163.

rapports, la question des animaux domestiques que ce savant illustre, aussi dévoué au bien qu'au progrès qui en provoque les développements.

M. de Quatrefages, de l'Institut, professeur au Muséum d'histoire naturelle de Paris, a cherché, comme Daubenton et Isidore-Geoffroy Saint-Hilaire, à faire comprendre l'importance de l'étude de la zoologie pour l'appliquer à l'art de perfectionner les races.....
« On se fait généralement une idée très-fausse, dit-il,
» des sciences naturelles, de la zoologie en particu-
» lier. Pour bien des esprits, le zoologiste n'est qu'un
» homme sachant par cœur beaucoup de noms plus
» ou moins barbares, et connaissant, sur les animaux,
» un certain nombre d'anecdotes ou de traits de
» mœurs, curieux sans doute, mais aussi inutiles au
» point de vue pratique, que peu digne d'occuper
» les intelligences supérieures.

» C'est là une erreur étrange, mais qui s'explique;
» il est peu d'enfants qui n'aient eu entre les mains
» quelque petit livre d'histoire naturelle, et ces ou-
» vrages sont peu propres à donner des notions exac-
» tes sur les diverses branches de cette science. Les
» impressions qu'aucun enseignement ultérieur ne
» devait corriger, devaient nécessairement s'affermir;
» et pourtant, juger de la zoologie par les recueils et
» les historiettes qui ont amusé notre jeune âge, c'est
» juger de la physique par les tours d'un escamoteur,
» ou de l'astronomie par ce qu'on en sait quand on
» a regardé l'anneau de Saturne et les montagnes de
» la Lune, dans une lunette en plein vent.

» Pour ramener le public éclairé à des idées plus
» vraies, j'ai cru que le meilleur moyen était de lais-

» ser la zoologie se défendre elle-même, en montrant
» les grandes vérités qu'elle a découvertes, et l'en-
» semble des faits qu'elle embrasse ; en signalant les
» problèmes de physiologie générale qu'elle a résolus,
» et les hautes questions de philosophie naturelle que
» seule elle peut aborder, j'espérais lui conquérir les
» esprits vraiment élevés. L'expérience, j'ose le dire,
» a prouvé que cet espoir était fondé.

» Tout en s'avouant intéressés par cet ordre de faits,
» quelques utilitaires m'ont demandé à quoi bon ?
» Cette question désolante, qu'on adressait jadis à tou-
» tes les sciences, ON NE LA FAIT PLUS GUÈRE QU'A LA
» ZOOLOGIE. Il est admis que les mathématiques ser-
» vent à quelque chose : la physique, la chimie, ont
» depuis longtemps fait leurs preuves en traduisan
» leurs plus hautes théories en faits pratiques ; la cul-
» ture des fruits, le commerce des fleurs, en re-
» muant annuellement des millions, ont popularisé la
» botanique, cette sœur aînée des autres sciences
» naturelles qui déjà avaient pour elles les traditions
» médicales ; enfin, la minéralogie, la géologie, sans
» cesse interrogées par l'industrie des mines, COM-
» MENCENT A L'ÊTRE PAR L'AGRICULTURE.

» *La zoologie, jusqu'à ces derniers temps, était seule*
» *restée en dehors des applications immédiates donnant*
» *au bout de l'an un bénéfice net.* Les lumières qu'elle
» jetait sur les phénomènes de la vie ne suffisaient
» pas pour attirer sur elle l'attention du vulgaire qui
» compte dans ses rangs tant d'hommes éminents
» d'ailleurs, mais n'estimant que la science de leur
» choix. Autant que les plus illettrés, bien des savants
» ne comprenaient rien aux applications médiates

» d'un savoir qu'ils ne possédaient pas. Ils ne voyaient
» pas, par exemple, que l'élève du bétail et la créa-
» tion des races domestiques, ces deux problèmes si
» graves que l'empirisme a quelquefois abordés avec
» bonheur, ne pouvaient être définitivement résolus
» que par la zoologie. A cet égard, ils pensaient des
» zoologistes comme l'eussent fait les métallurgistes
» des derniers siècles, de nos chimistes d'aujour-
» d'hui (1). »

Et reprenant la question de l'influence des sciences naturelles en général sur la formation des races
dans les règnes organiques de la nature, et celle de la
zoologie en particulier, dans son ouvrage publié en
1861 sur l'unité d'origine de l'espèce humaine où il
traite comparativement des races et de leurs variétés
dans les règnes végétal et animal, M. de Quatrefages ajoute : « Pour pouvoir pleinement se dévelop-
» per, tout individu doit être en harmonie complète
» avec ses conditions d'existence, avec le milieu où
» il vit ; toute espèce, pour se propager et s'étendre,
» doit satisfaire à la même exigence ; du moindre dés-
» accord entre ces deux termes, résulte la souffrance
» pour l'individu, l'amoindrissement pour l'espèce.
» Bien que souffrant dans certaines limites, l'individu
» peut fournir sa carrière à peu près entière ; mais les
» effets du désaccord s'accumulant à chaque généra-
» tion, et s'aggravant par le fait de l'hérédité, comme
» on le verra plus tard, l'espèce ne saurait durer in-
» définiment dans un milieu qui lui serait même très-
» peu contraire. Il en serait d'elle comme du rocher

(1) *Souvenirs d'un naturaliste*, 2 vol., Paris, 1854. Introduction, p. 1 et suiv.

» que finit par percer la chute incessante de faibles
» gouttes d'eau. Si l'espèce était absolument inva-
» riable elle périrait nécessairement dans cette lutte
» prolongée où la puissance des conditions défavora-
» bles, grandirait de toutes ses pertes et de sa faiblesse
» croissante. Lors donc qu'une circonstance quelcon-
» que nous produit le désaccord dont il est ici ques-
» tion, il faudra nécessairement, ou que l'espèce dis-
» paraisse au bout d'un temps donné, ou que l'har-
» monie se rétablisse. Les modifications que suppose
» cette dernière alternative, porteront ordinairement
» sur l'espèce qui, variable comme on l'a vu, réagira
» pour s'accommoder à des conditions nouvelles.
» Voilà comment, dans une multitude de circonstan-
» ces, se formeront les races dont nous allons nous
» occuper (1). »

Plus loin, à la page 198 du même livre, l'auteur
nous dit, en continuant ses études sur les causes de
la formation des races : « L'intervention de l'homme
» apporte-t-elle des éléments, des agents nouveaux
» dans la constitution des races domestiques? — Au
» premier abord, on serait tenté de le croire. Dès que
» l'homme met la main sur une espèce, celle-ci sem-
» ble s'ébranler. Des variétés apparaissent, des races
» se forment, d'abord en petit nombre, puis de plus
» en plus multipliées, et cela sans efforts apparents
» de la part du maître, comme nous l'avons vu pour
» le dindon. — Si la volonté humaine vient en aide
» ·cette tendance à la variation, celle-ci marche bien
» plus rapidement encore. Bientôt, à chaque besoin par

(1) *Unité de l'espèce humaine*, p. 78.

» ticulier correspond une race spéciale, et l'homme
» obtient de la même espèce, le bœuf de trait, le bœuf
» de boucherie ou la vache laitière ; le lévrier, le do-
» gue, le bichon ou le chien d'arrêt. Que le besoin ou
» le caprice vienne à changer, les races changent de
» même, et le cheval carrossier de Normandie, rem-
» place le destrier que les hauts barons du moyen âge
» tiraient de la même province. Aujourd'hui on peut
» dire que l'homme PÉTRIT ET FAÇONNE CERTAINS ÊTRES
» VIVANTS COMME LA MATIÈRE MORTE. *D'un type donné il*
» *tire à peu près tout ce qu'il veut. Il rompt à son gré l'é-*
» *quilibre naturel de l'organisme et fait des animaux tout*
» *graisse comme le porc de Leicester, tout os et tout muscle*
» *comme le cheval anglais, tout graisse et muscle comme*
» *le bœuf Durham,* ne laissant des autres organes, des
» autres appareils, que ce qui est indispensable à
» l'entretien de la vie.

» Est-ce à dire qu'il suffise à l'homme de vouloir,
» et qu'il exerce autour de lui une sorte d'action ma-
» gnétique, comme semblent l'admettre quelques au-
» teurs? Non certes. L'homme n'agit sur l'animal
» qu'à l'aide des deux forces que nous avons trouvées
» partout jusqu'ici, le milieu et l'hérédité ; et si, dans
» certains cas, il use de son intelligence pour les di-
» riger et en obtenir des effets déterminés d'avance,
» souvent aussi il les met en jeu involontairement et
» à son insu.

» En effet, l'homme, en soumettant une espèce
» sauvage, *transforme presque toutes ses conditions*
» *d'existence;* en d'autres termes, il modifie considé-
» rablement le milieu où elle avait vécu jusque-là.
» C'est dans ce but d'utilité qu'il les asservit, et l'es-

» pèce, pour se plier à ses exigences, perd ou acquiert
» certaines qualités (1). »

On peut voir d'après les opinions des naturalistes,
opinions d'ailleurs confirmées par les faits, combien
l'étude de la zoologie en particulier, et celle des éléments des sciences naturelles en général, sont utiles
pour bien connaître les espèces animales et les moyens
de les bien perfectionner. Les succès obtenus sur
le mérinos, et, sauf quelques heureuses mais rares
exceptions, les insuccès dans les autres races en
général, en sont la preuve. Qui pourrait la contester
sérieusement?

De tous les animaux domestiques, le cheval est
celui qui de tout temps a le plus attiré l'attention des
nations et celles de leurs gouvernements. On en trouve
la cause dans les aptitudes et la richesse de sa nature
qui le rendent propre à être utilisé pour tant de services, et dans la difficulté qu'on a toujours eue de le
perfectionner de manière à bien répondre à tout ce
qu'on exige de lui (2). Aussi depuis les temps les plus

(1) *Unité de l'espèce humaine*, p. 498 et suiv.

(2) La difficulté de perfectionner le cheval comparée à celle
d'améliorer les autres races domestiques, est facile à comprendre.
Que demande-t-on en effet à ces dernières? de la viande, de la
graisse, du lait, de la laine, etc., la production animale, enfin
qu'elles nous procurent, et que nous utilisons, soit pour les subsistances, soit pour le commerce, les arts ou l'industrie ; pourvu
qu'elles nous fournissent cette production dans les meilleures conditions économiques possibles, et en bonne qualité, nous sommes
satisfaits ; mais pour le cheval, il n'en est pas de même. Au fond,
sa production animale nous intéresse peu, ce n'est pas pour elle
qu'il est élevé comme le bétail ordinaire ; on l'élève pour servir de
locomotive vivante ; et pour bien produire cette locomotive soumise aux mêmes lois de dynamique que toutes les locomotives
possibles, il faut essentiellement connaître les rouages, les appareils de locomotion qui les composent, et l'élément vital qui leur

reculés, les peuples se sont-ils occupés avec une solli
citude toute particulière de ce puissant élément de
leur force en temps de guerres, de leur richesse, de
leur prospérité et de leur bien-être en temps de paix.
Les poëtes l'ont chanté; les naturalistes, les philo-
sophes, les historiens, les littérateurs de l'antiquité
comme ceux de nos jours ont écrit sur lui; les artistes
l'ont peint ou sculpté dans son état de nature comme
dans toutes ses conditions de domesticité. Les agriculteurs, les militaires, les industriels, ont toujours
attaché la plus grande importance à son élevage; des
sociétés spéciales se sont formées pour chercher col-
lectivement les moyens de favoriser sa multiplication
et son perfectionnement. En France, les grands pouvoirs de l'État, les chambres législatives, les gouver-

donne l'énergie nécessaire à leur action, ce qui dépend *du sang*
(expression reçue), de la race des sujets. Si l'on ne connaît pas les
appareils dans leurs détails comme dans leur ensemble, comment
peut-on les perfectionner? La tradition, une longue expérience,
un judicieux esprit d'observation, et la persévérance à suivre un
procédé adopté souvent dû au hasard, ont pu quelquefois, dans des
cas isolés, favoriser l'empirisme et suppléer à la science ; mais
par son intervention, que de tâtonnements, que d'incertitudes,
que de dépenses on peut éviter, que de temps on peut gagner!!
Voyez quels progrès rapides ont faits toutes les industries, tous
les arts qu'elle a éclairés d'une part, et de l'autre, que de déceptions, que d'erreurs commises dans les professions privées du savoir spécial qui leur est nécessaire pour prospérer! Si vous remar-
quez un progrès étendant toujours ses limites dans une carrière,
quelle que soit sa nature, remontez à l'origine, à la cause déter-
minante de ce progrès, vous y trouverez le doigt de la science;
vous trouverez autre chose à l'origine d'une industrie ou d'une
carrière que le savoir spécial n'aura pas éclairée; l'aveuglement
de la routine y aura planté une borne infranchissable, nous en
avons la preuve chaque jour sous les yeux ; aussi les esprits sérieux
insistent-ils, plus que jamais aujourd'hui, pour demander la vulgarisation de l'enseignement professionnel, surtout celui de l'agriculture.

nements, les associations agricoles et hippiques n'ont jamais cessé de s'en occuper. Toujours on a discuté et l'on discute sur lui : des centaines de millions ont été dépensés, depuis deux siècles surtout, pour son amélioration en France. Les départements comme l'État ont fait ce qu'ils ont pu pour des encouragements aux éleveurs, et cependant nous sommes loin d'être d'accord et satisfaits. La presse périodique, agricole, scientifique ou politique ; les brochures et les livres qui ont été publiés ou qui sont imprimés chaque jour, nous prouvent, par leurs contradictions et leurs polémiques, que nous ne sommes pas encore fixés, au fond, sur la nature des lois qui doivent présider à l'emploi des moyens de perfectionner les races suivant chaque localité, et suivant chaque genre de service auquel elles sont destinées.

En cherchant la cause des insuccès, de tant de louables efforts tentés sans interruption, de tant de dépenses faites pour un but que nous n'avons encore pu atteindre suivant nos vœux et nos besoins, nous la trouvons dans le défaut de connaissances spéciales qui doivent éclairer nos éleveurs, afin qu'ils puissent juger dans leur pratique journalière :

1° De la nature du climat, du milieu dans lequel ils opèrent ;

2° Des influences de ce climat et de ce milieu sur leurs animaux, et des moyens d'en modifier l'action à notre avantage ;

3° Des ressources agricoles dont ils peuvent disposer dans leur élevage ;

4° Des races soit indigènes, soit importées, sur lesquelles ils opèrent ;

5° Des qualités ou des vices des reproducteurs employés pour améliorer ces races, soit par croisement, soit par sélection, afin d'admettre ou de repousser, avec connaissance de cause, les types qui conviennent ou ne conviennent pas pour le but à atteindre;

6° Des besoins du commerce ou de l'industrie, de l'armée ou du luxe qui utilisent ces produits;

7° Pour que les éleveurs puissent juger enfin, des bénéfices probables que ces produits peuvent procurer à l'agriculture qui les élève, et des moyens économiques à employer pour atteindre, avec succès et profit, le but proposé.

Toutes ces questions délicates, si difficiles à bien résoudre dans la pratique, demandent des études sérieuses, une prudence, un esprit d'observation et une persévérance dont les Anglais nous ont donné de si frappants exemples dans l'élevage de toutes leurs races d'animaux domestiques... Si nous voulons faire comme eux, comme eux il faut étudier les animaux, les moyens de les modeler suivant nos besoins. Là est la solution du problème.

Ainsi donc, je le répéterai toujours, tant je suis convaincu, pour mettre fin aux incertitudes, aux tâtonnements, aux changements de systèmes employés, abandonnés et repris, pour l'amélioration de nos races, il faut éclairer notre agriculture qui s'occupe de leur élevage. Le gouvernement l'a d'ailleurs si bien compris depuis quelques années, qu'il cherche à faire vulgariser l'instruction professionnelle des agriculteurs. Par cette instruction, ils pourront bien comprendre et employer les moyens assurés de perfectionner nos espèces animales comme nos autres produits du sol. Nous avons eu récemment une preuve de plus de cette tendance de notre époque, dans la décision prise par M. le ministre de l'instruction publique au sujet du Muséum d'histoire naturelle de Paris ; il a rappelé, et avec juste raison, l'esprit du décret du 10 juin 1793, sur la réorganisation du Jardin des plantes. Ce décret, qui n'a pas été abrogé, a voulu que l'enseignement de ce grand et utile établissement, l'une des gloires scientifiques les plus brillantes et les plus solides de la France, fût dirigé au point de vue des progrès de l'agriculture, des arts et de l'industrie. Les découvertes de la science de la nature et les importants travaux de ceux qui la cultivent, ne sauraient avoir de plus heureuses conséquences que celles de contribuer d'une manière efficace aux progrès de l'agriculture la plus ancienne, la plus indispensable, comme la plus vaste et la plus féconde de toutes les industries dans ses productions si variées.

Comme le voulait l'empereur Napoléon en 1806 (1),

(1) Les haras organisés depuis Colbert (1666), après des tentatives antérieures qui n'avaient pas réussi, furent supprimés en 1790 comme n'ayant pas répondu au but pour lequel ils avaient été fondés. L'Empereur, témoin des progrès provoqués par les sciences appliquées de 1789 à 1806, comprit pourquoi l'élevage du cheval n'avait pas réussi comme l'avaient fait les autres industries éclairées par les lumières spéciales. Voulant remédier à la lacune qui avait été la cause de leur suppression en 1790, il les réorganisa par son décret du 4 juillet 1806 ; mais il voulut, pour les faire prospérer, *deux écoles d'expériences*. L'article 1er de ce décret est ainsi conçu : « Il y aura six haras, trente dépôts d'étalons, DEUX ÉCOLES D'EXPÉRIENCES. »

L'Empereur avait donc voulu que les éleveurs comme l'administration fussent éclairés par un enseignement sérieux sur la question qu'il désirait faire résoudre, et qui, malgré des efforts incessants et des dépenses inutiles, était loin d'avoir été traitée de manière à bien répondre aux besoins du pays ; il savait que il importe de faire vulgariser enfin la science du che-

pour bien faire un métier il faut l'apprendre. L'enseignement dont
il ordonna l'organisation n'eut pas lieu, et c'est ce qui explique
pourquoi le perfectionnement du cheval ne s'est pas effectué.

Du reste, l'idée dominante de l'empereur Napoléon était toujours de répandre la lumière que donnent les sciences, parce qu'il
savait, par expérience, quel concours elles avaient prêté à la France
pour se défendre dans les luttes terribles qu'elle eût à soutenir à
la fin du siècle passé et au commencement de celui que nous tra-
versons. En envoyant le traité de Campo-Formio, en octobre 1797,
par un savant et un militaire, Monge et Berthier, il disait dans sa
lettre au Directoire: «.... Les sciences qui nous ont révélé tant de
» secrets, qui ont détruit tant de préjugés, sont appelées à nous
» rendre plus de services encore ; de nouvelles vérités, de nou-
» velles découvertes, nous révéleront des secrets plus essentiels
» encore au bonheur des hommes, mais il faut que nous aimions
» les savants et que nous protégions les sciences.... »

Et quelques mois plus tard, lorsque, le 19 mai 1798, l'heureux
soldat partit pour l'expédition d'Egypte avec la brillante armée
qu'il commandait, il amena avec lui les savants les plus illustres
de cette époque. Arrivé dans la terre des Pharaons, il fonda, le
3 fructidor an VI, l'institut d'Egypte qui siégea au Caire ; cet institut fut composé de trente-six membres. Monge le présida; le général Bonaparte en fut le vice-président. La première réunion de
ces savants eut lieu le 23 août 1799, et ce fut son vice-président
qui proposa les questions à mettre immédiatement à l'étude.

Lorsqu'il fut reçu membre de l'Institut de France, Napoléon
écrivit la lettre suivante au président de cette savante assemblée,
qui, par ses travaux, a tant contribué à la gloire, à la puissance
et à la prospérité de notre pays.

 « Citoyen président,

» Le suffrage des hommes distingués qui composent l'Institut
» m'honore. Je sais bien qu'avant d'être leur égal, je serai long-
» temps leur écolier.

» S'il était une manière plus expressive de leur faire connaître
» l'estime que j'ai pour vous, je m'en servirais.

» Les vraies conquêtes, les seules qui ne donnent aucun regret,
» sont celles que l'on fait sur l'ignorance.

» L'occupation la plus honorable comme la plus utile pour les
» nations, c'est de contribuer à l'extension des idées humaines.

» La vraie puissance de la République française doit consister,
» désormais, à ne pas permettre qu'il existe une seule idée nou-
» velle qui ne lui appartienne.   » Bonaparte. »

Devenu empereur, Napoléon Bonaparte conserva les mêmes
idées sur la vulgarisation des sciences. En 1807, il envoya en
Portugal le savant illustre, Etienne Geoffroy Saint-Hilaire, dont il

val pour le perfectionner. En 1840 (1), Louis-Philippe eut la même pensée, adoptée par la direction générale des haras en 1864 (2) et par le Sénat

avait su apprécier les talents et le dévouement pendant la mé-
morable expédition d'Égypte ; il lui donna pour secrétaire l'éminent naturaliste Lalande ; la mission de Geoffroy Saint-Hilaire
était d'étudier l'état des sciences naturelles en Portugal, et d'en
rapporter les objets qui pouvaient être utiles à l'agriculture ou à
l'industrie de la France.

En 1810 et en 1811, le grand naturaliste Cuvier fut chargé de
faire des rapports au gouvernement sur l'état des sciences et sur
leurs progrès en Italie, en Hollande et en Allemagne, et sur l'ordre de l'Empereur, le même savant présentait à l'Institut, le 6 février 1808, son célèbre rapport sur les progrès des sciences de
1789, jusqu'à l'époque où il fit ce travail qui est resté comme
une preuve des immenses progrès que firent les sciences naturelles de 1789 à 1808.

(1) En 1840, le roi Louis-Philippe, reprenant l'idée de Napoléon en 1806 sur les haras, arrêta, par son ordonnance du 24 octobre, la fondation d'un enseignement spécial pour élucider la
question de perfectionnement de nos races de chevaux. Le ministre de l'agriculture de cette époque, M. Gouin, disait dans son
rapport au roi :

« ..... En première ligne doit être signalée *la création de l'E-*
» *cole des haras.* Les mines, les forêts et la plupart des services
» spéciaux ont leurs écoles ; les haras ont besoin d'avoir la leur.
» Poussée, dans un pays voisin, à un haut degré de perfection
» théorique et pratique, *la science hippique en France a été négli-*
» *gée.* Il faudrait la répandre *parmi nos éleveurs.* Il faut, en tout
» cas et absolument, donner à l'officier des haras cette connaissance
» approfondie des races, des croisements, de l'influence du climat,
» de la nourriture, de l'élevage, en un mot, toutes les notions si
» complexes, si variées, *sans lesquelles la production chevaline*
» *reste à la merci de la routine et du hasard.* L'École des haras
» sera créée dans ce but, et désormais la carrière, pour cette partie
» de l'administration, restera irrévocablement fermée à qui n'aura
» pas fait ces études spéciales..... »

(2) M. le directeur général des haras disait, le 1er août 1864,
dans une circulaire où il signalait à MM. les préfets l'état fâcheux
de la situation actuelle de la production de nos chevaux.

« ..... Il serait possible de remédier, du moins en partie, à ce
» regrettable état de choses, en ouvrant dans chaque chef-lieu de
» département un cours à l'instar de ceux que fit autrefois le
» célèbre Daubenton pour le mérinos, un cours où serait professé
» un enseignement approprié à l'élevage, c'est-à-dire à la fabrica-

en 1867 (1). — D'autre part, cette idée avait été mise en pratique, dès son début, par l'École des haras que j'ai eu l'honneur de contribuer à fonder et dont j'ai été si heureux de diriger l'enseignement pendant quelques années. Je croyais pouvoir ainsi me rendre utile à mon pays pour la solution de la question des haras, depuis si longtemps débattue sans le succès toujours attendu.

Il serait facile d'expliquer pourquoi, de temps immémorial et partout, on s'est plus préoccupé du cheval que des autres animaux domestiques (2), pourquoi aussi, dans ces derniers temps surtout, les hommes sérieux comme l'administration ont désiré faire vulgariser la science qui s'en occupe.

Lorsque ce mammifère précieux est perfectionné et dressé comme le permettent les ressources de son organisation entre des mains habiles, sa docilité, sa force, sa vigueur, son intelligence, sa bonne volonté, sa légèreté, la vitesse de ses allures, sa sobriété, sa durée au service, sa résistance aux fatigues, sa rusti-

» tion ou perfectionnement de la matière animale. Vous trouve-
» rez, je n'en doute pas, autour de vous, des médecins et des vété-
» rinaires qui consentiraient à se charger avec désintéressement
» de cette honorable tâche..... »

(1) A la suite d'un remarquable rapport fait au Sénat dans la séance du 24 mai 1867, par M. Drouin de Lhuys, à l'occasion d'une pétition que j'avais adressée à ce grand corps de l'État sur la situation des haras en France et sur les moyens de les faire prospérer, le renvoi de la pétition au ministre compétent fut ordonné, afin qu'il fût donné aux idées qui y étaient présentées la suite jugée convenable.

(2) « Il n'est aucune branche de l'art agricole », dit l'illustre promoteur de l'enseignement agricole en France, *Mathieu de Dombasle*, « sur laquelle on ait plus écrit que sur l'amélioration des » races de chevaux, et il n'en est aucune dont le gouvernement » se soit occupé avec plus d'activité et de persévérance. » (*De la production des chevaux en France*, p. 1.)

cité, son heureuse conformation, sa souplesse, son élégance, le rendent propre, tantôt aux promenades hygiéniques ou d'agrément, tantôt aux exercices variés du manége et de l'équitation dans toutes les conditions. Il est utilisé pour la chasse, pour les voyages à cheval, et même, au besoin, pour la somme. Quand il est conformé de manière à être propre au trait, par son développement et par sa taille, il est attelé aux voitures de luxe ou de service ordinaire des familles, à la ville comme à la campagne, ou bien il traîne de lourdes charrettes de roulage. Il sert aux postes, aux messageries, au remorquage des bateaux sur les fleuves, les rivières ou les canaux; il met en mouvement des machines hydrauliques pour des arrosages de jardins maraîchers ou autres services. Il fait tourner des manéges dans les usines, dans les profondeurs des puits creusés dans les entrailles de la terre pour y extraire des houilles ou autres produits minéraux. L'agriculture qui l'élève, l'utilise avec le plus grand avantage pour l'exploitation du sol, pour les transports de ses produits, pour tous ses travaux variés; il remonte la cavalerie, l'artillerie; il traîne les munitions de guerre, tout le matériel des équipages militaires et des ambulances; on le dresse enfin pour les spectacles des cirques, pour les théâtres où il devient acteur, et où il se fait aimer et applaudir par son intelligence, sa docilité, sa douceur, sa patience, son aptitude à remplir les rôles qu'on lui confie; il étonne les spectateurs par ses tours de force, d'adresse et d'énergie quand ils sont exigés; partout enfin il répond et suffit à tout ce qu'on lui demande. Et lorsque nous avons épuisé toutes les ressources de n admirable organisation; quand cette pauvre bête, toujours docile et obéissante, exténuée de fatigues, harassée et usée par le travail, succombe à la peine, *meurt pour mieux obéir*, suivant l'expression de Buffon, elle nous lègue ses dépouilles utilisées dans le commerce, les arts et l'industrie, et sa chair consommée aujourd'hui en France, et dont les subsistances étaient privées depuis tant de siècles, parce que l'ignorance et la routine, irréconciliables ennemies de tout progrès, l'ont voulu ainsi, elles qui ont laissé continuer le mal toujours et partout, quand elles n'ont pas contribué à l'aggraver (1).

Voilà le cheval, voilà sa vie. On conçoit donc tout l'intérêt qu'on porte partout à sa multiplication et à son perfectionnement, comme on doit comprendre aussi combien la science qui nous fait connaître cette admirable locomotive vivante dans tous les détails de son organisation, est nécessaire pour la modifier,

(1) C'est surtout à Isidore Geoffroy Saint-Hilaire, qui dirigea les premiers travaux de la Société d'acclimatation, qu'est due l'initiative des efforts fructueux qui, dans ces derniers temps, ont enfin réussi à faire entrer la viande de cheval dans l'alimentation publique. Dans l'ouvrage qu'il a publié à ce sujet, sous forme de lettres, il a démontré que l'ignorance et le préjugé seuls s'étaient opposés au triomphe de l'hippophagie. L'exemple qu'il a donné a porté ses fruits. La Société protectrice des animaux, celle d'acclimatation, unissant leurs efforts incessants avec les efforts des Sociétés des départements, ont largement contribué à combattre l'erreur séculaire qui privait les subsistances d'une viande saine et bonne. Des banquets ont été donnés partout ; des discours y ont été prononcés ; des écrits ont été publiés, et aujourd'hui, nos principales villes sont pourvues de boucheries de cheval comme de tout autre animal domestique ; c'est un progrès pour l'alimentation publique, mais combien de temps ce progrès a-t-il été attendu ! Que de peine éprouve trop souvent la vérité pour se produire, même dans les plus petits détails !

l'améliorer suivant les besoins des services divers auxquels elle est soumise.

Et quand on voit, dans nos villes comme dans nos campagnes, des hommes (des charretiers surtout) assez ingrats dans leur stupide grossièreté pour brutaliser ce pauvre animal qui meurt à la peine en nous servant de toute la force de sa bonne volonté, n'a-t-on pas le droit d'être indigné? Remercions les sociétés protectrices des animaux de la sollicitude avec laquelle elles récompensent ceux qui traitent bien ces serviteurs de l'homme, sans négliger de surveiller les coupables qui les maltraitent, afin de faire intervenir la justice qui les punit conformément à la loi.

Buffon, qui a si bien compris l'importance de l'étude des animaux domestiques au point de vue des ressources qu'ils nous offrent, et qui a dit : « *autrefois* » *ils faisaient toute la richesse des hommes ; aujourd'hui* » *ils sont encore la base de l'opulence des États, qui ne* » *peuvent se soutenir et fleurir que par la culture des* » *terres et par l'abondance du bétail* », a fait du cheval une des plus brillantes descriptions qui soient sorties de sa plume féconde.

« La plus noble conquête, dit-il, que l'homme ait » jamais faite, est celle de ce fier et fougueux animal » qui partage avec lui les fatigues de la guerre et la » gloire des combats. Aussi intrépide que son maître, » le cheval voit le péril et l'affronte. Il se fait au bruit » des armes, il l'aime, il le cherche ; il s'anime de la » même ardeur. Il partage aussi ses plaisirs à la » chasse, aux tournois, à la course, il brille, il étin- » celle ; mais, docile autant que courageux, il ne se » laisse point emporter par son feu, il sait réprimer

» ses mouvements. Non-seulement il fléchit sous la
» main de celui qui le guide, mais il semble consulter
» ses désirs, et obéissant toujours aux impulsions qu'il
» en reçoit, il se précipite, se modère ou s'arrête, et
» n'agit que pour y satisfaire. C'est une créature qui
» renonce à son être pour n'exister que par la volonté
» d'un autre ; qui sait même la prévenir ; qui, par la
» promptitude et la précision de ses mouvements,
» l'exprime et l'exécute ; qui sert autant qu'on le dé-
» sire, et ne rend qu'autant qu'on le veut ; qui, se
» livrant sans réserve, ne se refuse à rien, sert de
» toutes ses forces, s'excède, et même meurt pour
» mieux obéir. »

Tel est le commencement du travail que nous a légué le naturaliste immortel qui, au siècle dernier, a doté la science de la création la plus vaste, la plus attrayante comme la plus féconde des sciences, d'ouvrages qui resteront comme un monument impérissable élevé à la gloire de la littérature française d'une part, de l'autre, à la gloire de l'histoire de la nature dans le monde entier.

Comme celles d'Aristote, les *Œuvres de Buffon* seront considérées comme une des plus utiles productions du génie humain pour le bonheur commun des hommes (1).

(1) On a reproché à Buffon, et avec raison d'ailleurs, de s'être quelquefois laissé emporter par la fougue de son imagination, et de s'être trompé. Oui, certes, il a commis des erreurs dont on doit faire justice dans la pratique de la vie ; mais que de vérités n'a-t-il pas proclamées sur les œuvres du créateur de toutes choses ! Que de services n'a-t-il pas rendus en les faisant connaître ; et pourquoi faut-il que, pour le bien de tous, ces vérités ne soient pas répandues dans nos campagnes surtout, pour faire apprécier à leur valeur et mieux exploiter, les ressources immenses que

Pour améliorer le cheval, pour le modeler de manière à le rendre propre aux services variés auxquels il est soumis; pour donner enfin aux rouages, aux organes si multipliés qui composent son organisation, les qualités qu'on en exige, il est nécessaire de connaître les lois élémentaires de dynamique en vertu desquelles tous les rouages de cette admirable locomotive fonctionnent. C'est pour attirer l'attention sur ce mode d'examen, et en faire saisir l'importance si bien comprise par les Anglais et par les Arabes eux-mêmes, que j'ai publié ce livre dont la première édition a paru en avril 1847. Je pensais alors, comme je crois plus que jamais aujourd'hui, d'après la raison comme d'après les faits accomplis, que je devais étudier, dans ses détails comme dans son ensemble, le mécanisme au moyen duquel le cheval se meut, afin de pouvoir bien

Dieu a mises à la disposition de l'homme, partout où il a établi son domicile. *L'homme,* a dit le grand naturaliste, *ne sait pas assez ce que la nature peut, et ce qui peut sur elle* ; et son disciple Lacépède ajoutait : *La science de la nature doit changer la face du globe* ; tout cela est vrai. On a exprimé itérativement de tout temps la même pensée sous des formes diverses ; et pourtant, rien n'a été plus négligé que l'étude de la science de la nature dans ses applications à l'exploitation du sol, à l'agriculture, bien qu'on n'ait jamais cessé de répéter qu'elle est la plus vaste, la plus riche, la plus indispensable de toutes les industries. Columelle se plaignait à Rome du défaut d'enseignement de l'agriculture, quand les autres carrières étaient pourvues de l'instruction spéciale qui pouvait les faire prospérer. Près de vingt siècles se sont écoulés depuis cette époque ; jamais on n'a cessé de reproduire l'opinion du savant agronome romain. En France, nous nous plaignons plus que jamais aujourd'hui de l'insuffisance de l'enseignement professionnel de l'agriculture pour instruire nos populations rurales. Bien éclairées sur leur profession, elles feraient cependant augmenter dans de grandes proportions notre richesse territoriale, la plus solide de toutes les richesses. A quoi donc peut être attribuée cette indifférence pour une chose si utile, alors que l'on s'occupe si souvent, et avec souci, de tant de futilités ?

juger de sa structure, de sa bonne ou mauvaise conformation suivant les principes raisonnés des sciences
naturelles et les lois de la mécanique animale. D'autre
part, j'ai voulu essayer de faire connaître la nature de
son sang, celle de sa race, pour indiquer les conditions de vigueur et d'énergie qui mettent en action
ses appareils de locomotion. Ce travail n'avait jamais
été fait, que je sache, avant l'enseignement de l'École
des haras de 1840 à 1847. Avant la fondation de cet
établissement, l'ouvrage classique adopté dans l'enseignement officiel des écoles spéciales était celui de
Bourgelat; j'ai dit, dans d'autres publications sur cette
matière, quelle en était la doctrine, et j'ai essayé de
démontrer qu'en appliquant les idées du maître, non-
seulement il n'était pas possible de connaître les
bonnes conditions de conformation du cheval, mais
encore les véritables moyens de le perfectionner suivant les besoins de l'agriculture, du commerce, de
l'industrie ou de l'armée (1).

Il a été prouvé à l'École des haras, pendant que j'ai
eu l'honneur d'en diriger l'enseignement, que les
idées développées par l'homme illustre qui fonda les

(1) Depuis 1847, comme avant cette époque, d'autres travaux
ont été publiés sur le cheval: les principaux sont ceux de mon
savant ami F. Lecoq, du général Jacquemin, de Vallon, de Magne,
de Merche, etc., et je ne dois pas oublier de signaler aussi l'excellent traité de M. le comte de Montigny, livre utile, surtout pour
les écoles de dressage, dont les services ne peuvent être contestés
aujourd'hui en France.

Mais je dois citer ici les travaux anatomiques du docteur Au-
zoux en première ligne de ceux qui doivent faciliter la science du
cheval. Son cheval élastique, comme toutes les pièces qu'il a si
bien imitées des règnes organiques de la nature, est d'une utilité
inappréciable pour l'étude de la science pratique de la zoologie et
de la botanique.

écoles vétérinaires, étaient contraires aux lois de la mécanique animale, contraires à celles qui doivent toujours être observées dans le perfectionnement des races, et que, par conséquent, elles étaient la négation de la vérité et du progrès; les faits ne l'ont que trop démontré pour le cheval léger surtout. Que cette réflexion, toutefois, ne soit pas prise pour une critique systématique des œuvres d'un des hommes dont j'admire le plus l'initiative heureuse et le talent. Nul plus que moi, en effet, ne reconnaît les services rendus par le créateur d'une science médicale qui compte, parmi ceux qui la cultivent, des hommes éminents pour la faire progresser. Par leurs recherches, leurs utiles découvertes et la publication de leurs travaux, ces savants ont élevé la médecine des animaux au niveau de la médecine humaine, et ont souvent contribué à ses progrès. Mais, *si amicus Plato, magis amica veritas.* Cette maxime ne devrait-elle pas avoir toujours force de loi absolue et inviolable, surtout quand il s'agit d'une question de bien public et d'intérêt national; et dans ce cas, doit-on jamais hésiter à soutenir la vérité, quelles que puissent d'ailleurs en être les conséquences pour celui qui se dévoue à son culte!!

Du reste, à l'époque où Bourgelat publia son livre sur le cheval et les haras, livre que le savant professeur Grognier, qui a publié des ouvrages justement estimés, a qualifié d'œuvre immortelle (1), la science

(1) Dans sa notice historique et raisonnée sur les œuvres de Claude Bourgelat, publiée en 1805, le professeur Grognier dit, p. 102 : « L'ouvrage IMMORTEL dans lequel Bourgelat a déployé les » connaissances les plus vastes et les plus profondes sur le cheval

de l'histoire naturelle appliquée à l'étude du cheval
considéré comme locomotive, et à celle des moyens
de le perfectionner, ne lui était pas assez familière.
Jurisconsulte habile et avocat éminent au barreau de
Grenoble, ce ne fut qu'à l'âge de cinquante ans qu'il
entreprit, suivant le vœu formulé par Buffon dans son
travail sur le cheval (1), la mission difficile qu'il a si

» a pour titre, *Éléments de l'art vétérinaire, Traité de la con-*
» *formation extérieure du cheval, de sa beauté, de ses défauts,*
» *des considérations auxquelles il importe de s'arrêter, dans le*
» *choix qu'on doit en faire, des soins qu'il exige, de sa multipli-*
» *cation ou des haras, etc., etc., à l'usage des écoles vétérinaires.* »

Et antérieurement à l'époque où Grognier publiait son ouvrage
sur Bourgelat, le savant Fourcroy, membre de l'Institut, conseiller d'État, directeur de l'instruction publique, écrivait à Huzard,
aussi membre de l'Institut, qui éditait l'œuvre de Bourgelat, et
l'enrichissait de notes, la lettre suivante :

« Paris, le 2 germinal an XII.

» Le conseiller d'État chargé de la direction de l'instruction
» publique, au citoyen Huzard, vétérinaire, membre de l'Institut
» national.

» Je vous annonce avec plaisir, mon cher confrère, que j'ai fait
» inscrire votre ouvrage (l'ouvrage de Bourgelat édité par Huzard),
» intitulé : *De la conformation extérieure du cheval*, sur le cata-
» logue de la bibliothèque des lycées.

    » Je vous salue affectueusement,   FOURCROY. »

On comprend, d'après de pareilles adhésions, dans un moment
où l'instruction publique recevait une si énergique impulsion en
France, toute la confiance que pouvait inspirer l'œuvre de Bourgelat.

(1) Je ne dois pas négliger de signaler ici un fait remarquable,
au point de vue des applications de la science de la nature à l'exploitation de la production animale. C'est au Jardin des plantes
de Paris, qui a toujours été le plus éclatant foyer des sciences naturelles en France, que l'idée de fonder des écoles vétérinaires a
pris naissance. Buffon, en parlant du cheval, disait :

...... « Je ne puis terminer l'histoire du cheval sans marquer
» quelques regrets de ce que la santé de cet animal utile et pré-
» cieux, a été jusqu'à présent abandonnée à la pratique souvent
» aveugle de gens sans connaissances et sans lettres. La médecine
» que quelques auteurs ont appelée médecine vétérinaire, n'est
» presque connue que de nom. Je suis persuadé que si quelque

heureusement remplie au point de vue médical et administratif; mais il se trompa sur la question des haras et sur celle des bonnes conditions mécaniques de la conformation du cheval, et son erreur a été plus fatale qu'on ne pense à l'amélioration de nos chevaux.

D'ailleurs, les travaux des naturalistes modernes, qui ont pu concourir si fructueusement à éclairer le pays sur les moyens à employer pour perfectionner notre production animale en général, ceux de Daubenton notamment, n'avaient pas encore paru ou

» médecin tournait ses vues de ce côté-là, et faisait de cette étude » son principal objet, il serait bientôt dédommagé par d'autres » succès; que non-seulement il s'enrichirait, mais même qu'au » lieu de se dégrader, il s'illustrerait beaucoup. »

Claude Bourgelat comprit l'importance de cette idée ; et, soutenu par Bertin, il fonda en 1762 l'École vétérinaire de Lyon, la première qui ait existé au monde, et trois ans plus tard, en 1765, il fonda l'École d'Alfort près Paris.

L'entreprise de Bourgelat peut donner la mesure de l'étendue de son intelligence. Il n'était ni médecin, ni naturaliste, et cependant, à l'âge de cinquante ans, il créa la médecine des animaux, science qui a rendu de si grands services à l'agriculture et à l'industrie partout où elle a été cultivée.

Peu de temps après, en 1766, Trudaine s'adressa à Daubenton, l'émule et l'ami de Buffon au Jardin des plantes, afin de connaître son opinion sur l'acclimatation et la multiplication du mérinos en France ; l'illustre naturaliste fonda la bergerie de Montbard, sa patrie et celle de Buffon, pour étudier pratiquement la question qui lui était posée. Cet exemple fut suivi plus tard à Rambouillet, et l'on sait aujourd'hui quels bienfaits ont été la conséquence de la création des bergeries nationales pour l'agriculture et pour l'industrie françaises.

L'idée de fonder les écoles vétérinaires et les bergeries a donc pris naissance au Jardin des plantes de Paris, comme récemment celle de fonder les sociétés d'acclimatation qui s'organisent maintenant partout sur le globe.

Que de progrès, trop méconnus en général, n'a pas provoqués le Muséum d'histoire naturelle de Paris, depuis l'époque (1739) où le grand naturaliste Buffon en prit la direction jusqu'à nos jours !!!

n'étaient pas assez connus, lorsque Bourgelat publia ses ouvrages ; or, c'est surtout dans les travaux importants que nous ont légués les Buffon, les Linné, les Daubenton, les Pallas, les Cuvier, les Geoffroy Saint-Hilaire, les de Blainville, les Duméril, les Duvernoy, et les naturalistes contemporains, notamment Isidore Geoffroy Saint-Hilaire, MM. Milne Edwards, de Quatrefages, etc., sur la physiologie générale et comparée dans le règne animal, que l'on pourra étudier les principes scientifiques qui feront bien comprendre et traiter la question du perfectionnement des animaux domestiques, et spécialement celle des haras.

Dans les éditions précédentes de ce livre, et à la quatrième partie, j'ai présenté un historique abrégé des moyens employés en France, depuis deux siècles notamment, pour perfectionner nos races. En développant quelques idées sur cette importante question de notre production animale, j'ai cherché à démontrer comment il était difficile d'atteindre le but proposé par les procédés variés antérieurement mis en usage sans le concours des principes indiqués par l'étude des lois de la nature. Il me sera peut-être possible, plus tard, de reprendre cette question et de la traiter dans un ouvrage spécial ; mais dans cette quatrième édition, je me suis borné à l'étude du cheval au point de vue de sa conformation. Cette étude est importante pour bien juger surtout des qualités ou des défauts des sujets employés à la reproduction. Là est le point de départ de l'amélioration des races. C'est aux soins hygiéniques bien entendus à faire le reste. Comment d'ailleurs pourrait-on bien choisir un reproducteur mâle ou femelle, sans connaître les lois de leur bonne organisation, pour améliorer une race, soit par croisement, soit par sélection ? Et si ceux-là même qui ont étudié cette question délicate, la trouvent difficile à résoudre, comment peuvent faire ceux qui ignorent les premiers éléments de la science pratique qui doit les guider dans leurs opérations.

J'ai cru devoir continuer toutefois à ajouter à la fin de ce travail, une description succincte des maladies ou vices rédhibitoires indiqués dans la loi de 1838, pour faire connaître leurs droits à ceux qui pourraient en avoir besoin dans des acquisitions. J'y ai placé aussi des lettres du général Daumas et de l'émir Abd-el-Kader sur le cheval arabe, avec quelques explications que j'avais été chargé de donner pour la Société d'acclimatation à laquelle ces intéressantes communications avaient été faites. On pourra ainsi juger comparativement des maximes des Arabes et des opinions variées des auteurs, et voir de quel côté est la vérité au point de vue de la conformation du cheval suivant les lois de la mécanique animale.

ÉTUDE
DU CHEVAL

DE SERVICE ET DE GUERRE

SUIVANT LES

PRINCIPES ÉLÉMENTAIRES DES SCIENCES NATURELLES

Première Partie

CONSIDÉRATIONS GÉNÉRALES

SUR LES APPAREILS DE LA VIE DES ANIMAUX.

Les qualités recherchées dans les végétaux et les animaux que nous utilisons, dépendent de la disposition spéciale des organes qui les composent, et dont les fonctions président à la vie. Si ces fonctions répondent à nos désirs par leurs résultats, notre but est atteint ; si elles n'y répondent pas, nous tâchons de modifier, suivant nos vues, les appareils qui les exercent (1).

---

(1) Dans l'élevage que nous faisons des animaux divers, nos vues diffèrent souvent de celles de la nature. Tous les efforts de celle-ci tendent à la conservation des individus et à la multiplication des espèces ; ceux de l'homme, au contraire, sont uniquement dirigés vers les moyens de satisfaire ses besoins variés, ses goûts, ses plaisirs, et même ses caprices. Or, ces moyens sont quelquefois diamétralement opposés soit à la multiplication des espèces, soit à la conservation des

Nous allons tâcher de rendre le mieux possible notre pensée par quelques développements précis et simples sur la science de la nature. Ces développements sont indispensables si nous voulons faire une étude sérieuse de l'un des animaux les plus utiles que l'homme ait soumis à sa domination, si nous voulons surtout connaître les qualités ou les défauts de son organisation, suivant les services auxquels nous le destinons.

Georges Cuvier a établi en principe *que la forme du corps vivant lui est plus essentielle que la matière* (1).

Suivant cette loi absolue, un simple fragment osseux suffisait à ce grand naturaliste pour recomposer des individus qui ont disparu du globe. Il décrivait leurs organes, leurs formes, leurs mœurs ; il indiquait leur genre de patrie, et, d'après leurs caractères zoologiques, il les classait à leur rang dans le règne animal.

Quand on étudie la vie avec ses appareils et les lois qui président à ses phénomènes, on comprend toute la rigueur de l'axiome de Cuvier, toute la nécessité de la conformation

---

individus. La castration, par exemple, souvent pratiquée sur les animaux domestiques, est la négation de la reproduction. Les procédés employés par nos fleuristes afin d'obtenir des végétaux d'ornement, des fleurs doubles plus belles, changent en pétales leurs organes de génération et rendent ainsi ces fleurs infécondes. Ces procédés correspondent, par le fait, à une véritable castration, puisqu'ils ont les mêmes conséquences pour résultat.

L'homme va plus loin encore pour modifier les végétaux et les animaux selon ses désirs. Il les place souvent dans des conditions qui occasionneraient de véritables maladies mortelles, s'ils n'étaient livrés, à point, à la consommation, pour laquelle ils ont été préparés. La santé des sujets est sacrifiée aux bénéfices qu'ils procurent. Nous ne développerons pas ici cette question, que nous avons traitée dans divers articles de notre *Dictionnaire raisonné d'agriculture et d'économie du bétail.* Voir les mots Croisement, Elevage, Hygiène, Perfectionnement, Zootechnie, etc., etc.

(1) Introduction au *Règne animal.*

générale des animaux ou spéciale à chacune des parties de leurs corps. Dans la nature organisée, les parties qui entrent dans la composition d'un tout sont essentiellement liées de fonctions, leurs formes dépendent toujours les unes des autres pour le but commun. Il s'ensuit que les principes ont des conséquences sans lesquelles il n'est pas plus possible de supposer la vie qu'on ne peut admettre un dégagement de chaleur sans calorique. Quelle que soit la complication ou la simplicité d'un organe, dans les animaux ou dans les végétaux, cet organe a toujours une configuration commandée, une texture, une condition d'être, indispensables à son essence, à ses fonctions, que lui seul peut remplir.

Pour la confection d'une horloge, d'un navire, d'un objet formant un tout, on emploie, dans les arts et l'industrie, des instruments qui varient de configuration comme de texture, suivant leurs usages. Ainsi, une lime ne ressemble pas à un marteau, parceque leurs fonctions sont différentes; une colonne n'a ni la souplesse ni la texture d'une corde, etc. La spécialité d'emploi de chaque outil commande son modèle, sa densité, sa résistance, son volume, sa pesanteur, etc. Dans un moulin, dans une fabrique, une roue ne peut être remplacée par un cube, ni un engrenage par un axe, pas plus qu'une chaîne ne peut servir de levier. Eh bien! à la différence du mérite de confection près, les instruments employés par la nature pour l'entretien de la vie, pour la fabrication des matières diverses que produisent les animaux et que nous utilisons de tant de manières, offrent exactement les mêmes conditions de variétés pour remplir leurs fonctions différentes; cependant, malgré leurs admirables dispositions, nous apprenons à les modifier, pour les rendre plus propres à nos besoins. L'amélioration des races à notre point de vue en est un exemple. Le génie de l'homme, fécondé par la science, va jusqu'à diriger les travaux de la nature elle-même, jusqu'à lui faire perfectionner l'œuvre de Dieu dans le sens de nos intérêts, de nos plaisirs ou de nos caprices.

Les instruments de la vie physique des corps organisés
ont donc de l'analogie avec ceux de la vie d'un moulin, d'une ou
machine (1) : dans les uns comme dans les autres, il fallait lia
que leurs formes et leurs textures fussent disposées pour la fin nil
proposée.

Pour appuyer ce que nous avançons, nous devons citer 19.
quelques exemples que nous avons tous les jours sous les 29
yeux. Une dent canine, aiguë, arrondie, plus ou moins al- -li
longée ou recourbée, une molaire à lobes tranchants, des 29
griffes, étudiées ensemble ou séparément, indiquent toujours 21
un carnassier d'une taille à peu près déterminée par le vo- -c
lume de ces organes, d'une conformation commune à cette 9l
espèce d'animaux dont les mœurs sont plus ou moins féroces. .2
On peut aussi juger du genre de pays qu'elle est forcée d'ha- -i
biter par sa nature. Sans ces attributs, propres à l'individu ul
se nourrissant de proie morte ou vivante, il n'est point de car- -i
nivore possible, comme sans armes il n'est point d'armée. .c
Donnez au lion les dents du bœuf, et le roi des animaux xi
n'existe plus ; sa vie n'est plus possible, par le seul change- -9
ment de la forme de la dent. Nous pourrions en dire autant Ji
de l'estomac, des organes des sens, de la forme générale 9l
ou partielle du squelette, etc., etc.; mais nous nous bornons 2i
ici aux caractères les plus saisissables pour tout le monde.

Si nous voyons un animal avec des extrémités terminées 2i
par des ongles en forme de sabot, ses dents sont à table 9
plane et raboteuse ; elles ont de l'analogie avec la surface 9

---

(1) La vie n'est pas autre chose que le mouvement dans les machines 2i
organisées ou inorganisées ! La mort, qui, dans la nature entière, i
n'est que la cessation du mouvement partout où il existait, dans l'hom- -i
me comme dans l'animal, dans le végétal comme dans l'appareil de 9
mécanique en jeu, nous en fournit la preuve. Du reste, partout la mort ?
reconnaît pour cause soit la cessation générale du jeu des instruments, i
soit la rupture de l'un d'eux ou d'un de ces engrenages essentiels à i
l'action de tout l'appareil.

d'une meule de moulin, pour moudre le grain et broyer le fourrage. Ce doit être nécessairement un herbivore, aux mœurs
douces, au caractère plus ou moins timide et facile. Outre
les dents et les pieds, il aura tous les autres attributs physiques propres à son espèce. Changez les dispositions d'un ou
plusieurs de ces instruments essentiels à sa vie, et il meurt.

Changez la lime et le marteau de l'horloger, et donnez-lui,
pour les remplacer, une bêche et un rateau, il ne peut plus
faire son métier, il cesse d'être horloger. Mettez une roue à
engrenage oblique dans la machine d'une fabrique, quand il
le faut droit; placez une corde à la place d'un levier; changez
la forme indispensable aux fonctions d'un instrument quel
qu'il soit, et il n'a plus de mouvement possible, *plus de vie*.

Le bec d'un oiseau de proie est un crochet propre à déchirer la chair dont il s'alimente (1), tandis que celui de la bé-
cassine est une sonde qui lui sert à fouiller la vase pour y
chercher sa nourriture. Le flamand est pourvu de longues
échasses pour aller dans les marais, et le canard, qui vit sur
l'eau, est construit en forme de nacelle, il a des rames pour
naviguer. Ces oiseaux, qui cherchent leurs aliments souven
dans la vase, ont le bec en forme de cuiller, pour en prendre
une certaine quantité et la tamiser ensuite au moyen des crénelures qui se trouvent sur les côtés de leurs mandibules. Ils
retiennent ainsi les vers ou autres substances, qui glisseraient
sans ces petits arrêtoirs. On n'a qu'à observer un canard le
long d'une rigole pour se convaincre de ce fait. Le célèbre

(1) N'oublions pas de remarquer l'analogie de structure qu'il y a
entre le mammifère carnivore et l'oiseau de proie, parcequ'ils se nourrissent l'un et l'autre des mêmes individus et qu'ils se les procurent de
la même manière. Le lion, le tigre, etc., ont des crochets pour déchirer, des griffes pour saisir : l'aigle, le vautour, ont un crochet avec leur
bec, et des griffes, pour opérer comme les carnassiers; ils ont de plus,
comme eux, une grande puissance musculaire, pour les combats à livrer, ou pour fatiguer, réduire, les animaux qui résistent.

créateur de l'école de l'anatomie philosophique, Étienne
Geoffroy-Saint-Hilaire, considère ces petites lames comme
des sortes de rangées de dents cornées, et les compare aux
fanons des baleines, qui servent à tamiser les petits poissons
dont se nourrit cet énorme cétacé. Cette analogue est d'autant plus judicieusement établie que, dans l'un et l'autre cas,
ces organes sont cornés, et ont absolument mêmes usages et
mêmes dispositions ; ils ne diffèrent que par leurs développements (1).

Nous ne finirions pas si nous voulions continuer à citer des
cas de ce genre ; la nature entière nous en fournirait jusque
dans les plus petits détails, et le règne végétal, malgré sa
plus grande simplicité, n'est pas moins intéressant sous ce
rapport que l'admirable organisation des animaux.

Mais, si dans le même sujet chaque instrument destiné à
remplir telle ou telle fonction ressemble nécessairement par
sa forme et sa texture à l'organe correspondant d'un autre individu de la même espèce, nous devons dire que les mêmes
conditions favorables à la fin proposée n'existent pas toujours
dans l'un comme dans l'autre (2). De là, les différences de
santé, d'énergie, de force, de durée, de sobriété, de puissance générale de vie et d'action, etc., etc.

Citons un exemple connu. L'estomac d'un homme ressemble à celui d'un autre, il a mêmes fonctions à remplir, même
disposition ; et cependant chez l'un il peut être excellent, et

---

(1) Le bec des souchets est pourvu de lamelles tellement développées
qu'elles sont comparables à de véritables petits fanons de baleine. On
peut s'en convaincre sur les exemplaires qui sont au Muséum d'histoire
naturelle de Paris.

(2) N'en est-il pas de même dans les arts ? Si dans la nature on ne
trouve jamais deux individus rigoureusement identiques en qualités
dans toute leur organisation, trouve-t-on deux objets de fabrique humaine qui se ressemblent parfaitement ? N'y a-t-il pas une différence,
soit dans la nature des principes élémentaires, soit dans les dispositions
de texture, d'arrangement moléculaire, etc., etc. ?

mauvais chez l'autre. Tout le reste de l'organisation offre la même particularité, jusque dans ses plus minimes combinaisons. Tel individu, sans être plus énergique ni pourvu d'un système musculaire mieux conditionné, sera plus fort que tel autre, parceque les dispositions de son squelette, les leviers de son système osseux, offriront plus d'avantages aux puissances qui les font agir. Ce dernier exemple s'applique surtout aux animaux, sujet spécial de nos études. Le cheval, par exemple, toujours employé comme locomotive, doit avoir le plus de perfection possible dans tout son système locomoteur, dans tous les rouages qui le composent, et dans l'âme, *la vapeur*, qui en détermine l'action. Dans deux sujets du même genre, les organes correspondants sont identiques quant à la forme générale pour les besoins de la vie; mais ils peuvent varier quant à la qualité, quant aux dispositions spéciales propres au but que nous nous proposons, et qui diffère souvent de celui de la nature : la nature, en effet, ne tend qu'à la conservation de l'individu et à la reproduction de l'espèce ; nous ne visons qu'au bénéfice, comme nous l'avons dit dans l'une des notes précédentes.

L'appréciation des qualités d'un cheval, comme des autres animaux employés aux mêmes usages, est basée sur l'étude de ses rouages : on ne pourra donc bien juger et connaître à fond l'ensemble de leur machine que lorsqu'on possédera à fond la connaissance des éléments qui la composent.

Pour nous, le cheval-locomotive, l'âne, le mulet, le bœuf de travail, offrent trois points principaux à bien étudier : 1° le sang ou l'espèce, 2° le squelette et les puissances de ses leviers, 3° les viscères, dont l'action règle la santé.

La vie de tout individu exploité par l'homme est soumise aux mêmes lois que celle de tous les sujets de son espèce : mêmes phénomènes dans les fonctions identiques, mêmes produits consommés et rendus; mais quelle différence dans les résultats !

L'étude intime des animaux que nous élevons doit nous

conduire à expliquer, autant qu'il est possible à l'esprit humain de concevoir, la nature, la cause de ces différences. C'est
là le seul comme le véritable point de départ de l'amélioration des races; les faits l'ont toujours prouvé, et ce qui le
prouve encore, c'est l'anarchie dans laquelle nous vivons
toujours en France sur ce point, au milieu des progrès des
autres industries de tout ordre.

Les animaux domestiques, sur lesquels tant de personnes
raisonnent, ne nous paraissent pas compris suivant les véritables lois qui président à leur vie et celles qui doivent diriger leur fabrication; on n'a pas assez pénétré dans le secret
de la bonne confection de leur machine : c'est là le mal, il
n'est pas ailleurs. Nous avons l'espoir de le démontrer plus
d'une fois à l'opinion publique.

Il nous est mathématiquement prouvé que le défaut seul
de connaissances spéciales est la cause des plaintes générales,
des récriminations perpétuelles, dont nous sommes témoins,
sur l'amélioration de nos races diverses, et notamment de nos
chevaux de service et de guerre. Nous serions heureux si
nous pouvions concourir à éclairer la question si grave de
leur perfectionnement, toujours discutée et toujours obscure.

Avant d'entrer dans des détails particuliers de description
des régions du corps des animaux, nous croyons indispensable de présenter quelques considérations générales de physiologie et de mécanique. Elles nous rendront plus familières
les études de spécialité, toujours arides, et souvent difficiles,
quand on n'est pas préparé pour les faire.

La vie, nous l'avons vu, est la conséquence naturelle des fonctions des organes qui composent l'organisation animale, sous l'influence d'une cause qui n'est point appréciable pour nous. Il n'est
cependant pas plus possible de nier cette cause que de nier la
lumière du soleil, puisque la vie elle-même en est l'effet.
Quelle différence y a-t-il entre l'état de l'individu qui vient
de mourir subitement, sans maladie connue, et celui qui pré-
cédait sa mort, que nul ne pouvait prévoir? Aucune ! C'est

le même sujet, la même organisation, moins le souffle qui l'animait, moins cette puissance qui préside au mouvement général de la matière, et opère d'une manière si variée dans un corps animé.

Pour le vulgaire, pour celui qui ignore les beautés de la nature organisée et les lois admirables qui la régissent, un être vivant est un tout qui naît, se développe, se reproduit et meurt. Ne s'occupant pas de remonter aux causes, pourquoi descendrait-il aux effets? Mais l'homme qui médite et veut se rendre compte des phénomènes qui se passent sous ses yeux découvre dans l'animal qu'il analyse une véritable manufacture de produits de tout ordre, fabriqués par des appareils de chimie ou de physique d'une perfection telle que les productions humaines n'ont rien qui puisse leur être comparé. Un animal est donc une fabrique, un laboratoire de chimie vivante, comme le disait Broussais. Cette fabrique animée extrait d'une poignée de fourrage non seulement tous les produits indispensables à l'entretien de sa vie et à sa transmission, mais encore ceux que nous nous approprions à ses dépens, et qu'il nous est impossible de fabriquer nous-mêmes, malgré nos puissants moyens industriels. Quel est le manufacturier, le chimiste, avec ses réactifs et ses appareils, qui obtiendrait d'une botte de foin de la viande, des graisses, des huiles, des os, des fourrures, des cuirs, des laines, de la soie, des plumes, de l'ivoire, de la corne, etc., etc.?

L'intégrité et les bonnes dispositions de confection des différents appareils employés par la machine animée ont la plus grande influence sur la bonne ou mauvaise fabrication des produits que nous donnent les animaux. C'est là le point essentiel à connaître pour déterminer la valeur des individus, ou plutôt celle de leurs appareils de fabrication de tout ordre, afin de les modifier suivant les nécessités de l'époque où nous vivons, suivant celles de la consommation.

S'il est essentiel qu'un fabricant de produits chimiques connaisse la nature de tous les appareils employés dans son établissement, pour être assuré que tous fonctionnent avec bénéfice, celui qui se livre à l'industrie de l'exploitation des fabriques animées doit-il en ignorer les détails et méconnaître les causes de sa richesse ou de sa ruine, de ses succès ou de ses revers? Peut-il hasarder ses capitaux, dépenser son activité et sa vie en pure perte, pour n'avoir pas connu sa profession, soit pour son compte, soit pour celui d'autrui? C'est cependant ce que nous voyons tous les jours, sans en apprécier souvent la cause.

Passons rapidement en revue les phénomènes les plus saillants de la fabrique animale, pour nous faire une idée du perfectionnement de ses appareils.

Les matières premières dont les animaux se servent pour obtenir leurs produits sont toujours des corps organiques, végétaux ou animaux, ce qui les a fait diviser en carnivores et herbivores. Ceux-ci seront les seuls dont nous nous occuperons; nous n'aurons recours aux premiers que par comparaison, et pour appuyer une opinion avancée. Du reste, les animaux domestiques étant le sujet spécial de notre travail, ce sont eux que nous allons prendre pour types d'étude.

Pour réduire une matière végétale, herbe ou grain, en produits divers, un herbivore n'opère pas autrement que ne fait le chimiste. Comme lui, il emploie des appareils de chimie, de physique, des réactifs, du calorique, des acides, des alcalis, le mouvement, etc., etc. Nous allons le prouver.

Pour obtenir les produits divers qu'il nous donne, un herbivore saisit d'abord le fourrage vert ou sec au moyen de ses incisives, et avec le concours de ses lèvres, plus ou moins mobiles; sa langue le met ensuite sous ses mâchelières, pour lui faire subir une trituration, une division, propres à le rendre plus accessible aux réactifs qui doivent plus loin en extraire les parties assimilables.

Nous ne devons pas oublier de dire que, pour faciliter cette trituration, nommée mastication, la nature a pourvu les herbivores d'une série de petites meules, placées les unes à côté des autres, et formant quatre tables allongées, dont deux sont supérieures et deux inférieures. Ces meules se correspondent parfaitement; leur mouvement de frottement est opéré au moyen des mâchoires qui les contiennent et d'un appareil musculaire très puissant.

Mais, dans les arts, on sait que les surfaces des meules de moulin qu'on a rendues raboteuses en les rhabillant se polissent par le frottement; on est obligé de renouveler le rhabillage de temps en temps. La nature a su prévenir cette dégradation des meules des herbivores, en les formant de deux substances différentes de dureté : l'une se nomme ivoire, et l'autre émail. Cette dernière substance, offrant plus de résistance à l'usure par le frottement, domine toujours la première, moins dure, et qui se creuse sans cesse. Il s'ensuit naturellement des inégalités, des aspérités constantes, qui conservent la surface des tables molaires toujours raboteuse, constamment apte à leur usage, sans le secours de l'opération employée dans les arts (1).

Pendant que ces meules sont en mouvement, la nature verse, juste au milieu de leur surface, la salive indispensable pour humecter les substances triturées, les rendre d'une déglutition et d'une digestion plus faciles.

On conçoit, du reste, que le fourrage sec n'aurait pu être rendu pâteux et assez liquide pour être avalé par l'animal sans la salive, qui, avec sa viscosité, remplit admirablement le but. Ce liquide est fabriqué par de petits appareils spéciaux, pourvus de canaux particuliers qui le conduisent là où il est nécessaire. Quand la trituration et l'insalivation sont complètes, les aliments sont pelotonnés, avalés et transportés, au moyen d'un assez long canal, dans des réservoirs où ils

---

(1) Dans notre *Dictionnaire raisonné d'agriculture et d'économie du bétail,* suivant les lois des sciences naturelles appliquées, nous avons donné, à ce sujet, aux articles Dent, Mastication, Digestion, des détails physiologiques que ne comportait pas cet ouvrage.

doivent subir une autre opération chimique et physique en même temps.

Jusqu'ici l'animal a agi sous l'empire de sa volonté; il a pris les aliments, il les a triturés, et, quand il a jugé que cette opération était suffisante, il les a déglutis; mais, une fois parvenus dans le canal qui doit les conduire dans l'estomac, il n'a plus à s'en occuper. L'empire de la volonté a cessé pour faire place à celui de *la vie végétative*, c'est-à-dire ayant de l'analogie avec les fonctions qui entretiennent la vie des plantes. La digestion s'opère sans que l'animal en ait conscience, sans qu'il s'en aperçoive. L'estomac, dans lequel les végétaux triturés sont parvenus pour être digérés, est une véritable cornue de chimiste, à deux tubulures, l'une pour recevoir les matières après une première préparation, l'autre pour les laisser sortir après son travail et aller ailleurs, comme nous le verrons. Cette cornue est construite de manière à avoir dans son intérieur une fabrique de produits chimiques, de réactifs acides, qui agissent sur les matières qu'elle reçoit; ses parois sont pourvues, dans toute leur étendue, d'un appareil musculaire qui les rend contractiles (1), pour que, par leur mouvement, nommé péristaltique, toutes les parcelles alimentaires soient bien mises en rapport, bien mélangées avec les réactifs qui doivent opérer la séparation des principes nutritifs et des résidus. Il en résulte une pâte grisâtre, acide (chyme), qui doit être soumise à une autre opération (2).

---

(1) L'action musculaire joue un grand rôle dans les estomacs des animaux. Chez les uns, elle sert à mélanger les aliments; chez d'autres, elle remplace la mastication : le travail du gésier des granivores en est un exemple. Chez les ruminants, qui ont un estomac pour servir de réservoir, d'entrepôt, aux matières que l'animal n'a pas eu le temps de triturer convenablement, cette action musculaire concourt à ramener es aliments dans la bouche pour la rumination, à les phorphoriser dans le feuillet, à les digérer dans la caillette, qui est le véritable estomac de la digestion.

(2) Quand le chyme, pâte grisâtre et acide, sort de l'estomac par le

L'action chimique une fois terminée au moyen des réactifs nécessaires, du mélange des matières en présence du calorique et du mouvement favorables aux réactions chimiques en général (1), les substances alibiles sont préparées pour être assimilées; l'estomac pousse, par ses contractions, la matière chymifiée vers sa deuxième tubulure, pourvue d'un ajutage, qui est l'intestin grêle. La surface interne de ce boyau, long de vingt à vingt-deux mètres dans le cheval, plus long encore dans le bœuf et le mouton, est parsemée d'une infinité de suçoirs, de bouches de petits tubes, qui reçoivent les molécules nutritives, tandis que les résidus sont refusés et poussés plus loin.

Nous devons faire remarquer que, pour donner aux suçoirs dont nous venons de parler la facilité et le temps de bien absorber toutes les matières assimilables, la nature a disposé l'intestin grêle de manière à être très étroit, pour ne laisser passer que peu de chyme à la fois. Cette pâte se met ainsi mieux en rapport avec les bouches absorbantes du chyle; elles peuvent fonctionner convenablement pendant que ce liquide parcourt le long trajet du boyau qui le contient. Les gros intestins cœcum, colon et rectum, prolongements diversement dilatés de l'ajutage intestin grêle, reçoivent les premiers résidus, qui contiennent encore quelques principes

---

pylore, il est traité par un alcali, qui en neutralise l'acidité ou la modifie : nous voulons parler de la bile. L'action de ce réactif paraît si utile que le foie, qui le secrète, se trouve dans presque toutes les séries du règne animal, même les moins parfaites par leur organisation. Le cheval fabrique une énorme quantité de bile : on en a recueilli jusqu'à 250 grammes par heure de son canal cholédôque.

(1) La chaleur est très utile à l'action chimique de la digestion surtout. Quand nous digérons, la chaleur se concentre vers l'estomac, et nous sentons des frissons; nous éprouvons le besoin d'une température suffisante. Les reptiles, le boa, par exemple, digèrent très lentement dans les pays froids, et, comme chez ces animaux la température du corps suit celle du climat, il en résulte qu'ils digèrent infiniment plus vite dans les pays chauds.

alimentaires. Ces principes sont absorbés de la même manière que précédemment; puis les matières non assimilables, disposées en pelotes plus ou moins solides par le dernier prolongement de l'ajutage, sont rejetées.

On se demandera peut-être comment les aliments chymifiés peuvent circuler dans les anses des intestins, si longs et repliés en tous sens sur eux-mêmes. La question est facile à résoudre. La nature a pourvu les intestins, comme l'estomac, d'une couche musculaire qui se contracte d'avant en arrière, de manière à diminuer par petits intervalles le diamètre du tube, comme par une sorte d'étranglement partiel. Les matières contenues dans l'intestin sont ainsi poussées vers l'ouverture des déjections par le mouvement péristaltique. Ce mouvement a lieu même quelque temps après la mort, ce qui prouve que les intestins sont les organes qui conservent le plus long-temps les signes de la vie après qu'elle a cessé.

On peut s'assurer de la manière dont s'opère cette admirable fonction de circulation particulière en ouvrant le ventre d'un animal immédiatement après qu'il a été tué : on voit facilement alors toutes les parties de l'intestin se contracter, s'étrangler partiellement, pour produire l'effet que nous signalons.

On voit que, pour traverser le tube intestinal et servir à la nutrition, les substances alimentaires ont eu deux actions à subir : l'une chimique, pour le choix, la précipitation des aliments alibiles, et l'autre physique, pour les absorber : car il n'est pas possible de nier la puissance de la capillarité des vaisseaux absorbants, ou celle de l'endosmose, pas plus que l'effet du calorique. Plusieurs physiologistes y ajoutent même l'influence de l'électricité par l'action nerveuse.

Maintenant, s'il est impossible, en chimie comme en physique, de nier que la nature des instruments ou des réactifs employés exerce une influence souvent énorme sur la richesse des produits obtenus, ne doit-on pas rigoureusement reconnaître que celle des appareils de chimie et de physique que nous venons d'examiner rapidement doit provoquer les mêmes conséquences, et agir directement sur nos opérations en éducation et en amélioration des animaux?

Ce que nous disons ici paraîtra peut-être peu vraisemblable à beaucoup de monde; mais ce n'est pas moins une vérité incontestable pour tous ceux qui voudront étudier, se donner la peine de voir si la base sur laquelle elle repose est bien fondée.

Nous avons vu comment opère l'animal pour traiter ses matières alimentaires. Voyons comment fait le chimiste lui-même dans son laboratoire quand il veut extraire un principe d'une matière donnée. Prenons un exemple, et choisissons de préférence une opération faite sur une substance végétale, pour plus d'analogie; examinons comment s'opère l'extraction de la quinine.

Quand un chimiste veut obtenir ce corps, il procède absolument de la même manière que l'herbivore pour se nourrir. Il prend l'écorce de quinquina, la concasse et la broie; puis il la met dans une cornue avec de l'eau et un peu d'acide chlorhydrique; il chauffe au degré convenable pour l'opération; il agite légèrement la cornue pour bien faire opérer le mélange des substances en présence, puis il rejette les résidus. Il traite ensuite la décoction par l'hydrate de chaux, et enfin par l'alcool bouillant, qui s'empare de la quinine en la dissolvant, et l'opération est terminée. La substance désirée est obtenue par l'évaporation du liquide spiritueux qui la tient en dissolution.

L'animal a-t-il fait autre chose que de broyer, chauffer, traiter par les réactifs acides, agiter la cornue pour bien mélanger, traiter ensuite par des alcalis, obtenir les principes nécessaires et rejeter les résidus?

Mais, cette opération importante terminée, il en est d'autres qui ne sont pas moins intéressantes. La nature doit fabriquer, avec la même substance laiteuse que nous avons nommée le chyle, tous les produits animaux, si nombreux et si variés, en caractères physiques surtout. Quelle différence, en effet, entre un morceau de corne qui sert de défense à un animal, et une larme qui entretient l'humidité nécessaire à l'intégrité de sa vue ! entre l'ivoire et la viande ! entre l'émail si dur d'une dent et la pulpe si molle du cerveau ! entre le lait de la vache qui nourrit et le venin de la vipère qui tue, etc., etc. ! Et cependant ces corps si différents viennent tous du même principe, du chyle, dont nous avons rapidement examiné la préparation (1).

Voyons maintenant comment ce liquide est absorbé dans le tube intestinal, et de quelle manière il se rend aux diverses parties du corps pour son entretien et la fabrication de ses produits.

---

(1) Rien n'est plus curieux, plus capable de stimuler nos méditations et de provoquer les recherches des physiologistes, que les produits si variés et si nombreux fabriqués par les animaux. Là, c'est un acide, ici un alcali pour une opération de chimie ; ailleurs c'est un poison qui sert de moyen de défense à l'animal, comme aux najas, aux crotales, aux trigonocéphales, etc. ; ou une substance que rien n'égale en douceur, comme le miel. Le castoreum est fabriqué par le castor, le musc par un chevrotin, et la civette par l'animal qui porte le même nom. L'abeille fabrique le miel d'un côté et le venin de l'autre, et la nature l'a pourvue d'un aiguillon, d'*une lancette*, pour l'inoculer a son ennemi. Les araignées font les fils dont elles tissent leurs toiles, et la soie sort toute filée de la filature d'une chenille. L'escargot, l'huître, la tortue, fabriquent leur maison, qui leur sert en même temps d'habillement. Le porc-épic, le hérisson, sont armés de manière à défier leurs ennemis ; leur corps est un faisceau de lances divergentes qui sont fabriquées par leur peau.

Mais ce n'est pas seulement chez les animaux que l'on observe ces variétés de produits : les végétaux en fournissent aussi des exemples. La ciguë, la renoncule, le sumac vénéneux, le mancenillier, etc., fournissent du poison avec les mêmes éléments qui servent à produire les fruits les plus exquis à d'autres végétaux, tels que l'ananas, le bananier, le prunier, etc. Un pin fabrique la résine à côté d'un frêne qui produit la gomme ; l'ellébore vireux pousse à côté du pêcher ; le pavot à côté du café, d'un cep de vigne. Et quelle différence dans ces diverses substances pour les usages que nous en faisons !

Le chyle est puisé dans presque toute la longueur du tube
intestinal par les vaisseaux chylifères, à partir de l'estomac,
où commence réellement la digestion. Les premiers estomacs
des ruminants, qui ne servent que de réservoirs ou d'instruments auxiliaires, n'en sont pas pourvus ; on ne les voit qu'à
partir de la caillette, qui forme leur quatrième estomac. Ces
petits canaux, d'abord extrêmement fins et déliés, se réunissent bientôt pour former des troncs assez considérables, absolument comme font les petits ruisseaux se rendant aux grandes rivières. Ils conduisent le liquide contenu, qui ne réunit
pas encore les conditions propres à la fabrication des nouveaux produits, dans une machine hydraulique, véritable
pompe aspirante et foulante double, appelée le cœur. Cette
machine est chargée de recevoir et pousser vers les poumons
le liquide qui lui arrive, pour y être mis en contact avec l'air
atmosphérique. Cette opération chimique se nomme respiration, hématose. Ce n'est que quand le chyle y a été soumis
qu'il est devenu sang artériel, et qu'il réunit toutes les conditions indispensables à la fin proposée. Ce liquide quitte alors
les poumons, revient au cœur, pour être poussé dans toutes
les régions du corps et servir à leur entretien comme à la fabrication de tous les produits animaux connus. On a appelé
le sang la chair coulante ; c'est bien autre chose ! c'est la chair,
ce sont les os, les tendons et les ligaments, la laine, la corne,
le lait, la matière séminale ; ce sont les dents, etc., etc.; c'est
le cerveau, l'instrument de la pensée, qui coulent dans le
sang, puisque c'est lui qui forme d'abord ces divers organes,
les entretient et en refait plusieurs, ou les répare souvent
quand ils sont détruits ou dégradés.

Que ce soit sous l'influence de procédés chimiques ou physiques que s'opèrent ces phénomènes de fabrication animale, ce
n'est pas ici le lieu de discuter cette question de haute physiologie : le sang, en se rendant aux mamelles, aux testicules, aux reins, aux glandes salivaires, lacrymales, au globe
de l'œil, n'en forme pas moins le lait qui nourrit le nouveau-

né, la matière fécondante qui concourt à le produire, la salive
secrétée par la mastication et la digestion, l'urine qui épure,
les larmes, les liquides de l'œil, qui maintiennent dans leur
place respective les divers instruments d'optique de cet organe
et leur conservent leur diaphanéité indispensable. Enfin, nous
le répétons, le sang produit les poils, les ongles, les sabots,
les griffes aux extrémités, l'ivoire dans les mâchoires, les
muscles qui fournissent la viande, les os, tous les réactifs et
instruments de physique ou de chimie employés dans l'admirable manufacture animale (1). C'est ainsi que, par un re-
nouvellement continuel des produits, la forme des organes se
maintient, leur substance s'entretient, leurs pertes sont répa-
rées et leurs fonctions continuent. « Il fallait, en effet, pour
« que la vie pût avoir lieu, dit Béclard, des parties solides
« pour conserver la forme et des parties fluides pour entre-
« tenir le mouvement, en un mot une organisation ; et de
« même, pour que celle-ci pût se maintenir au milieu des
« causes de destruction, il fallait un mouvement et un renou-
« vellement continuels de ses parties (2). »

Certes, beaucoup de personnes qui traitent des animaux
ne songent guère que leur peau cache l'assemblage réuni des
appareils les plus ingénieusement conçus et disposés qu'on
puisse imaginer ; elles ne pensent pas que, pour bien en apprécier l'action, il est indispensable qu'on étudie ces appareils
avec détail, avec méditation. Ce n'est qu'à cette condition
qu'on pourra comprendre et bien juger un animal. Il est im-

---

(1) Quand le sang a fourni ces divers principes, parcouru tout le
corps, il a perdu des qualités indispensables, celle de sang artériel ; il
est devenu veineux. Il a besoin de revenir au foyer d'hématose, aux
poumons, où il est reconduit au moyen des veines et du cœur, comme
nous l'avons vu en parlant de la marche du chyle. Voir Respiration,
dans notre *Dictionnaire raisonné d'agriculture et d'économie du bétail*.

(2 *Eléments d'anatomie générale*. Introduction, Sur les corps organisés.

possible de le connaître jamais convenablement si on ignore la nature des rouages qui le composent et celle des agents qui les font mouvoir.

Tout ce que nous venons de dire, en négligeant une infinité de détails que la nature de notre travail ne nous a pas permis de donner, a pour but de piquer la curiosité, d'attirer l'attention sur l'étude de la machine animée, plutôt que de développer des principes connus de physiologie. Nous avons voulu prouver ce que nous avons avancé, que la nécessité de la forme spéciale à chaque instrument ou appareil employé par la fabrication animale chez tous les êtres organisés, depuis l'homme jusqu'au dernier végétal, est indispensable pour l'entretien de la vie, comme pour sa transmission.

Du reste, toutes ces considérations sur la vie végétative, commune à tout le règne animal comme au règne végétal, sont, au fond, d'une importance secondaire pour nous. Notre but principal est de bien étudier la conformation des animaux et les instruments de la vie de relation par lesquels s'opère la locomotion. Ici tout se réduit à des dispositions, à des appareils mécaniques, dont les conditions de bonne fabrication règlent l'action et la valeur. Une montre sortie des mains d'un fabricant habile et construite avec des matières de qualité supérieure est d'un prix incomparable à celui d'une mauvaise pièce de pacotille ; de même, un animal, un cheval, par exemple, dont les tissus de premier choix sont façonnés avec art et suivant les meilleurs règles de mécanique, ne saurait être mis en parralèle avec un produit sans valeur.

Ici nous ne devons pas oublier de signaler un fait grave, sur lequel nous demandons que l'on porte le plus d'attention possible. Il a été la cause d'un malentendu qui, suivant nous, est la seule source de l'anarchie qui règne en France en matière d'amélioration des races de chevaux surtout. L'erreur que nous allons signaler est d'autant plus désastreuse, qu'elle a agi sur des hommes aussi éclairés que dévoués aux intérêts du progrès : mais, loin de faire au pays le bien que l'autorité de leur nom ou leur pouvoir aurait provoqué, ils ont laissé l'incertitude continuer son œuvre, parcequ'ils n'avaient pas une connaissance suffisante de la nature et de ce que nous lui faisons produire.

En ce qui concerne spécialement le cheval, nous disons que, pour la fabrication d'une bonne locomotive, trois points essentiels, rigoureusement indispensables au succès, doivent attirer l'attention du fabricant. S'il n'en tient pas compte, il peut s'attendre à des déceptions inévitables. Il faut 1° des ingénieurs capables de bien diriger les travaux, 2° des ouvriers habiles, 3° des matières premières d'un bon choix. Tout entrepreneur qui prend un ingénieur et des ouvriers sans connaissances spéciales qu'ils ont dû acquérir dans les écoles préparatoires, sans l'esprit d'observation et le jugement que nécessite toute opération délicate, toute confection difficile, s'expose à des déceptions, sinon à une ruine assurée. Si le hasard le favorise une fois, il le compromettra mille.

Le fabricant chargé d'une grande exploitation de mécaniques devra donc avoir avant tout de bons ouvriers, choisir de bons ingénieurs sortis des écoles spéciales, pour diriger ses travaux. Ces employés devront savoir distinguer, par leur expérience ou les moyens que la science leur donne, les matières de première qualité, pour être moulées suivant les besoins. Ce fait est patent, nul ne le contestera. Si, les matières premières étant de bon choix, les rouages, les leviers, les engrenages qu'elles servent à confectionner, sont mal conditionnés, mal ajustés, jamais la machine ne fonctionnera bien, jamais elle ne remplira convenablement le but; son travail sera irrégulier, saccadé, sans harmonie; son usure sera rapide. Si, au contraire, la fabrication est complète comme exécution, elle ne réunira les conditions exigées qu'autant que les matières employées seront de bonne qualité. Si elles sont de mauvaise nature, le but sera encore manqué.

Maintenant, dans les deux cas que nous venons de citer,

il y a la question de *l'âme* qui doit animer, mettre en mouvement, tous ces rouages. Que ce soit un ressort tendu, la vapeur, le vent, l'eau, la vie, ou telle puissance que l'on voudra, il faudra toujours qu'elle soit en harmonie avec les rouages, avec la résistance qui lui est opposée. Si elle est trop forte pour un appareil faible, l'usure est rapide, les rouages se brisent, etc. Si elle est trop faible pour un appareil puissant, l'action est lente, molle, insuffisante pour une bonne fin, dispendieuse par le peu de bénéfices qu'elle rend relativement aux dépenses exigées par son entretien.

Eh bien! ce que nous disons ici d'un fabricant, des machines, des ingénieurs et des ouvriers chargés de les confectionner, est rigoureusement applicable à l'élevage du cheval en particulier, et en général des animaux de travail qui servent de locomotives.

Le fabricant, ou plutôt l'autorité chargée de la direction générale de l'usine, c'est l'administration qui veille à la direction de l'enseignement dans les écoles spéciales; les ingénieurs, sont les employés de l'Etat; les éleveurs sont les ouvriers qui manipulent la matière.

Les reproducteurs sont la matière première qui doit servir à la confection de la machine. La race, le sang, doivent fournir *l'âme*, la *vapeur*, le *ressort*, qui doit l'animer, la mettre en mouvement.

Que deviendra maintenant l'animal de travail, le cheval locomotive, si la matière première employée pour les faire n'a pas été moulée suivant de bonnes lois de mécanique, si sa manipulation n'a pas été dirigée par des mécaniciens habiles, possédant les sciences indispensables, qu'ils ont dû acquérir dans les écoles spéciales où ils ont été élevés? Ils feront comme la locomotive inanimée qui n'est pas dans de bonnes conditions, ils fonctionneront mal. Le cheval, par exemple, pourra marcher très vite pendant quelque temps si l'âme, la vapeur, a beaucoup de puissance; mais il s'usera d'autant plus rapidement que son organisme n'aura pas la force d'y résister. Il lui faut donc bonne confection mécanique et bonne puissance d'impulsion.

Si, au contraire, la matière, pétrie conformément à de bonnes règles de mécanique, n'est pas de bonne qualité, si le ressort est faible, la locomotive-animal marchera mollement et fonctionnera sans profit. Il en est de même des autres animaux employés aux travaux de l'agriculture ou de l'industrie. « Un « cheval est doué d'une belle conformation, tant mieux! « disent les Arabes. Ne l'achète cependant jamais sans t'as- « surer que son moral répond à son physique.

« Prends garde de trouver une peau de lion sur le dos « d'une vache. » (E. Daumas.) (1)

Toute l'histoire des animaux de sang et de ceux qui en manquent est là, elle n'est pas ailleurs; les principes de l'amélioration de nos races n'ont et ne peuvent avoir d'autre point de départ. Ce serait nier les faits accecomplis, comme la raison qui les appuie, que de ne pas le reconnaître. Nous soutenons que les causes de l'erreur dont nous avons parlé plus haut sont dans le défaut d'appréciation des conditions de structure dans lesquelles se trouvent les animaux de sang de toute origine, et ceux qui sont sans âme, sans ressort. Des

---

(1) M. le général E. Daumas a longtemps fait la guerre en Algérie; il y a de plus occupé des postes administratifs élevés auprès des Arabes. Profitant de ses relations avec eux, cet officier distingué, qui a été directeur général des affaires de l'Algérie au ministère de la guerre, a beaucoup étudié leurs mœurs et leur langue, et il a eu l'heureuse idée de publier dans son remarquable ouvrage LES CHEVAUX DU SAHARA *et les mœurs du désert* les maximes de ce peuple cavalier sur les chevaux, maximes dont le sens général est en parfaite harmonie avec les lois de la physiologie et de la mécanique animale. Nous avons extrait de ce travail toutes les citations que nous reproduirons sur l'opinion des Arabes, juges si compétents en matière de chevaux. Nous avons pu, d'ailleurs, être témoin nous-même de leur esprit d'observation sur ce sujet si important et de l'intérêt qu'ils y attachent, pendant plusieurs années que nous avons passées avec eux, lorsque nous avions l'honneur de faire partie de l'armée d'Afrique.

chevaux de pur sang, par exemple, ne seront jamais des améliorateurs, quel que soit d'ailleurs le mérite de leurs titres
de noblesse, de leur matière première, et de leurs *perfor-
mences*, s'ils sont dans de mauvaises conditions de dispositions mécaniques, si leurs rouages ont été confectionnés par
de mauvais ouvriers, dirigé par des ingénieurs qui ne connaissent pas leur métier. Le cheval de la plus belle conformation imaginable ne sera jamais qu'un sujet sans valeur si
la matière employée à le confectionner par les artistes les
plus habiles a été de mauvais choix, si l'âme, la vapeur,
sont insuffisantes.

La première comme la seconde de ces deux locomotives-
chevaux ne pourront jamais servir avec avantage comme reproducteurs, et ce sont les déceptions conséquences de leur
emploi qui ont produit l'anarchie dans laquelle nous vivons
aujourd'hui en France, en fait de types améliorateurs à adopter. C'est là la source de toutes les accusations, de toutes
les récriminations, reproduites tous les jours par la presse,
et renouvelées si souvent dans les sociétés savantes, en matière d'améliorations des races et d'importation d'individus
types.

Pour le naturaliste qui a creusé la question à fond, pour
celui qui a étudié, observé les faits, d'accord avec la science
qu'il a cultivée, il n'est point de contestation possible. Le
principe de l'amélioration des races chevalines, comme des
autres espèces, est clair comme la lumière du soleil. Il réside
dans le sang, qui donne l'âme, la force d'impulsion, et dans
les bonnes conditions de confection de la locomotive qui la
reçoit ; le défaut de l'un ou de l'autre de ces deux éléments
indispensables est contraire à tout progrès, toute amélioration devient alors impossible.

Quant au choix des ingénieurs et des ouvriers, nous
croyons qu'il ne nous appartient pas d'en juger les capacités.
C'est une question délicate, dont la solution appartient inté-
gralement à l'opinion publique, qui observe les actes, les

faits accomplis et leurs conséquences, et à ceux à qui l'État a confié la direction supérieure de la vaste usine pour laquelle nous travaillons comme simple ouvrier.

Après cette courte digression, qui ne nous a pas paru étrangère à notre but, qui nous a semblé utile pour faire suite à ce que nous avons dit sur la vie végétative des animaux, nous allons nous occuper d'un des éléments les plus importants de sa valeur : nous voulons parler des rouages de leur machine, rouages qui doivent obéir aux puissances chargées de provoquer leur action particlle ou générale. Comme la valeur d'une locomotive s'estime par l'action qu'elle produit, par les services qu'elle rend, nous devons attentivement étudier tous ses appareils, pour ne pas être trompés sur l'ensemble de leur estimation.

Les rouages de la machine d'un animal qui correspondent à ceux des locomotives fabriquées par la main de l'homme sont représentés par tout son système osseux, qui compose le squelette. Ce sont les os, qui, par leurs formes variées, servent ici de pinces, là d'instruments protecteurs, ailleurs de leviers, de colonnes, de poulies, d'engrenages, de cloisons, etc., etc., etc.; ils fournissent enfin tout ce qui est indispensable à une locomotive confectionnée dans l'immense usine de la nature par la nature elle-même.

Pour faire ressortir les avantages ou la nécessité de la configuration de telle ou telle pièce du système mécanique que nous examinerons, nous aurons souvent recours aux comparaisons des pièces correspondantes dans diverses séries du règne animal : elles feront mieux saisir les conséquences des principes établis, et nous éclaireront en même temps. « Le « procédé le plus fécond pour obtenir les lois d'observation, « dit Cuvier, est celui de la comparaison : il consiste à obser- « ver successivement le même corps dans les différentes po- « sitions où la nature le place, ou à comparer entre eux les « différents corps jusqu'à ce qu'on ait reconnu les rapports « constants entre leur structure et les phénomènes qu'ils ma-

« nifestent. Ces corps divers sont des expériences toutes pré-
« parées par la nature, qui ajoute ou retranche à chacun
« d'eux différentes parties, comme nous pourrions le faire
« dans nos laboratoires, et nous montre elle-même les ré-
« sultats de ces additions ou de ces retranchements. » (*Introduction au règne animal.*)

Si nous comparons un animal à l'homme physique, par
exemple, nous trouvons à tous deux une stature, une conformation, si différentes, commandées par leur genre de vie,
que leurs organes correspondants doivent essentiellement
souvent varier de formes. Il nous sera facile de nous en convaincre.

DU SQUELETTE.

Le squelette est la réunion des appareils passifs de locomotion. Son étude est du plus grand intérêt. Non seulement
c'est par lui que la locomotive animée fonctionne, mais encore c'est par les bonnes dispositions de ses leviers, par la
solidité de leur union, de leurs articulations, que ses mouvements sont exécutés avec plus ou moins d'étendue et de puissance, de précision et d'avantage pour les muscles qui les
déterminent.

Nous avons déjà eu occasion de le dire, le prix d'une machine est basé naturellement sur la régularité de sa confection, sur ses conditions de durée et d'étendue de travail,
et sur la quantité de produit qu'elle fournit ; il en résulte que
la forme du squelette, qui règle d'ailleurs celle du corps de
la locomotive animale, mérite le plus sérieux examen, l'étude
la plus consciencieuse comme la plus détaillée de ses diverses parties.

Mais les fonctions des os ne se bornent pas à celles que
nous venons de leur reconnaître ; ils offrent de plus les
moyens de protéger les organes délicats, dont la plus légère
blessure aurait pu compromettre la vie des individus ou troubler ses fonctions. Ils doivent donc nécessairement être for-

més de substance dure pour les rendre propres à résister
comme leviers aux efforts des puissances, et, comme protecteurs, aux causes qui auraient pu compromettre le travail
des organes protégés. Du reste, les fonctions diverses du
squelette commandent nécessairement, comme partout ailleurs, des différences dans la forme comme dans la texture
des os qui le composent. Aussi, suivant leurs usages, en
trouverons-nous de courts, de larges et de longs. Les premiers se font remarquer surtout aux lieux où il faut des mouvements étendus dans un espace raccourci. On les observe
aux phalanges, aux carpes et aux tarses, ou à l'encolure. Les
articulations, dans ce cas, sont rapprochées et multiples, et
l'étendue de chacune d'elles, quelque bornée qu'elle soit,
donne une somme totale dont le résultat est suffisant pour le
but proposé.

Les os plats ou aplatis servent à faire des boîtes, des cloisons, pour renfermer des organes délicats, comme le cerveau, les organes de l'odorat, de l'ouïe, du goût, etc., ou la
cage de la poitrine pour protéger le foyer de la circulation
et de la respiration. Dans d'autres cas, ils donnent de larges
surfaces d'attache nécessaires aux muscles indispensables aux
régions où ils se trouvent.

Les os longs sont employés comme colonnes de support
et comme organes de progression; ils sont admirablement
construits pour cette fin, nous aurons occasion de le démontrer.

Avant de nous occuper avec détail de chaque partie du
squelette, nous ne devons pas oublier de parler des leviers,
qui sont, en mécanique, les instruments du mouvement. On en
reconnaît, comme on le sait, trois genres, qui diffèrent entre eux par le point d'appui et le mode d'action de la puissance relativement à la résistance. Quand celle-ci se trouve à
une extrémité de la tige qui sert de levier, et que la puissance
agit à l'autre extrémité, tandis que le point d'appui se trouve
entre les deux, le levier est dit du premier genre ou inter-

mobile ; la balance en est un exemple : le poids métrique représente la force dans un de ses plateaux, l'objet pesé tient lieu de résistance, et les points sur lesquels repose l'axe de la tige-levier sont le point d'appui.

Quand un ouvrier passe une barre de fer sous un bloc de pierre, et tend à le soulever en prenant un point d'appui sur le sol, il se sert d'un levier de deuxième genre ; le point d'appui se trouve à une extrémité de la barre, la puissance à l'autre, et la résistance à vaincre entre les deux : c'est un levier inter-résistant.

Un pêcheur nous fournit l'exemple d'un levier inter-puissant, ou du troisième genre, lorsqu'il retire de l'eau son filet fixé au bout d'une perche : d'une main il donne à celle-ci un point d'appui, tandis qu'il l'attire à lui de l'autre ; la résistance se trouve à une extrémité de la tige, le point d'appui à l'autre, et la puissance est entre les deux.

Tous les mouvements opérés par les machines inertes ou animées se font au moyen de ces trois leviers, plus ou moins favorables à l'action, suivant leurs dispositions. Nous aurons occasion de nous en convaincre.

Division du Squelette.

Le squelette des animaux se divise en deux sortes d'appareils bien distincts, qu'on a nommés le tronc et les membres. Le tronc contient et protège les organes des sens et tous ceux qui sont indispensables à la vie ; il est composé par la tête, la colonne vertébrale, le bassin, les côtes et le sternum. Les membres sont exclusivement destinés au soutien du corps et à la locomotion ; ce sont de véritables colonnes de support et de déplacement.

De la Tête.

Au lieu d'être sphéroïde comme chez l'homme, dont le développement du cerveau est énorme comparé à celui de ses mâchoires, la tête des herbivores nous offre la forme d'une

espèce de prisme qui se termine en avant par de véritables
pinces acérées au moyen des dents. Ces animaux n'étant pas
pourvus de mains pour prendre leur nourriture et la porter à
la bouche comme l'homme, la nature devait allonger leurs
mâchoires et les rendre aptes à servir d'instruments pour
saisir l'herbe, l'inciser ou l'arracher.

C'est dans l'intérieur des mâchoires que se fabriquent les
dents ; ce sont ces os qui les fixent en les tenant solidement
enchâssées, comme des coins, entre leurs lames. La mouture des grains ou du fourrage s'opère par les mouvements
de la mâchoire inférieure, qui obéit à l'action d'un levier du
troisième genre surtout, et frotte contre la mâchoire supérieure.

Les muscles masticateurs, en effet, au nombre de quatre,
pour faire opérer à la mâchoire le mouvement de va-et-vient
qui lui est indispensable pour moudre, se fixent entre le point
d'appui offert par l'articulation maxillaire et les aliments à
broyer : ils concourent donc à la formation d'un levier inter-puissant (1).

Les deux points qui font le plus différer la tête des herbivores de celle de l'homme, sous le rapport mécanique, sont
ses deux extrémités. Pour les mâchoires, qui forment l'extrémité libre, c'est incontestable, comme nous venons de le
voir ; l'autre extrémité, représentée par l'os occipital, qui s'u-
nit à la colonne vertébrale, n'est pas moins intéressante
comme étude comparée. Voyons pourquoi. La tête de

---

(1) Nous avons dit au moyen d'un levier du troisième genre surtout,
parcequ'en effet c'est lui qui domine. La résistance représentée par
les aliments sous les dents se trouve bien en avant de la puissance et
du point d'appui du maxillaire ; cependant les parcelles d'aliments
qui se trouvent à l'extrémité postérieure de l'arrière-molaire dans le
cheval sont entre l'articulation et le point d'appui et quelques fibres
du zigomato-maxillaire, ce qui caractériserait un levier du deuxième
genre. Mais ce fait nous paraît si peu important au fond que nous ne
faisons que le signaler en passant.

l'homme est placée d'aplomb sur le sommet de sa colonne vertébrale, qui s'articule avec elle presque sous son centre de gravité. Il fallait donc des moyens d'union peu puissants pour la fixer et la maintenir en équilibre.

Chez les animaux que nous étudions, tout est changé : direction de la colonne vertébrale et disposition de la tête, qui, au lieu d'être articulée sous son centre de gravité, l'est au contraire par son sommet. Il lui fallait donc des moyens d'union différents, une forme propre au but. Pour répondre à ce besoin, la nature a pourvu l'occipital du cheval, du bœuf, etc., de deux condyles énormes reçus par l'atloïde, de deux longues apophyses nommées styloïdes, et d'une tubérosité donnant attache à des puissances qui fixent les condyles dans les cavités de l'occipital. Toute luxation, toujours mortelle par la lésion qui en résulte pour la moelle épinière, devient ainsi impossible. D'un autre côté, il était essentiel que les herbivores eussent la tête solidement articulée pour arracher facilement l'herbe dure ; raison de plus de la nécessité du mode employé par la nature pour l'articulation occipito-atloïdienne.

Dans l'homme, les condyles articulaires de l'occipital ne sont que très rudimentaires en comparaison. Point d'apophyse styloïde comme chez le cheval et le bœuf, pas plus que de protubérance comme celle qui forme la base du sommet de la tête de ces animaux.

Telles sont les principales différences qui existent dans les organes que nous venons d'examiner, et qui étaient commandées par les modifications de leurs usages respectifs.

Du reste, dans l'homme, comme dans les herbivores, les os du crâne et de la face s'articulent de la même manière, par engrenage et dentelures, ou par écailles juxtaposées. Les traces de ces sutures, si distinctes dans les jeunes sujets, disparaissent avec l'âge, de manière à ce qu'il n'en reste plus chez les vieillards.

Dans l'homme, comme dans les animaux, les organes des sens sont protégés dans les boîtes ou cavités osseuses ; elles ne diffèrent entre elles que par leur développement respectif, suivant le volume des organes contenus.

Chez l'homme, ce sont les facultés morales qui dominent les facultés physiques : le crâne est donc la partie la plus développée ; chez les animaux, les facultés physiques l'emportent sur les facultés morales : ce sont donc les os de la face, et surtout ceux qui concourent à la trituration des aliments par leurs appareils de mouture, qui dominent tout le reste de la tête (1).

Colonne vertébrale.

L'occipital s'articule avec l'atloïde, qui est le premier des os de la colonne vertébrale. Cette longue série d'os courts, solidement articulés les uns aux autres, est percée, dans son milieu, d'un long canal pourvu d'ouvertures de chaque côté, afin de donner passage aux nerfs qui en partent pour se rendre dans les diverses parties du corps. Ce canal contient et protége la moelle épinière, qui part du cerveau, dont elle n'est qu'un prolongement. Il en résulte que, sous le rapport des fonctions, la colonne vertébrale est une sorte de prolongement du crâne, puisque l'organe qu'elle contient et protége n'est que la continuation du cerveau. La seule différence que nous y trouverions, dans les animaux comparés à l'homme, est dans son importance relative, comparée à la masse cérébrale. En effet, nous avons reconnu que, chez l'homme, le foyer de la vie morale l'emporte sur celui de la vie physique, et que c'était le contraire chez les animaux ; dans ce cas, la moelle épinière, qui fournit les nerfs de la vie physique, devait avoir une importance relative bien plus grande, comparée au cerveau des animaux ; et c'est ce qui arrive chez eux : elle est énorme, en comparaison de celle de l'homme, sur-

---

(1) Nous donnerons sur ce sujet des détails plus développés en traitant de la tête en général, après avoir étudié ses diverses parties extérieures.

tout si, dans l'un comme dans l'autre, nous les mettons en parallèle avec le volume des centres dont elles émanent.

Mais, outre les fonctions générales de contenir et protéger le foyer des nerfs de la vie physique, la colonne vertébrale des animaux en a d'autres qui sont pour nous de la plus haute importance. La construction particulière de certaines de ses régions offre des conditions de mécanique plus ou moins avantageuses au but proposé, et, dans le cheval en particulier, elle contribue à régler par conséquent la valeur de la locomotive que cet animal représente.

Sous le rapport mécanique, la colonne vertébrale se divise en quatre régions bien distinctes par leurs fonctions, et, par conséquent, par la forme des os qui les composent. La première est dite région cervicale; la deuxième, région dorsale; la troisième, lombaire, et la quatrième, sacrée. La région cervicale est formée par sept vertèbres (1) : la première se nomme atloïde; la deuxième, axoïde; les autres prennent le nom de troisième, quatrième, etc., jusqu'à la dernière.

L'axoïde, qui reçoit les condyles de l'occipital, comme nous l'avons vu, est la seule qui soit disposée de manière à permettre tous les mouvements indispensables à l'action de la tête. En effet, son genre d'articulation avec elle lui facilite tous les mouvements verticaux, et celui qui l'unit avec l'axoïde permet tous les mouvements latéraux. L'axoïde (axis) se termine antérieurement par un véritable bras d'essieu avec son arêtoir reçu par l'atlas, et celui-ci remplit les fonctions de moyeu. Par cette admirable disposition articulaire, la tête des animaux peut exécuter tous les mouvements sans possibilité de luxation. Comme cet accident doit toujours être mortel, la

---

(1) Un fait remarquable, c'est qu'à très peu d'exceptions près, tous les mammifères n'ont que sept vertèbres à l'encolure, quelle que soit sa longueur. Ainsi, la girafe comme la souris, le chameau comme le chien, etc., n'ont que sept vertèbres cervicales. Quelle en est la raison ?

nature a eu le soin de prendre toutes les précautions aptes à le prévenir.

L'axoïde fournit, de plus que son axe, une éminence sur laquelle passe la corde du ligament cervical qui va se fixer à la protubérance occipitale. Cette disposition est favorable à son action, comme nous aurons occasion de l'expliquer plus tard.

De toutes les vertèbres, l'atloïde est la seule qui offre deux articulations diarthrodiales, c'est-à-dire permettant aux surfaces articulaires de glisser les unes sur les autres. Toutes les vertèbres suivantes, à partir de l'union de l'axoïde avec la troisième, sont articulées au moyen d'un ligament très puissant, qui fixe les surfaces articulaires l'une à l'autre. Les articulations vertébrales sont ainsi extrêmement solides, condition de première nécessité pour la conservation de la vie.

Du reste, les vertèbres sont unies l'une à l'autre de telle manière, qu'il n'y a pas de luxation possible sans rupture des ligaments ou des os ; l'un et l'autre de ces accidents sont mortels, par la lésion du foyer des nerfs de la vie physique.

Les vertèbres du cou des animaux, et notamment du cheval, forment un long bras de levier qui supporte la tête. Aussi sont-elles fortes et garnies d'éminences, d'apophyses latérales nombreuses et bien développées, pour donner attache aux muscles nombreux et forts qui les soutiennent. Celles de l'homme ne sont que rudimentaires en comparaison : sa station verticale l'explique.

Le bœuf, qui se défend ou attaque avec sa tête, et les carnassiers, qui ont besoin d'avoir une grande force au cou pour des combats d'un autre ordre, ont les vertèbres cervicales en comparaison encore plus développées que le cheval.

La forme des vertèbres dorsales, au nombre de dix-huit dans le cheval, diffère des cervicales, comme le rôle qu'elles remplissent. Ici ce n'est plus la tête qui doit être supportée, c'est une longue clef de voûte qu'il faut aux côtes pour les fixer et former la cage de la poitrine qui doit contenir et protéger les poumons, le cœur et ses dépendances. Il faut de plus, a la partie antérieure et supérieure du dos, des leviers pour aider aux puissances musculaires, partant des parties postérieures du corps, à enlever les parties antérieures pour la progression, le saut, etc. Eh bien ! les vertèbres dorsales remplissent l'une et l'autre de ces fonctions.

Dans les animaux, les premières côtes qui se fixent au sternum servent de colonnes de support plus ou moins direct aux premières vertèbres dorsales ; celles-ci forment la clef de voûte de la poitrine, et cette même clef de voûte, supportée à la partie antérieure du dos, soutient à son tour, en arrière, les fausses côtes qui lui sont suspendues. De la disposition des organes formant la voûte de la poitrine résulte une admirable combinaison de solidarité, qui n'a pas d'exemple dans les arts. Cette disposition était essentielle à la colonne dorsale pour lui donner l'élasticité indispensable, afin de prévenir les déchirements des viscères importants qu'elle tient suspendus. Leurs lésions, conséquences des mouvements brusques, auraient été mortelles, si la flexibilité, ingénieusement combinée avec la solidité du dos, ne les avait empêchées.

Le corps des vertèbres dorsales est surmonté d'un long levier, qu'on nomme apophyses épineuses. Les vertèbres cervicales en sont dépourvues, ou n'en ont que de faibles rudiments. Ces leviers, plus longs vers les premières vertèbres dorsales qu'aux postérieures, forment la base du garrot. Nous reviendrons avec détail, en décrivant cette région du corps dans le cheval, sur les avantages offerts à la mécanique animale par cette disposition osseuse.

Les vertèbres lombaires, au nombre de six chez le cheval, diffèrent de celles du dos en ce qu'elles ne sont plus des clefs de voûte de la poitrine. Au lieu de côtes, elles sont pourvues latéralement de longues apophyses transverses, servant de support et de point d'attache à des puissances musculaires qui concourent à communiquer l'action des régions postérieures du corps aux antérieures. Sous ce rapport, ces prolongements osseux, aplatis, continuent l'office de côtes sur lesquelles reposent aussi ces puissances musculaires. Elles protégent les organes qui sont placés sous eux , et préviennent l'affaissement brusque qui aurait nécessairement eu lieu aux flancs, si elles n'avaient point écarté les parois supérieures de l'abdomen. Sans cette précaution de la nature, la masse intestinale eût été refoulée en avant par le poids des muscles et de la peau, et aurait troublé la respiration en comprimant les poumons.

Les régions dorsale et lombaire de la colonne vertébrale ont pour fonctions, non seulement de supporter les organes contenus dans la poitrine et l'abdomen , mais encore le poids dont on charge les animaux de selle ou de somme. Il fallait donc une grande solidité à cette tige, qui doit être en même temps flexible , pour neutraliser les réactions des mouvements brusques. En traitant du dos et des reins du cheval, nous développerons les raisons de condition de beauté et de puissance de ces importantes parties du corps.

La quatrième région du rachis est représentée par le sacrum. Cet os a été formé par quatre ou cinq petites vertèbres, toujours soudées ensemble dans l'âge adulte. Il reçoit dans son canal l'extrémité de la moelle épinière, qui fournit les nerfs aux masses musculaires de la croupe et des membres postérieurs.

Les fonctions du sacrum sont très importantes. Non seulement cet os protége la fin de l'expansion cérébrale qui commence au crâne, mais il sert de moyen d'union entre le train postérieur et le reste du corps. Il forme aussi la clef de voûte du bassin, en même temps que sa paroi supérieure. Cet os triangulaire offre cinq moyens puissants d'articulation. Sur les côtés, il adhère par de larges surfaces articulaires aux coxaux ; en avant, il s'unit au corps de la vertèbre lombaire par son centre, et à ses apophyses traverses par ses branches latérales ; enfin, son extrémité postérieure, terminée en pointe , sert de base articulaire aux coxigiens qui forment la charpente de la queue.

Si nous jetons un coup d'œil sur l'ensemble de la longue tige flexible formée par la réunion de toutes les vertèbres, nous verrons sa forme modifiée suivant l'usage de chaque région. Celle de l'encolure nous présente des os beaucoup plus gros que tous les autres. Ils sont hérissés d'éminences nombreuses latérales, pour que les muscles qui les supportent puissent s'y fixer convenablement et faire opérer tous les mouvements nécessaires au balancier qu'ils forment. Ce long bras de levier est très utile à l'animal pour les déplacements de son centre de gravité, suivant les besoins.

Du reste, ces apophyses osseuses sont disposées de manière à ne pas gêner les divers mouvements exécutés par l'encolure.

Les vertèbres du dos et des lombes diffèrent beaucoup de celles de l'encolure. Leur corps est moins volumineux, et n'offre pas ces appareils d'apophyses latérales, qui ne sont qu'une succession de petits leviers sur lesquels agissent les muscles du cou pour ses flexions variées.

Les fonctions de ces régions, sans exiger moins de solidité par les moyens d'union des os qui les forment, n'avaient pas besoin du même degré de flexibilité que l'encolure pour bien remplir leur but; mais, si leur jeu a peu d'étendue, la nature a largement établi le système de compensation exigé. Nous en trouvons la preuve dans la solidité donnée à la tige vertébrale, qui devait porter un grand poids, et dans l'élasticité nécessaire à ses fonctions.

Du reste, toutes les apophyses des vertèbres servant de leviers, leur grand développement sera toujours le premier caractère de leur bonne condition de conformation.

Les apophyses épineuses des vertèbres dorsales, lombaires et sacrées, outre leur différence de longueur respective, ont des directions particulières qu'il n'est pas inutile de signaler ici. Les plus longues, celles qui servent de base au garrot, sont dirigées en arrière, tandis que celles des lombes sont penchées en avant; au sacrum, elles sont inclinées en arrière. Il est facile de comprendre les avantages offerts par ces dispositions. Le poids de l'encolure et de la tête est une puissance permanente qui tend sans cesse à entraîner les premières vertèbres du dos en avant, par le ligament cervical et les muscles qui s'y fixent. Leur direction en arrière favorise la résistance qu'elles doivent opposer à ce contre-poids.

Le milieu de la tige dorso-lombaire est le point le plus flexible, comme le plus faible, parcequ'il est le plus éloigné des appuis offerts par les membres. La hauteur des apophyses des premières dorsales, et la direction en avant des lombaires, tendent, autant que possible, à obvier à cet inconvénient, au moyen des points fixes offerts par le sacrum en arrière, et le garrot en avant. En effet, toutes les apophyses épineuses, dorsales et lombaires, sont liées les unes aux autres par des ligaments inter-épineux qui s'attachent à leurs bords, et par leurs sommets au moyen des ligaments sus-épineux. Ceux-ci, fixés à l'épine sacrée, dirigée en arrière, en s'étendant sur les sommets de l'épine lombaire, dirigée en avant, la maintiennent du côté de la croupe, tandis que, descendant du point fixe du garrot, les mêmes ligaments soutiennent le milieu du dos. Il en résulte l'effet d'une corde qui, fixée à ses deux extrémités, supporte un poids suspendu à son milieu. C'est absolument le même principe que celui qui préside à la confection des ponts suspendus. Nous aurons occasion de revenir sur ce fait en traitant du garrot, du dos et des reins.

La colonne vertébrale de l'homme, qui remplit d'ailleurs les mêmes fonctions comme protecteur de la moelle épinière, est différente par les dispositions de ses régions. Notre station verticale ne demandait ni le balancier de l'encolure des animaux, ni les apophyses qui lui étaient indispensables pour ses muscles; elle n'avait pas besoin non plus des apophyses du garrot, ni des mêmes dispositions, pour supporter les viscères de la poitrine ou de l'abdomen : placée verticalement, elle devait avoir les dispositions de toute tige qui offre les avantages d'organisation les plus favorables à la station verticale. C'est ce qui a lieu. La colonne vertébrale de l'homme est une véritable pyramide, dont les corps des vertèbres forment les assises; ces assises sont d'autant plus grandes et plus larges, qu'elles sont plus près de sa base. Les apophyses des vertèbres lombaires, épineuses ou transverses, sont et devaient être les plus accentuées, pour offrir le plus d'avantage possible aux puissances qui doivent fixer et maintenir la direction de la pyramide. Dans les animaux, cette disposition mécanique n'est plus la même; leur station horizontale en demandait une autre.

Des Côtes.

Les côtes sont des os aplatis, allongés et plus ou moins recourbés pour former la cage pectorale qui renferme et protège le cœur, les poumons et leurs dépendances. L'édifice qu'elles forment est bien la conception la plus ingénieuse, l'exécution la plus parfaite que l'on puisse admirer dans la nature. Chez l'homme, l'unique but des côtes est de protéger les organes pectoraux, et de concourir à la respiration en se soulevant et s'abaissant. Dans les animaux elles ont, avec ce même travail, d'autres fonctions qui ne sont pas moins importantes. Ces derniers, dont la position du corps est horizontale, ont dû avoir un système de support solide et élastique pour soutenir le rachis qui contient la moelle épinière. Eh bien! cet admirable système de suspension est formé par des côtes destinées à cet effet, par le sternum, dont nous nous occuperons plus bas, et par les sangles élastiques qui le suspendent aux colonnes formées par les membres antérieurs.

Quand on étudie les côtes sur le squelette du cheval, du bœuf, etc., on voit qu'elles diffèrent de longueur, de courbure, de force et de résistance, autant que de mode d'articulation aux vertèbres et au sternum. On peut les classer en trois groupes bien différents de fonctions. Les unes sont immobiles et ne servent pas à la respiration, pour être uniquement employées comme colonnes de support : nous le prouverons plus loin. Les autres ont des fonctions mixtes, c'est-à-dire qu'elles servent à la respiration en même temps qu'elles concourent au support de la tige vertébrale. Enfin, les troisièmes sont exclusivement utilisées pour la respiration ou la dilatation de la poitrine.

Les deux premières côtes sont courtes, droites et plus grosses; elles sont beaucoup plus fortes que les autres, et leur défaut de courbure bien marqué fait qu'elles sont presque parallèles l'une à l'autre. Cette disposition était indispensable à leurs fonctions.

En effet, ces côtes forment les deux premières colonnes sur lesquelles repose le rachis au point où il a le plus de pesanteur. C'est ce point qui est chargé de tout le poids de l'encolure et de la tête, poids énorme quand l'animal s'en sert pour faire basculer le train postérieur, ou que, franchissant un obstacle élevé, il retombe sur ses membres antérieurs. Tout le corps alors est supporté par ces membres. Ce sont les deux premières côtes qui reçoivent alors la plus grande partie du poids de la masse, la plus grande quantité du contre-poids de l'encolure et de la tête. Il fallait donc que ces deux premiers barreaux de la cage pectorale eussent une grande solidité comme colonnes.

Leur mode d'articulation aux vertèbres et au sternum n'est pas moins bien en harmonie avec la nécessité commandée par leurs fonctions. Les premières vertèbres dorsales, qui leur servent en quelque sorte de chapiteau, sont pourvues de chaque côté de deux fortes apophyses transverses qui reposent sur leurs sommets; leurs têtes, bien différentes de celles des côtes qui les suivent, s'engagent sous ces prolongements osseux. Ce mode d'articulation était essentiel au but proposé : une colonne doit toujours être placée sous le corps qu'elle supporte.

Le genre d'articulation des premières côtes avec le sternum diffère aussi de celui des suivantes ; leur cartilage de prolongement n'est qu'une espèce de coussinet intermédiaire, sans mouvement.

Les deuxièmes côtes, dont les fonctions comme colonnes sont plus indirectes, commencent à devenir mixtes : légèrement courbées, elles s'allongent et s'aplatissent davantage. Leurs têtes s'engagent moins sous le corps des vertèbres, et leurs tubérosités articulaires tendent à se dégager de dessous l'apophyse transverse qui les reçoit. Leurs cartilages de prolongement s'allongent et forment déjà un petit angle mobile, quelque borné que soit son jeu.

Les caractères que nous venons de décrire pour les deuxièmes côtes sont encore plus tranchés dans les troisièmes, et ainsi de suite graduellement, jusqu'aux dernières, qui s'articulent avec le sternum. Leurs cartilages de prolongement sont d'autant plus longs qu'ils sont placés plus postérieurement, et leur jeu très étendu permet un grand écartement latéral aux barreaux de la cage pectorale. Ces côtes, du reste, contribuent encore au soutien de la colonne vertébrale en raison inverse de l'étendue de leurs mouvements.

Les côtes asternales, ou fausses côtes, suivent les sternales. Leurs courbures sont plus marquées ; elles s'articulent sur les côtés des corps des vertèbres, et ne servent plus qu'à la respiration. Ces côtes sont fixées les unes aux autres, vers leurs extrémités, au moyen de leurs prolongements cartilagineux très élastiques, unis par du tissu cellulaire, et elles forment une espèce de cerceau très flexible, appelé *cercle cartilagineux des côtes*.

On voit donc que les côtes des animaux offrent des différences bien marquées, suivant leurs fonctions mixtes ou simples. L'intérêt qu'elles présentent est d'autant plus grand pour nous, qu'elles nous serviront à apprécier les conditions de bonne conformation de la poitrine, sur laquelle on a commis bien des erreurs. Or, il est d'autant plus essentiel de savoir bien juger des bonnes qualités de cette région, du cheval surtout, qu'elle contient le foyer de vie de sa machine, la véritable chaudière de la locomotive.

Les côtes de l'homme sont bien différentes ; son rachis vertical, supporté par le bassin, n'avait pas besoin de leur appui. Les barreaux de sa poitrine, uniquement destinés à protéger les viscères pectoraux et à faciliter la respiration, sont fixés en arrière aux vertèbres, et se réunissent simplemeut en avant au moyen du sternum, aplati d'avant en arrière. Aussi nos premières côtes, au lieu d'être droites, sont-elles plus courbées, en proportion de leur longueur, que celles qui les suivent : d'où il résulte que la poitrine est le plus développée possible dès sa partie supérieure. On voit donc que, sous certains rapports, le squelette de la poitrine de l'homme est infiniment moins intéressant à étudier sous le rapport mécanique que celui des animaux.

Du Sternum.

La forme du sternum varie dans les animaux. Dans le cheval il est formé par une réunion combinée d'os et de cartilages pour unir la solidité à un certain degré d'élasticité, et il est aplati d'un côté à l'autre, au lieu d'offrir cette disposition d'avant en arrière comme celui de l'homme. Sa forme et ses contours ont beaucoup d'analogie avec la carène d'un vaisseau. Les côtes s'articulent vers son bord supérieur, et l'espace qui s'étend de ce point au bord inférieur est occupé par des muscles très forts. Ces muscles servent de sangles élastiques pour suspendre la base des colonnes de support du rachis, aux régions supérieures des membres antérieurs. Cette disposition du sternum du cheval se trouve partout où de grandes puissances musculaires agissent séparément dans un même but, ou un but opposé. Ainsi, le sternum des oiseaux nous offre une crête sternale très prononcée, pour donner attache aux muscles pectoraux qui doivent servir au vol. La crête sagittale des carnassiers puissants, tels que le lion, l'hyène, le loup, etc., offre la même particularité pour les muscles masticateurs. Le cheval, le bœuf, tous les mammifères, nous fournissent encore un exemple frappant de cette disposition osseuse pour des muscles antagonistes dans la crête acromienne du scapulum.

Os des membres en général.

Les os des membres servent à la locomotion et au support du corps. Ils sont formés par des colonnes articulées les unes aux autres, et ces colonnes servent en même temps de leviers que les puissances font agir pour les mouvements divers.

La force des individus, comme leur vitesse, dépend en grande partie de la disposition mécanique de ces colonnes. On conçoit donc tout l'intérêt qu'elles présentent pour l'étude du cheval surtout, dont les membres demandent le plus de conditions de force, de vitesse et de résistance.

Toutes les extrémités par lesquelles les os s'articulent sont renflées pour offrir de plus larges surfaces articulaires et les rendres plus solides, ou pour détourner les cordes tendineuses et les éloigner de leur parallélisme avec les colonnes à déplacer. Ces conditions sont favorables à la puissance, comme nous le verrons plus tard; il arrive même que, pour mieux répondre à ce but, la nature emploie des poulies de renvoi quand les renflements osseux ne sont pas assez considérables.

D'un autre côté, pour alléger le poids des os et leur conserver cependant toute la solidité qui leur est nécessaire, la nature a disposé les plus allongés en colonnes creuses. Par ce moyen ils offrent, avec la même quantité de substance, la plus grande solidité possible.

Citons un exemple à l'appui de cette opinion.

Si on prend une tige de plomb de 500 grammes, par exemple, disposée en cylindre plein, d'une longueur de deux décimètres, il sera facile de la courber par un faible effort.

Si nous coulons la même quantité de ce métal de manière à en faire une colonnette creuse de la même longueur, elle offrira beaucoup plus de résistance à la puissance qui tendra à la courber. Prenez une feuille de tôle, roulez-la en cylindre creux, et vous verrez quelle force elle offrira en comparaison de son premier état.

Les os courts des extrémités, c'est-à-dire les tarsiens et les carpiens, les phalangiens, les rotules et les sésamoïdes, sont les seuls os de ces colonnes de support qui n'aient pas de canal médullaire; les cubitus et les scapulums en sont aussi dépourvus.

Os des membres antérieurs.

Les os des membres thoraciques des animaux ont, comparativement à ceux de l'homme, un volume et des dispositions de puissance très grands. L'homme, en effet, ne les emploie que pour saisir les objets; tandis que, dans les quadrupèdes en général, ils concourent à supporter le corps, alors même qu'ils servent aux mêmes fins que chez l'homme, comme dans les quadrumanes, *par exemple*. Chez le cheval, le bœuf, le mouton, le porc, ces os ne sont utiles qu'au soutien du corps et à la progression. Aussi sont-ils très développés, ainsi que leurs apophyses, pour former les leviers des puissances qui les font mouvoir.

Du Scapulum.

Pour être solidement fixés au corps, les membres qui le supportent devaient être pourvus de moyens propres à bien remplir le but. La disposition du scapulum y répond admirablement par les larges surfaces d'attache qu'il offre aux muscles. Ce grand os plat, en forme de pelle, est favorable non seulement aux moyens d'union, mais encore à l'élasticité de la soupente musculaire qui s'y fixe. Le mouvement de bascule que facilite son inclinaison d'arrière en avant favorise aussi cette disposition, avantageuse en même temps pour la vitesse des allures. Nous le prouverons en traitant de l'épaule.

A son extrémité supérieure, le scapulum des animaux domestiques est pourvu d'une large expansion cartilagineuse, qui se termine en forme de croissant très aminci. Son élasticité prévient les accidents qui pourraient arriver si cette expansion n'existait pas, quand le scapulum est fortement refoulé par la réaction de l'appui des membres sur le sol. Cette réaction est très grande lorsque le corps est lancé, par la détente des membres postérieurs, pour franchir une barrière élevée, un fossé, etc. L'extrémité inférieure de cet os est pourvue d'une cavité qui reçoit la tête de l'humérus, de manière à former une articulation par genou, afin de permettre des mouvements en tous sens. Cette disposition articulaire était nécessaire pour faciliter l'étendue des mouvements latéraux ou obliques.

La face interne du scapulum, placée contre la poitrine, donne attache à un très fort muscle qui fixe cet os aux huit à neuf premières côtes par des digitations. Ce muscle simule une large et forte main, qui attache l'épaule aux barreaux de la cage thoracique. Il concourt à la suspendre à chaque côté interne de la voûte que forment les scapulums en se rapprochant par leurs extrémités supérieures.

La face externe du même os est divisée en deux parties par l'acromion qui sépare les muscles fléchisseurs des extenseurs.

De l'Humérus.

L'humérus sert de base au bras. Son inclinaison est opposée à celle du scapulum, de manière à former avec lui un angle dont le jeu de flexion concourt beaucoup à l'élasticité de support du corps. Cet os est pourvu d'un canal médullaire et d'éminences osseuses qui sont autant de leviers offerts aux muscles qui s'y fixent pour lui faire exécuter les divers mouvements de flexion, d'extension ou de rotation sur son axe.

Ce dernier avantage lui est facilité par son mode d'articulation avec le scapulum.

Du Radius et du Cubitus.

Le radius, perpendiculaire au sol dans les animaux, est aussi une colonnette creuse qui s'articule par charnière avec l'humérus. Il est légèrement courbé en avant vers son centre, pour mieux résister aux puissances qui tendent à le faire fléchir en arrière. Nous expliquerons ce mécanisme en traitant de la région dont cet os forme la base (avant-bras). Son extrémité inférieure repose sur les assises des os du genou.

Le cubitus, collé au radius, n'a d'importance que par son apophyse olécrane. Cette apophyse sert de puissant bras de levier aux muscles qui s'y fixent. Nous en parlerons en traitant du coude.

Os du genou et du métacarpe.

Les deux assises formées par les os du carpe servent de base au genou. L'os sucarpien, qui se trouve en arrière, offre des points d'attache à des muscles pour concourir à la flexion du membre.

Du Canon.

Le canon ou métacarpien principal est une petite colonne verticale, pourvue, comme les autres, de son canal médullaire. Les péronés, qui ne sont que des métacarpiens rudimentaires, sont collés à son corps; ils concourent supérieurement à élargir la surface articulaire qui supporte les carpiens. Le canon s'articule par charnière avec le premier phalangien, qui sert de base au paturon. Cette articulation forme le boulet, dont nous parlerons plus tard. Elle est complétée en arrière par les grands sésamoïdes, qui sont une véritable poulie de renvoi disposée pour favoriser l'action des cordes tendineuses de cette région.

Des Phalangiens.

Les phalangiens comprennent trois os d'autant plus forts dans le cheval, qu'ils forment la base du doigt unique qui termine chacune de ses extrémités. Leur direction quitte la verticale pour se diriger obliquement en avant. Le premier de ces os est le plus long ; il sert de base au paturon, et s'articule inférieurement avec le deuxième phalangien, appelé os de la couronne. Celui-ci est très-court, dirigé dans le même sens que le précédent, et s'articule avec l'os du pied.

Ce dernier est le plus remarquable des phalangiens, par sa conformation comme par ses usages. Contenu dans le sabot du cheval, il en a toute la forme. Sa surface inférieure est élargie, et repose sur la sole, qui est le plancher du pied. Sa substance est percillée d'une infinité de porosités et de trous remplis par les innombrables vaisseaux sanguins se rendant aux tissus qui le recouvrent et le fixent au sabot d'une manière très intime. Nous en parlerons plus tard avec détail en traitant du pied.

De tous les animaux, le cheval est celui qui a le dernier phalangien le plus développé. Cet os est obligé de supporter seul le poids qui, dans les autres espèces, est réparti sur plusieurs.

Dans les ruminants comme dans le porc, les phalangiens sont au nombre de deux à chaque extrémité et forment le pied fourchu.

Os naviculaire.

L'os naviculaire, dans le cheval, est situé transversalement sous l'articulation des deuxième et troisième phalangiens. Il concourt à compléter l'articulation. Ce petit osselet sert de petite poulie de renvoi chez cet animal, et tend à écarter le tendon profond qui se rend sous l'os du pied.

Os des membres postérieurs.

Les os des membres postérieurs sont généralement plus gros et plus forts que ceux des membres antérieurs. Cela devait être. Les masses musculaires qui agissent sur eux pour projeter le corps en avant sont les plus puissants de tout le système musculaire : il leur fallait donc de forts leviers pour remplir le but proposé.

Les coxaux, qui forment la base de la croupe, sont aux membres postérieurs ce que les scapulums sont aux antérieurs. Ces grands os plats, placés au sommet des colonnes qui les supportent, s'articulent avec leur premier rayon de la même manière que l'épaule à l'humérus, mais plus solidement. La tête du fémur est fixée par un fort ligament dans la cavité profonde qui le reçoit.

Du reste, les coxaux réunis l'un à l'autre inférieurement par leur propre substance, et en haut par leur articulation au sacrum qui leur sert de clef de voûte, forment la cavité du bassin. Ces os sont inclinés de haut en bas et d'avant en arrière, irrégulièrement contournés, ce qui est nécessité par la nature de leurs fonctions. Dans le jeune âge, ils forment chacun trois os bien distincts. La principale partie, qui est la supérieure, a une forme triangulaire : on l'a nommée *ilium* ; elle sert de base au sommet de la croupe par son angle interne, et à la hanche par l'externe. La partie postérieure se nomme *ischum*, et donne attache aux muscles de la fesse ; elle forme un bras de levier très important, dont nous aurons occasion de parler avec détail en traitant de la croupe. Enfin le pubis se trouve en avant de ce dernier os.

Les coxaux représentent un levier dont les points d'appui sont au centre, et les bras de la puissance et de la résistance aux extrémités. Nous les étudierons avec attention dans les descriptions des diverses régions du corps du cheval.

Du Fémur.

Le fémur est un grand os long, très fort, qui forme la base de la cuisse. Son extrémité supérieure se termine par une tête articulaire et des éminences osseuses, comme à l'humérus ; mais elles sont plus accentuées que dans ce dernier os. Le milieu du fémur est aussi pourvu, à sa partie externe, d'une crête, véritable levier pour les muscles qui lui font opérer les mouvements de rotation sur son axe. Son extrémité inférieure se termine par plusieurs surfaces articulaires, qui s'articulent l'une en avant avec la rotule, et les autres en dessous avec le tibia, au moyen de deux condyles.

Le fémur est incliné d'arrière en avant, de manière à former un angle avec le coxal.

De la Rotule.

La rotule, os court, épais, glisse sur la surface articulaire antérieure de l'extrémité inférieure du fémur, remplissant les fonctions de poulie de renvoi. Elle favorise l'action des muscles extenseurs de la jambe en éloignant leurs tendons de leur parallélisme avec les rayons osseux des membres, et en les rapprochant de la perpendiculaire à leur insertion. Cet os forme la base du grasset.

Du Tibia.

Le tibia, incliné d'avant en arrière, sert de base à la jambe ; il s'articule inférieurement avec la poulie du jarret d'une manière extrêmement solide. Son extrémité supérieure est très développée et très grosse, pour fournir au fémur des moyens d'union très puissants, capables de résister à tous les efforts que doit supporter l'articulation de ces deux os.

Os du Tarse.

Les os du tarse servent de base au jarret. Ils sont au

nombre de six à sept. Les plus importants sont l'astragale ou poulie du jarret, et le calcanéum. Ce dernier est le bras de levier de la puissance qui s'y attache. L'étude de l'ensemble de ces os est d'une haute importance par leurs fonctions pendant la progression. Nous les étudierons attentivement en décrivant le jarret.

Les métatarsiens et les phalangiens offrent trop peu de différence avec les os correspondants des membres antérieurs pour mériter une description particulière. Ils sont plus forts, caractère qui leur est commun avec les autres os des membres abdominaux ; le canon est plus arrondi et plus puissant; il est aussi plus long, ce qui est dû aux lignes brisées formées par tous les rayons du membre qui nous occupe. Il leur fallait plus de longueur pour compenser celle que perdent les colonnes qu'ils forment par leurs brisures.

DES CARTILAGES.

Le squelette, que nous venons d'examiner rapidement, comprend toutes les parties de la locomotive qui demandent de la solidité, de la rigidité sans flexion, des leviers et engrenages, ou des protecteurs solides. La matière osseuse, mélange de substance minérale et animale, ses dispositions moléculaires, architecturales, etc., ont parfaitement rempli le but; mais quand il a fallu un certain degré d'élasticité ou de moelleux, la nature y a pourvu par l'addition d'une substance propre à cette fin : tels sont les cartilages. Prenons quelques exemples. Les côtes, qui sont exclusivement destinées à protéger les poumons et à faciliter leur travail de respiration, avaient besoin de flexibilité; la nature a pourvu leur extrémité d'un prolongement cartilagineux qui se termine en pointe, et qui est d'une grande souplesse. Pour en donner une juste idée, nous ne pouvons mieux faire que de comparer ce prolongement à celui que les pêcheurs mettent au bout de la tige du roseau dont ils se servent pour avoir l'élasticité nécessaire

à leur but (1). Redressez une fausse côte, et vous avez une tige
de ligne de pêcheur avec son extrémité flexible. Cette disposition ne se fait remarquer qu'aux côtes exclusivement employées à protéger les poumons et à faciliter la respiration.
Celles qui servent de colonnes de support, comme nous l'a-
vons vu en parlant des côtes, ont une tout autre disposition,
dont nous avons fait mention.

Mais ce n'est pas tout. Les abouts osseux qui s'ajustent
pour s'articuler avaient besoin d'un corps intermédiaire pour
donner du moelleux à leur surface de frottement et en adoucir l'action. La nature a garni toutes les surfaces articulaires
diarthrodiales d'une couche de cartilage parfaitement adaptée
au besoin, surtout par l'intervention de la synovie, qui facilite le mouvement d'une manière si admirable (2).

Ne voyons-nous pas opérer de même dans les arts? L'ingénieur ne garnit-il pas d'un coussinet en cuivre, moins dur
que le fer ou l'acier, une embase qui reçoit un axe tour-
nant? Les boîtes en cuivre placées dans les moyeux des roues,
pour recevoir le bras de l'essieu, n'ont-elles pas aussi pour
but d'adoucir le frottement et prévenir l'usure du fer?

Mais ce n'est pas seulement comme auxiliaires aux os que
les cartilages sont employés dans la machine animale; on les
retrouve partout où il faut une certaine rigidité unie à de la
souplesse, à de la flexibilité, pour conserver la forme des
instruments. Ainsi l'oreille, qui conserve la forme de cornet
acoustique, doit cette propriété au cartilage qui lui sert de
base. Les naseaux sont dilatés par des segments de cercles
cartilagineux; les organes de la voix leur doivent leur vibra-
tion; tout le tube flexible qui conduit l'air aux poumons n'est

---

(1) C'est ordinairement une baleine que les pêcheurs placent au bout
de leur ligne pour obtenir la souplesse désirée.

(2) Nous aurons occasion de revenir plus tard sur les fonctions de
la synovie, lorsque nous traiterons des molettes, des vessigons, des
capelets, maladies particulières aux articulations des membres du
cheval.

qu'une succession de plaques contournées, de cerceaux cartilagineux, etc., etc.

DES LIGAMENTS.

Les os à articulations mobiles sont pourvus de ligaments qui s'attachent sur les côtés de leurs extrémités articulaires, de manière à bien les fixer sans gêner leur jeu. Ces ligaments sont d'une grande ténacité, d'une solidité extrême, malgré leur souplesse et leur flexibilité. Ils sont composés de fibres très fines, formant par leur réunion une petite corde d'une résistance telle que les arts ne sauraient en fabriquer d'aussi fortes, à volume égal, quelle que puisse être la matière organique employée. Cette condition était indispensable pour prévenir leur rupture, qui, en détruisant le jeu d'une articulation des membres surtout, aurait troublé les fonctions de locomotion. Un semblable accident est toujours la perte d'un cheval, qui n'est plus rien, s'il n'est plus locomotive. Dans les arts, un artiste remplace immédiatement une pièce rompue par une autre de rechange. Ce moyen n'existe pas dans la nature ; elle n'a pas de pièce de rechange : raison de plus pour que toutes celles qui composent un animal soient, les unes comme les autres, dans les meilleures conditions de fabrication possible. Cette nécessité commande l'harmonie des formes et de confection des diverses pièces, des différentes parties qui composent son corps.

DES MUSCLES.

Nous avons examiné jusqu'ici les instruments passifs de la locomotive, c'est-à-dire ses leviers, ses rouages, qui ne peuvent exécuter des mouvements qu'au moyen des puissances, des forces, qui les mettent en jeu. Ces puissances sont les muscles, qui nous fournissent encore la chair des animaux destinés à la boucherie. Ce n'est que pour eux que nous élevons le bœuf, par exemple : aussi, la disposition plus ou moins favorable des leviers osseux de cet animal est de peu

d'importance, pourvu qu'il nous donne beaucoup de viande,
et de bonne qualité.

Les muscles, qui enveloppent et garnissent le squelette,
forment la plus grande masse du corps. Ce sont eux qui lui
donnent les contours et les formes arrondies que nous remar-
quons dans toutes les régions en général. Ils sont composés
de petites fibres, groupées en faisceaux de longueur différente, plissées en zigzag. En s'allongeant ou se raccourcis-
sant, ils font opérer les mouvements exigés aux leviers auxquels ils sont fixés, soit par leurs propres fibres, soit par des
cordes (tendons) qui leur servent de prolongement et transmettent leur action aux parties où elles sont attachées. Par
sa contraction et sa dilatation, un muscle opère exactement
comme le piston d'une locomotive, qui s'allonge ou se rac-
courcit au moyen de la vapeur en entrant et sortant du cylindre qui le contient. La seule différence qu'on peut remarquer, c'est que, dans la locomotive nanimée, un seul piston
peut représenter tout le moteur. Dans la locomotive animée,
dont les mouvements sont si variés et si multipliés, au contraire, la quantité des moteurs est aussi grande que les genres
de mouvements opérés en tous sens et sur tout point du
corps. Leur puissance est aussi subordonnée à la nature de
la résistance, de manière à être toujours vaincue par une
force relativement trop grande pour qu'il n'y ait pas de rupture de leviers dans l'action. C'est là ce qui constitue l'admirable harmonie de toutes les pièces de la locomotive animée.
La quantité de puissance à dépenser y est toujours subordonnée à la quantité de résistance à vaincre. Sans cette admirable prévoyance de la nature, la vie eût été à chaque instant
troublée par des accidents qui auraient été la conséquence
d'un défaut de calcul malheureux. Supposons, en effet, un
levier qui remplit parfaitement ses fonctions avec une force
comme quatre, par exemple; si vous lui adaptez une puissance comme huit et une résistance pareille, il sera nécessairement rompu. Il fallait donc que sa force fût supérieure à

celle de la puissance comme à la quantité de résistance à vaincre pour agir avec succès. Eh bien! c'est ce qui arrive toujours dans l'organisation animale. La force relative d'un muscle est inférieure à celle de l'os ; quand la résistance est trop grande, la fracture n'est pas à craindre, parceque le jeu du levier ne peut s'opérer par suite de l'insuffisance de l'action musculaire. Si on remarque des exceptions à cette règle dans la nature, elles sont heureusement fort rares, surtout quand les maladies du système osseux ne les favorisent pas.

La locomotive inanimée ne peut progresser qu'en avant ou en arrière : une seule puissance y suffit; la locomotive animée, au contraire, exécute tous les mouvements qu'elle veut : de côté, en avant, en arrière, en haut, en bas, avec tous les degrés d'obliquité nécessaires ; elle marche enfin suivant l'impulsion qu'elle se donne elle-même, suivant la nature des puissances qu'elle fait agir, et qui varient autant en force qu'en direction d'action.

Le nombre de ces puissances est très considérable ; cependant, malgré leurs différences d'action, malgré la complication de leurs dispositions et leur antagonisme, elles sont toujours dans la plus parfaite harmonie de contraction ou de dilatation. Cette condition était essentielle pour l'exécution des mouvements, suivant l'énergie ou l'étendue exigée. Quand les muscles extenseurs agissent, les fléchisseurs se relâchent, et le raccourcissement de ceux-ci est toujours favorisé dans son effet par l'allongement de ceux-là. C'est là ce qui établit l'admirable analogie de mouvement de va-et-vient du piston d'une locomotive avec la même action opérée par les muscles fléchisseurs et extenseurs des animaux. Leur action alternative n'est pas ce que nous devons le moins admirer dans la machine animale, qui a un si grand nombre de puissances de tout ordre à son service. Pour éviter toute confusion au milieu de ce dédale de forces si variées en action, et pour arriver sans trouble au résultat obtenu et indispensable au but proposé, il faut que le gouvernement de la nature soit dirigé bien autrement que le gouvernement des hommes !

Si nous ajoutons à la supériorité de la locomotive animée la vie avec toutes ses conséquences, il nous est facilé de conclure que cette machine vivante est à la locomotive inerte ce que Dieu est à l'homme ; et si, pour fabriquer la dernière, il faut des ingénieurs habiles et des ouvriers exercés, ne faut-il pas, à plus forte raison, des ingénieurs et des ouvriers bien autrement instruits et éclairés dans leurs spécialités, pour diriger la fabrication de la première? C'est là, nous le dirons toujours, le point de départ de toute condition de succès en perfectionnement des races.

Mais revenons aux muscles. Comme nous l'avons vu, leur nombre est grand : il est, chez l'homme, de trois à quatre cents ; ceux du cheval du bœuf, etc., ne sont guère au dessous de cette quantité. Ils ont reçu chacun un nom particulier, pour pouvoir distinguer chacune des puissances qu'ils représentent, et leur action individuelle ou collective. Leurs formes comme leur volume varient suivant la force qu'ils doivent avoir pour agir, et suivant la nature des organes qu'ils sont appelés à faire fonctionner. Tantôt ils sont allongés, arrondis en forme de fuseaux, quand leurs extrémités se terminent par des cordes tendineuses ; on les voit souvent aplatis, en forme d'éventail, carrés, ou disposés en sortes de lanières, surtout lorsque leur action doit avoir peu d'intensité, mais beaucoup d'étendue. La condition opposée exige un muscle très gros : dans ce cas, il est souvent court. Du reste, partout où l'on voit des os très gros, on trouve de gros muscles ; ils sont minces, au contraire, quand les os sont frêles et de peu de résistance, ce qui s'explique par le principe que nous avons déjà développé. Ce fait s'observe dans les sujets des diverses races comme dans les régions individuelles de leurs corps.

Si l'étude de la disposition des leviers et rouages du système osseux est d'un grand intérêt pour l'appréciation des qualités des animaux et principalement du cheval, le système musculaire, qui est l'agent du mouvement, ne doit pas moins attirer notre attention. Son développement en tous sens indique naturellement celui de la puissance, de la force, comme l'étendue de l'action ; nous le prouverons en décrivant les différentes régions du corps des animaux et en indiquant leurs caractères de beauté.

Les muscles dont nous venons de parler sont ceux de la locomotion : ils sont soumis à l'empire de la volonté, ils se contractent quand nous le voulons ; mais il en est d'autres qui fonctionnent sans que nous ayons à nous en occuper : tels sont le cœur et tout le canal intestinal, dont nous ne commandons pas les mouvements. Leurs contractions s'opèrent sans l'ordre du *moi*. Ils sont appelés *muscles de la vie végétative*. Ils sont tous placés à l'intérieur du corps, et tout à fait étrangers au système osseux par leurs relations. Les muscles que nous faisons agir à notre gré, au contraire, sont tous placés sur le squelette, et sont nommés *muscles de la vie animale*. Les muscles qui concourent à la respiration font exception dans ce cas ; ils sont soumis à l'empire de la volonté pendant la veille ; ils agissent indépendamment d'elle pendant le sommeil. Cette particularité des muscles respiratoires était indispensable à leur action.

DES NERFS.

Que les muscles soient soumis ou non à l'empire de la volonté, ils ne vivent et ne se meuvent, comme tout le reste de l'organisme, que sous l'influence d'un principe qu'on ne saurait définir, mais dont il est impossible de nier les conséquences : nous voulons parler de l'action nerveuse. Les nerfs, partant tous du cerveau ou de son prolongement contenu dans le canal rachidien, portent l'essence de vie dont ils jouissent dans les divers organes du corps, au moyen de leurs divisions ou subdivisions. Le défaut d'action nerveuse, quelle que soit sa cause, a toujours la mort pour effet. La vie cesse partout où les nerfs ne fonctionnent plus, que ce soit à un organe ou à un appareil d'organes, ou dans tout le corps.

C'est par les nerfs que toutes les impressions sont transmises au foyer de sensation, et que tous les mouvements volontaires ou involontaires s'exécutent ; c'est par eux que l'impression de la lumière, de la saveur, des sons, des odeurs, du toucher, est transmise au cerveau.

« Les organes extérieurs des sens, dit Cuvier, sont des « sortes de cribles qui ne laissent parvenir sur le nerf que « l'espèce d'agent qui doit l'affecter à chaque endroit, mais « qui souvent l'y accumulent de manière à y augmenter « l'effet : la langue a des papilles spongieuses qui s'imbibent « de dissolutions salines ; l'oreille, une pulpe gélatineuse qui « est fortement ébranlée par les vibrations sonores ; l'œil, des « lentilles transparentes qui concentrent les rayons de la lu- « mière, etc. (1). »

C'est sous l'influence nerveuse que nous digérons, que nous respirons, que tous les appareils fonctionnent, chacun dans sa spécialité, et qu'ils fabriquent leurs produits divers.

Quant à ce qui regarde les mouvements volontaires des animaux, exécutés par tant de puissances à la fois et si différentes d'action, nous devons signaler un fait remarquable, sans lequel la locomotion serait impossible : c'est que les ordres sont transmis aux muscles de telle manière que, quand les fléchisseurs se contractent, les extenseurs se relâchent, *et vice versa*. On conçoit, en effet, que, si tous les muscles s'étaient relâchés ou contractés ensemble, si leur action alternative avait été interrompue, la régularité de l'action des leviers eût été impossible ; il en serait résulté une anarchie, un trouble, qui aurait interverti l'ordre établi, comme cela

---

(1) Introduction au *Règne animal*.

se voit dans certains cas de maladies. Le tétanos, l'épilepsie, etc., en sont des exemples frappants. Tout un appareil
musculaire congénère, c'est-à-dire tendant à un même but,
fonctionne, pendant que le système antagoniste, qui a une
action opposée, suspend son travail, pour le reprendre alternativement. Le mouvement est l'effet de ce travail.

Il n'a pas encore été possible de préciser le mode d'action
des nerfs ; seulement on a pu constater, par des expériences
concluantes, qu'il y a quelque analogie entre le principe de
leurs fonctions et le fluide électrique. Les expériences de
Galvani et celles de Humboldt en ont donné des preuves qu'il
n'est pas possible de nier. Si vous faites à un cheval ou à tout
autre animal la section du nerf pneumo-gastrique vers le milieu de l'encolure, sa digestion se suspend comme sa respiration, et bientôt il meurt asphyxié. Si vous mettez le bout
du nerf coupé qui se rend aux poumons et à l'estomac en contact avec un courant électrique, avec celui qui est produit
par une pile voltaïque, par exemple, les fonctions de ces organes continuent quelque temps encore. C'est M. de Humboldt qui le premier a constaté ce fait. Tout le monde connaît
l'action de l'électricité sur nos nerfs et les secousses que nous
éprouvons aux articulations quand nous nous soumettons aux
épreuves faites à ce sujet.

Cependant, malgré l'analogie du fluide électrique avec l'é-
lément qui préside à l'action nerveuse, il n'y a pas identité
parfaite. En effet, si, avec deux corps non conducteurs de
l'électricité, comme la résine, le verre, etc., vous cherchez
à détourner un courant électrique en entourant ou comprimant avec eux le corps qui le conduit, vous n'y réussirez
pas : le fluide électrique continue sa marche. Si, au contraire,
vous comprimez un nerf, comme nous l'avons fait nous-
même, soit avec les doigts ou du verre, soit avec de la résine, de la soie ou tout autre corps conducteur ou non de
l'électricité, vous interrompez immédiatement la marche de
l'élément nerveux ; si c'est sur le pneumo-gastrique que vous

agissez, la respiration et la digestion sont suspendues ; faites cesser la compression, et ces fonctions reprennent leur marche ordinaire. Nous avons bien souvent répété cette expérience sur des chevaux. L'électricité ne se conduit jamais de la même manière.

Il est reconnu aujourd'hui que le système nerveux est divisé en deux appareils bien distincts. L'un préside au mouvement, l'autre à la sensibilité ; d'où il résulte qu'un membre peut opérer tous les mouvements sans être sensible, comme aussi il peut être sensible, sans mouvements : cela dépend du nerf qui a été lésé. L'expérience a détruit tout sujet de doute à cet égard. Il nous arrive à nous-mêmes d'avoir un bras souvent engourdi par suite d'une certaine position prise pendant le sommeil ; il n'est pas privé de mouvement, mais nous n'y éprouvons aucun sentiment par le toucher ; au bout de quelque temps, le fluide nerveux ou l'élément nerveux, comme on voudra l'appeler, a repris sa marche ordinaire, et la sensibilité revient. Ne voit-on pas des membres paralysés quelquefois et cependant donner toutes les marques des douleurs qu'on y provoque ?

C'est sur la théorie de ce fait que repose l'explication donnée sur les conséquences de la névrotomie du pied de certains chevaux boiteux, guéris en apparence de leur claudication comme par enchantement. Voici en quoi consiste cette opération, aussi ingénieuse que simple.

Un cheval boite d'un membre, et tout moyen ordinaire de détruire sa claudication a été inutile. Cependant, après une étude sérieuse, le siége du mal a été découvert, mais il est reconnu incurable ; que faut-il faire alors ? Il n'y a qu'un seul moyen : c'est de couper le nerf qui se rend au point douloureux et qui est cause de sa sensibilité. La douleur détruite, la claudication disparaîtra ; l'opération faite, le cheval cesse de boiter immédiatement. Il n'a plus le sentiment de la douleur, parceque *le fil conducteur* qui en avertissait le foyer général, le *sensorium commune*, a été coupé et ne peut

3.

plus remplir son message. Interceptez l'action du nerf de la sensibilité partout où il y a douleur, et cette douleur cessera toujours immédiatement.

L'effet si extraordinaire de la vapeur respirée de l'éther sulfurique, du chloroforme, n'est que la conséquence de l'action momentanée de ces agents sur les nerfs de la sensibilité. Ce sont des spécifiques comme l'extrait de belladone, qui agit instantanément sur la sensibilité des nerfs du sens de la vue ; comme le seigle ergoté, qui provoque les contractions de l'utérus ; comme la digitale pourprée, qui calme celles du cœur, etc., etc.

Si c'est le système nerveux qui préside à l'action des muscles, à la locomotion, n'est-ce pas lui qui joue le plus grand rôle dans la locomotion, puisque c'est lui qui commande les organes passifs du mouvement, comme un colonel commande son régiment, un général sa division. N'est-ce pas lui qui règle la vitesse comme la lenteur des allures? N'est-ce pas lui qui fait gagner aujourd'hui un prix sur l'hippodrome à tel cheval qui le perd demain? N'est-ce pas souvent, trop souvent peut-être, à son irritabilité, que tel coursier, d'une constitution frêle et délicate, d'ailleurs, fait des prodiges pendant quatre ou cinq minutes? Nous comparerons ce coursier à tel homme irascible qui dépense et épuise en peu d'instants, par un excès d'efforts, toutes ses puissances, morales ou physiques ; son concurrent, plus froid, mais plus fortement trempé, laisse tranquillement passer cette *bourrasque*, pour user ensuite de la victoire facile et complète qui l'attend (1).

Chez tous les animaux, il faut une juste harmonie entre le système nerveux qui commande et les muscles qui obéissent ; il faut qu'il y ait équilibre entre eux : sans cette condition

______

(1) Nous avons démontré ce fait incontestable avec des preuves à l'appui à l'article Course de notre *Dictionnaire raisonné d'agriculture et d'économie du bétail.*

essentielle on n'obtiendra jamais l'effet voulu. Nous observons tous les jours ces phénomènes ; il ne s'agit que de les
étudier de sang-froid, sans passion, sans enthousiasme irréfléchi, pour bien les juger et faire la part de l'erreur, souvent
bien fatále à la vérité comme au progrès. Mais si on se laisse
entraîner par un prestige qui nous a souvent fasciné quelques
instants, la raison, la vérité, l'expérience et le temps se
chargent toujours, quoique souvent bien tard, de rectifier
nos erreurs. Ce n'est, pour l'observateur froid et impassible,
qu'une question de patience : le vrai finit toujours par avoir
raison...

Mais revenons aux nerfs. Nous n'avons pas encore eu assez
occasion d'étudier la question à fond, mais nous croyons fermement que la supériorité qu'ont les races des chevaux nobles
sur les communes dépend de leur système nerveux, et non du
sang. La preuve est dans le développement plus considérable
du crâne des races distinguées, comme dans celui de leur
intelligence et de leur sensibilité. Le système nerveux du
cheval, comme celui des autres animaux, n'a pas été assez
étudié sous ce rapport, et nous en appelons sur ce fait aux
naturalistes et aux physiologistes : c'est une mine vierge à exploiter, pour l'amélioration des races de chevaux surtout.

Mais ce n'est pas ici le lieu de discuter sur un sujet encore
si obscur, quoique plein d'avenir, sur la question du cheval ;
nous ne le signalons que pour attirer sur lui l'attention des
hommes spéciaux, l'étude et les expériences des physiologistes et des agriculteurs instruits sur ce point important de
l'élevage des animaux.

Deuxième Partie

DESCRIPTION

DES DIFFÉRENTES PARTIES DU CORPS
DU CHEVAL

Les naturalistes n'ont point indiqué la véritable patrie du cheval, elle paraît inconnue ; on sait seulement que ce précieux animal est d'origine orientale, et que l'Arabie est le point du globe où il a acquis le plus de qualités. L'homme l'a importé presque partout où il s'est établi. Quoiqu'il ait dégénéré en beaucoup de lieux, d'heureuses combinaisons dans son élevage l'ont rendu d'une utilité indispensable aux services divers auxquels il est soumis.

Les caractères zoologiques du genre cheval sont douze incisives, dont six à chaque mâchoire, et vingt-quatre molaires ; les supplémentaires, de quelque nature qu'elles soient, ne sont point un caractère fixe ; les mâles ont quatre crochets placés entre les intervalles qui séparent les incisives des molaires ; les extrémités se terminent par un seul doigt, dont le bout est recouvert par un ongle en forme de sabot obtus et arrondi ; mamelles inguinales ; estomac unique, médiocrement développé ; intestins très longs ; cœcum d'un volume énorme.

Tels sont les caractères qui font distinguer le genre cheval. Il comprend le cheval proprement dit (*equus cabal-*

lus), l'hémione (*equus hemionus*), l'âne (*equus asinus*), le zèbre (*equus zebra*), le couagga (*equus quaccha*) et l'ongaga ou dauw (*equus montanus*), et enfin l'hémippe, nouvelle espèce décrite récemment par M. Is. Geoffroy Saint-Hilaire, et dont deux exemplaires vivants sont dans ce mo-ment au Muséum d'histoire naturelle de Paris.

Le cheval et l'âne, qui ont produit le mulet par leur ma-riage, sont, du genre cheval, les seuls qui jusqu'ici ont été réduits à l'état de domesticité ; les autres vivent à l'état sauvage, en Asie ou en Afrique. On a cependant assuré qu'on avait pu dompter le couagga, et même le zèbre, dans les envi-rons du cap de Bonne-Espérance. Quant à l'hémione, quel-ques expériences faites au Muséum d'histoire naturelle de Paris par M. Is. Geoffroy Saint-Hilaire tendent à prouver que ce bel animal serait aussi facile à domestiquer et à dresser que l'âne et le cheval.

Le cheval étant l'unique sujet de notre travail, c'est de lui seul et de l'étude de ses différentes régions que nous devons nous occuper. Nous commencerons par celle de la tête.

DE LA TÊTE.

La tête est, dans le règne animal, une des parties du corps les plus intéressantes à étudier chez les vertébrés, par l'importance du rôle qu'elle remplit : c'est elle qui renferme les principaux organes des sens, et la nature a disposé son système osseux de manière à les recevoir, à les protéger, à les mettre dans les meilleures conditions possibles pour le but auquel chacun d'eux est destiné. C'est ainsi que le cerveau est muré dans une boîte close qu'on nomme le crâne, munie seulement de quelques ouvertures, souvent très petites, pour donner passage à ses vaisseaux ou aux nerfs qui en partent. Ce viscère, dont les importantes fonctions jouent un rôle si étendu sur l'ensemble des phénomènes de la vie, avait be-soin d'être solidement protégé pour le remplir sans accident.

L'enveloppe osseuse qui le met à l'abri de tout choc direct, de toute compression, est disposée en forme de voûte, condition qui favorise sa solidité ; la substance qui la compose est plus dure que celle qui forme les autres os du corps.

Les organes internes du sens de l'ouïe, très délicats, sont renfermés dans une petite cavité particulière, parfaitement appropriée et d'une solidité remarquable ; ceux de la vue, du goût, de l'odorat, sont aussi contenus dans des ouvertures qui leur permettent d'être en rapport avec les corps extérieurs ; elles sont admirablement disposées pour favoriser leur action.

La tête renferme, de plus, les organes de mastication, de trituration des aliments, dont l'étude est très importante pour nous dans les animaux. Nous y trouverons les indices de leur âge, et par conséquent ceux de leur valeur commerciale sous ce point de vue ; nous remarquerons aussi, dans l'étude de l'ensemble de la tête, des caractères de physionomie qui nous seront aussi utiles pour l'étude des races et celle de leur sang que pour juger de leur degré de noblesse et du caractère moral des individus dans chaque race.

Une belle tête, pour nous, sera celle dont toutes les parties seront le mieux disposées pour le but qu'elles doivent remplir, d'après de bonnes lois de conformation. Nous n'aurons donc point égard aux caprices des modes ou des amateurs, qui veulent aujourd'hui à tout prix ce qu'ils rejetteront demain de la même manière. Cela s'explique : la véritable beauté des sujets, qui ne peut avoir d'autres caractères que ceux des conditions qui favorisent le mieux toutes les fonctions de la vie, a été méconnue ; elle n'a pu servir de base pour établir un jugement sans appel, un bon choix des individus fondé sur des règles de mécanique ou de physiologie invariables, toujours les mêmes, en tout temps comme en tout lieu.

De l'Oreille.

Nous allons prouver encore, en étudiant les diverses parties du corps du cheval, combien leur forme leur est indispensable.

L'oreille a pour fonctions de recevoir le son et de le faire converger vers la base de la conque. Là se trouve l'ouverture externe du petit canal qui lui sert de conduit, pour aller produire sur les organes internes de l'ouïe l'effet qu'on nomme *audition*. L'oreille externe est donc un véritable cornet acoustique, dont la beauté et la bonté doivent être basées sur les bonnes conditions de sa confection (1).

---

(1) La forme de l'oreille externe varie beaucoup dans le règne animal. Son étude, faite avec détail et attention, serait très intéressante, et pourrait donner souvent des indices certains sur les caractères, la forme, les mœurs, etc., des individus des différents ordres. Ainsi, on voit que ceux qui n'ont d'autre moyen de défense et d'échapper à leurs ennemis que la fuite, ont un grand développement du cornet acoustique et de son appareil musculaire. Tel est le genre lièvre dans l'ordre des rongeurs, et la nombreuse famille des antilopes dans celui des ruminants. Ces animaux, servant de pâture aux carnassiers qui habitent les mêmes contrées qu'eux, en avaient besoin pour percevoir en tous sens le moindre bruit et prendre la fuite au besoin. Les carnassiers ont aussi l'ouïe très développée, mais leur cornet acoustique a des mouvements moins étendus, ce qui est dû à sa conformation et à son appareil musculaire. Il est fixé en avant, comme pour n'entendre que du côté où les yeux sont tournés. Tels sont les genres, chien, chat, etc. Les animaux timides, qui ont tout à craindre, ont besoin d'entendre de tout côté, et ils ont les organes accessoires de l'ouïe disposés pour cette fin. L'éléphant, qui, par sa force musculaire prodigieuse, est à l'abri de toute attaque, a des oreilles qui ressemblent à deux larges tabliers rabattus et pendants sur les côtés de la tête et de l'encolure. Elles n'ont pas la forme de cornet et leur mouvement est très borné. On dirait que leur unique but est de recouvrir le conduit auditif externe et de le protéger contre les corps qui pourraient s'y introduire. Nous nous bornons à citer ces particularités en passant, notre but n'étant pas d'en développer ici les différentes théories.

De l'Oreille du cheval.

L'oreille, placée chez le cheval sur le sommet et sur les côtés de la tête, se trouve à la partie la plus élevée du corps, pour le dominer en quelque sorte et recevoir les rayons sonores qui lui arrivent sans obstacle et dans toutes les directions. Le cornet acoustique qui la forme est ouvert en dehors par une profonde échancrure, pour offrir au son la plus grande surface possible. A sa base se trouve un appareil musculaire spécial disposé de manière à ce qu'il soit porté avec facilité en avant, sur les côtés, ou en arrière, à la volonté de l'animal, et suivant la direction du bruit qu'il a entendu ou qu'il veut entendre. Ordinairement, quand le cheval est libre, il dirige ses yeux du côté où il tourne ses oreilles : il veut voir ce qu'il entend ; mais quand il est sous le harnais, il se contente de placer son oreille pour écouter soit le commandement de son maître, ou tout autre bruit.

Le cornet acoustique qui forme le canevas de l'oreille et qui détermine sa forme est une lame de substance flexible qu'on nomme *cartilage*, roulée pour le but auquel elle était destinée. Sa flexibilité lui était nécessaire afin de faciliter la souplesse dont la conque avait besoin pour bien remplir ses fonctions ; elle devait cependant avoir assez de résistance pour conserver sa forme de cornet toujours ouvert et prévenir son aplatissement et sa difformation (1).

La plus belle oreille sera donc, pour nous, celle qui réunira les meilleures conditions d'acoustique pour bien recevoir les sons et les transmettre aux organes internes de l'ouïe ; elle les réunira toujours quand son cornet, bien découpé, ne sera pas

---

(1) Voir ce que nous avons dit en parlant des cartilages dans les considérations générales sur les appareils de la vie des animaux.

déformé par des accidents ou des maladies, et qu'il aura une grande facilité de mouvements dans tous les sens.

Mais, outre les caractères essentiels de l'oreille, il en est de secondaires assez importants pour influer sur la valeur commerciale du cheval et pour faire juger jusqu'à un certain point de son caractère et de la noblesse de son sang. Ainsi, des oreilles amincies, bien taillées, bien placées, dirigées parallèlement en haut et un peu en avant, portées avec élégance, recouvertes d'une peau fine, veinée, garnie de poils rares et jouissant d'une grande facilité, d'une grande souplesse de mouvements, donnent au cheval un air hardi, gracieux, intelligent, quelque chose de distingué qui le fait mieux estimer; du reste, ces caractères de cornet acoustique appartiennent ordinairement aux races nobles.

L'oreille lourde, souvent pendante, recouverte d'une peau épaisse et poilue, à cornet mal découpé, flasque, dont l'action sans grâce est bornée, et exécutant mollement un mouvement de va et vient, suivant l'allure du cheval, caractérise un sujet mou, peu énergique et de peu de distinction. Ces sortes d'oreilles donnent à la physionomie des individus un air stupide et sans expression qui les fait déprécier. Elles appartiennent ordinairement aux races communes, aux formes empâtées, aux tissus mous et infiltrés. Jamais nous ne les avons remarquées chez les chevaux de noble origine.

L'étude du mouvement des oreilles et de leur attitude fournit souvent les moyens de reconnaître quelques nuances du caractère moral des chevaux. On se défiera toujours, en général, de ceux qui couchent les oreilles en arrière quand on les approche; ils veulent alors mordre ou frapper. S'ils les portent en sens divers, si on remarque en eux un air distrait, inquiet, ils pourront être ombrageux, peureux, et si on les monte, on devra y faire attention pour être prêt à tout événement. Le cheval qui n'a pas peur, qui a confiance, porte franchement ses oreilles en avant, et regarde avec une expression de loyauté, d'abandon et de douceur facile à saisir, pour peu qu'on ait l'esprit d'observation et d'habitude en équitation.

Les oreilles d'un cheval aveugle ont un genre de mouvement particulier : elles lui donnent un air de stupéfaction, d'indécision, quelque chose de caractéristique qui lui est propre et qu'on ne peut définir ni décrire ; elles changent tout à fait la physionomie de l'individu, à tel point qu'en le voyant on reconnaît la cécité sans avoir examiné ses yeux. Le cheval aveugle semble vouloir suppléer au sens de la vue qu'il a perdu, par celui de l'ouïe qu'il a encore ; il cherche à se servir de tous les moyens qui lui restent pour tâcher de remplacer, autant que possible, une des conditions les plus essentielles de son existence, et dont il paraîtrait comprendre toute l'importance. Aussi les chevaux aveugles sont-ils en général très attentifs et très obéissants à la voix de leur maître, comme à celle de tous les aides. Cette attention soutenue donne à la position de leur tête et à celle de leurs oreilles une attitude, un indice de bonne volonté, qui change tout à fait leur physionomie. On peut dire avec raison que, si la perte de la vue change l'expression de la figure de l'homme par l'absence du rôle que remplissent les yeux, celui des oreilles du cheval qui ne voit pas n'est pas moins remarquable ni moins frappant pour les observateurs.

Le cheval qui n'a pas de bons yeux l'indique aussi par le mouvement de ses oreilles. Nous en parlerons quand nous traiterons des organes importants du sens de la vue.

La surdité est assez rare chez le cheval, et il est d'autant plus difficile de s'en convaincre dans une vente que généralement on ne s'occupe pas de la découvrir. On ne s'en aperçoit que quand on s'est servi des individus sourds, et souvent bien long-temps après qu'on les possède. Du reste, ce vice n'a d'autre inconvénient que celui d'empêcher les chevaux qui en sont atteints d'entendre la voix de leur maître, et par conséquent de leur obéir. Les oreilles des chevaux sourds exécutent peu de mouvements ; elles sont généralement

toujours fixes et mobiles en avant, du côté où le cheval regarde, pour tâcher de percevoir quelque son. Les Arabes
disent « qu'il faut laisser le cheval sourd pour le bât »; ils
ont peu d'estime pour un cheval qui n'entend pas la parole du
cavalier.

Une mode aussi ridicule que barbare fit amputer, dans un
temps qui s'éloigne de nous, les oreilles des chevaux. Nous
n'avons qu'à la signaler pour caractériser la cause qui la détermina. *Moineau* ou *bretaudé* étaient les noms que l'on donnait au cheval ainsi mutilé.

Les poils que l'on remarque dans l'intérieur des oreilles
servent à les préserver de la chute des corpuscules et de l'abord
des insectes. Le cheval y est très sensible : c'est donc contre
tout bon principe d'hygiène qu'on prive cette partie de ses
protecteurs naturels en la tondant.

Quand on réforme les chevaux dans les régiments de cavalerie, on fend l'extrémité de leur oreille gauche. On y fera
attention, pour ne pas avoir le désagrément d'acheter un animal réformé. Si on remarquait à l'oreille d'un cheval une cicatrice qui serait la suite d'une suture, ce qui arrive souvent,
on examinerait si on ne trouve pas à la hanche gauche les
traces de la marque du régiment d'où il sort.

De la Nuque.

La nuque est la région du sommet de la tête des animaux.
Elle a pour base l'os occipital et les parties des muscles et des
ligaments qui s'y insèrent. Dans le cheval, cette région est à
peu près bornée latéralement par les oreilles, en arrière par
la naissance de l'encolure, en avant par celle du toupet. On
s'assurera qu'elle n'est pas le siége de plaies ou de tumeurs
qui pourraient être les symptômes d'une maladie assez grave
à laquelle on donne le nom ridicule de *taupe*.

Cette partie de la tête offre généralement peu d'intérêt à
l'étude du cheval, en ce que ses beautés ou ses défectuosités

ne paraissent pas d'une grande importance ; mais , examinée dans plusieurs individus du règne animal, elle nous présentera des différences qui pourront nous conduire facilement à juger de sa bonne conformation.

La proéminence que l'on remarque au sommet de la tête des animaux est un allongement de l'os de cette partie. Il sert de levier aux puissances qui s'y fixent pour faire opérer à la tête des mouvements en avant. Ce bras de levier du premier genre est d'autant plus long , et par conséquent la nuque est d'autant plus saillante, que l'animal y a besoin de plus de force. L'homme , dont la tête repose d'aplomb sur la tige verticale qui la supporte , est dépourvu de cet allongement de l'occipital. Sa station et la nature de ses fonctions le rendaient inutile. Il est énorme chez le sanglier, parcequ'il lui était nécessaire pour fouir la terre avec son grouin, et découvrir ainsi les racines dont il se nourrit. Cette protubérance forme chez lui un bras de levier très long et très puissant. Les carnivores , qui ont encore besoin d'avoir beaucoup de force à la tête, ont la protubérance occipitale très prononcée. Aussi les voit-on soutenir avec facilité dans leur gueule un poids assez lourd. Un chien d'arrêt d'une force moyenne rapporte, sans trop d'effort, un lièvre de 4 à 5 kilog., et on a vu des loups emporter ainsi un petit mouton ou un chien d'assez forte taille. On cite des faits de force prodigieuse à la tête chez le lion , le cougouard, le tigre, etc.; on assure avoir vu le premier s'enfuir emportant dans la gueule un poulain de deux ans ou un bœuf du même âge.

Nous voyons, d'après ces comparaisons, que la protubérance occipitale est un bras de levier inter-mobile qui varie suivant les besoins des individus , et qu'elle facilite l'action des puissances qui agissent sur elle, en raison de sa hauteur. Chez le cheval, le sommet de la tête bien détaché sera donc une beauté , parcequ'il favorisera l'action des muscles chargés d'y faire opérer les mouvements nécessaires.

Du Toupet.

La petite touffe de crins qui, partant de la nuque, flotte sur le front, se nomme toupet. Les races nobles, surtout celles d'Orient, ont les crins qui le composent rares, longs et soyeux. Quand le cheval est monté, qu'il s'anime, qu'il agite la tête avec force, ces crins se déplacent, ombragent ses yeux, et lui donnent un air échevelé et sauvage qui, se combinant avec l'ouverture contractée des naseaux, l'expression de la bouche écumeuse et la fierté du regard, accuse son énergie et caractérise la noblesse de son origine.

Du Front.

Le front du cheval est la partie antérieure de la tête qui s'étend de la nuque au chanfrein, c'est-à-dire à une ligne qui se rendrait de l'angle interne d'un œil à l'autre. Nous y reconnaîtrons deux parties parfaitement distinctes : la supérieure, qui a pour base le pariétal : nous la nommerons *crânienne;* et l'inférieure, circonscrite par le frontal : nous lui donnerons le nom de *région frontale.*

La première de ces régions du front est toujours bombée. Elle contient, entre l'os et la peau, deux muscles masticateurs disposés de chaque côté. Chez les chevaux de sang surtout, ces muscles font ordinairement une saillie bien distincte à droite et à gauche. Un V renversé dont la pointe partirait du toupet indique leur ligne de démarcation. Cette partie du front est en général large chez les chevaux de sang. Elle indique un plus grand développement du cerveau : aussi, dans ce cas, l'intelligence paraît-elle plus développée.

Les races abâtardies, sans type, ont les muscles masticateurs peu ou point distincts; ils sont noyés et confondus sous la peau; le crâne est plus rétréci, l'intelligence plus bornée.

Cette différence de la région crânienne du front et des facultés intellectuelles entre les chevaux de sang et les races dégénérées est remarquée par tous les observateurs. Mille exemples la prouvent (1).

La région frontale est aplatie ; la peau repose sur l'os, sans muscles intermédiaires. Chez les races nobles cette partie du front est plane et large, tandis que les races communes l'ont quelquefois plus ou moins busquée ou étroite. Du reste, sa largeur coïncide avec celle de la région crânienne.

---

(1) Sans vouloir établir une comparaison entre l'homme moral et les animaux, il n'est pas douteux pour nous que la science de la phrénologie trouverait un champ vaste à exploiter dans l'étude du crâne des animaux. N'y a-t-il pas entre leur cerveau et celui de l'homme des analogies incontestables, surtout vers les parties où l'on a cru devoir placer le siége des facultés instinctives? Si, parmi les différentes races d'hommes, la caucasique, à laquelle nous appartenons, a été classée la première sous le rapport des facultés intellectuelles ; si la masse encéphalique des régions supérieures de la tête s'est montrée chez elle plus développée par l'ouverture de l'angle facial, ne pouvons-nous pas admettre que, dans les diverses races d'animaux, il y a aussi des différences d'intelligence par la différence des organes qui en sont le siége? Les chasseurs expérimentés dans leur art, ceux même qui ne se doutent pas de la science de Gall, ont été conduits par l'observation à ne pas négliger l'étude de la conformation du crâne et de la tête des chiens qu'ils choisissent. Quant au cheval, nous avons remarqué un fait bien positif: c'est qu'en examinant les fronts des chevaux de notre cavalerie d'Afrique, où nous avons servi assez long-temps, où les races ont toutes plus ou moins de distinction, on trouve les régions crâniennes du front de ces animaux plus développées en général que chez les chevaux communs de nos régiments de France. Plus d'une fois, d'ailleurs, nous avons été témoin de la supériorité d'intelligence des chevaux montés par nos cavaliers ou nos auxiliaires en Algérie. Les écuyers bons observateurs, les dresseurs de chevaux, ont bientôt établi les différences d'intelligence qu'il y a entre les chevaux de race noble et ceux des races abâtardies. Ils le peuvent par le plus ou moins de difficulté qu'ils ont à leur faire comprendre ce qu'ils leur enseignent, et, qu'on nous permette de le dire, par la supériorité du moral des uns sur celui des autres.

Quand le front est large à sa partie supérieure, il l'est aussi à l'inférieure.

Un beau front sera donc large et plat, parcequ'il indiquera d'abord le développement de l'encéphale, et qu'il concourt à caractériser la distinction du cheval. Les muscles masticateurs de la région crânienne devront être bien accentués, bien développés; ils seront ainsi plus aptes à remplir leurs importantes fonctions, à concourir avec plus d'avantage à la mastication des aliments.

Des Salières.

On appelle *salières* les cavités qu'on remarque sur les côtés du front, au dessus des yeux. Elles sont généralement très prononcées chez les sujets vieux et maigres. Les jeunes chevaux en ont aussi quelquefois. On a pensé que dans ce cas ils étaient issus de parents vieux. Quoi qu'il en soit, les salières qui ne sont creuses que par l'absence du tissu graisseux dont elles sont ordinairement remplies ne nuisent en rien à la valeur réelle des individus; elles ne peuvent être que disgracieuses à l'œil, en ce qu'elles donnent à la tête un caractère de vieillesse.

On a jadis soufflé de l'air sous la peau des salières pour les remplir. Ce procédé est abandonné avec raison.

Des Tempes.

Les tempes sont la saillie qu'on voit au dessous et en dehors des salières. Elles ont pour base l'arcade temporale, et elles paraissent d'autant plus marquées que les salières sont plus creuses et les sujets plus maigres. Les poils qui occupent sur les tempes la place des sourcils, chez le cheval, grisonnent avec l'âge. Cette particularité n'est pas ordinaire chez les jeunes sujets, d'où l'on peut conclure qu'elle est un indice de vieillesse.

Les tempes étant la partie la plus saillante sur les côtés de la tête, les chevaux s'y font souvent des blessures en se heurtant contre le sol quand ils ont des maladies qui les forcent à rester couchés et qu'ils se livrent à des mouvements brusques et désordonnés. Il en résulte des cicatrices auxquelles il n'est pas inutile d'attacher quelque importance, pour s'assurer des causes qui les ont déterminées. Les chevaux pourraient, dans ce cas, être sujets aux coliques périodiques, à l'épilepsie ou à toute autre maladie grave.

Du Chanfrein.

Le chanfrein fait suite au front et s'étend jusqu'aux naseaux; il a pour base les os susnaseaux, les lacrymaux et la plus grande partie des grands susmaxillaires. L'étude de cette région est importante, tant sous le rapport physiologique que sous celui des caractères qu'elle offre à l'étude des races.

Nous avons vu que le front large et plat était le mieux conformé; que, s'il était étroit et busqué, il indiquait une espèce commune. Ce fait est incontestable pour tout observateur, et surtout pour le physiologiste. La beauté du chanfrein dépend absolument des mêmes conditions, quoique soumis à un usage bien différent. Il est droit et élargi chez le cheval de race distinguée, au front développé, à la tête carrée. S'il est étroit, busqué, il caractérise une race éloignée du bon type. Un chanfrein large donne la mesure de la capacité des cavités nasales qui servent de passage à l'air respiré; plus elles sont grandes, mieux elles concourent à la facilité de la respiration. Le développement est la première condition de beauté de toutes les parties du conduit aérien. Du reste, chez le cheval surtout, l'ampleur de ce conduit est toujours en harmonie avec celle de la poitrine. Nous reviendrons plus bas sur cette idée en traitant des naseaux.

Un chanfrein droit et large sera donc beau, parce qu'il

facilitera le passage de la colonne d'air respiré. Il sera défectueux s'il est étroit et courbe, parcequ'il sera dans des conditions opposées.

Quand la Normandie fit des chevaux avec certains étalons du Nord, à tête busquée, à front et chanfrein étroits, le cornage était commun dans cette province. La difficulté que l'air éprouvait en traversant les premières voies de la respiration pendant l'exercice en était la cause. Depuis que des étalons de sang et de bon choix sont employés à la reproduction, les chevaux siffleurs ou corneurs sont beaucoup plus rares, ce qui n'est dû qu'à une meilleure conformation des premières parties du canal qui conduit l'air aux poumons.

Les jeunes chevaux ont le chanfrein plus arrondi de droite à gauche ; ils semblent l'avoir plus large, en quelque sorte empâté sur les côtés. Cette disposition est due à l'écartement de la lame externe des grands maxillaires par les racines des dents molaires. Avec l'âge, ces dents se raccourcissent ; elles s'usent par leurs tables. Chassées en dehors en raison de leur usure, elles causent le rétrécissement extérieur du chanfrein des vieux chevaux par le rapprochement des lames osseuses que leur présence tenait écartées. On peut donc distinguer, à cette marque, l'âge approximatif des individus, et avec de l'habitude on y parvient facilement.

Si l'on voit des chevaux à chanfrein busqué, on en voit aussi qui ont une conformation opposée, c'est-à-dire que chez eux cette région est légèrement déprimée. On dit alors que le cheval est camus. Cette disposition se remarque surtout chez quelques chevaux bretons ou de sang oriental ; elle leur donne un air de vivacité et d'intelligence qui plaît. Du reste, elle n'a rien de défectueux, et les races qui la présentent ont ordinairement beaucoup d'énergie. Les chevaux camus ont en général la tête bien conformée.

4

Des Naseaux.

Les naseaux sont l'extrémité du canal qui conduit l'air aux poumons. Pour être conséquente avec elle-même, la nature a dû établir des rapports de développement entre ces ouvertures et la quantité d'air nécessaire à la capacité de tous les organes de la respiration, afin que cette importante fonction s'accomplisse le mieux possible. C'est ce que nous allons examiner.

Les naseaux sont formés par la peau qui se replie en dedans, pour se continuer avec la membrane muqueuse qui tapisse tout le canal de l'air. Ils ont chez le cheval une grande mobilité, due à des appareils cartilagineux disposés en forme de ressorts circulaires, et à des muscles qui les font agir. Ils peuvent ainsi opérer tous les mouvements de dilatation ou de rétrécissement nécessaires. Quand l'animal est en repos, que sa respiration est calme, les naseaux ne se dilatent pas; ils suffisent, dans leur état ordinaire, au passage de la quantité d'air nécessaire à la poitrine; mais pendant l'exercice, quand la circulation du sang est activée par l'action musculaire, quand la respiration est agitée par de violents efforts que nécessitent les allures rapides, il faut plus d'air aux poumons, parcequ'ils sont traversés par une plus grande quantité de sang dans un temps donné. Alors les flancs battent avec vitesse, et les naseaux se dilatent de toute leur étendue; du reste, cette activité des flancs et la dilatation des naseaux sont toujours en raison de la violence de l'exercice ou du travail.

Les chevaux de sang sont ceux qui ont les naseaux les plus amples et les plus dilatables; ils sont aussi ceux qui ont le plus de fonds et de vitesse. On pourrait presque dire que ces deux conditions dépendent beaucoup de la capacité et de la dilatabilité de ces ouvertures. Si nous les rétrécissons par la pensée, nous voyons le fonds et la vitesse disparaître en même temps. Cela s'explique : les poumons sont la base fondamentale de l'action. Si, par le rétrécissement des naseaux, ils ne reçoivent pas la quantité d'air indispensable à leur travail dans les grandes allures, l'animal ne peut pas les exécuter, ou ne le fera que pendant un très court intervalle. Le sang ne sera pas élaboré comme il convient dans ce cas, à défaut de la quantité d'air nécessaire au foyer de sa vivification. Il en résultera que l'animal sera forcé de s'arrêter, ou il tombera d'asphyxie.

Pour prouver ce que nous avançons, on peut faire l'expérience suivante : que par un procédé quelconque on empêche la dilatation des naseaux d'un cheval déjà éprouvé, il n'aura ni le fonds ni la vitesse qu'on lui connaît ; il les reprendra immédiatement si on fait cesser la cause de ce changement subit.

Les naseaux les plus grands et les plus dilatables seront donc toujours les plus beaux pour nous, parcequ'ils rempliront mieux leur but ; ils donneront une juste idée de l'ampleur de la poitrine, parcequ'il y a harmonie de développement entre tous les organes de la respiration, comme il y en a entre ceux de la circulation et de toutes les fonctions vitales en général ; de plus, ces ouvertures indiqueront le degré de noblesse des sujets : jamais les naseaux des chevaux communs n'auront ni la dilatation ni les dimensions de ceux des races nobles. Ce fait tout physiologique n'a pas échappé à l'esprit d'observation des Arabes, quand ils disent d'un cheval dont les naseaux sont étroits qu'*il laissera le cavalier dans la peine.* En parlant d'un bon cheval, l'Arabe dit en effet : *Chacune de ses narines ressemble à l'antre du lion ; le vent en sort quand il est haletant.*

Mais si l'ouverture des naseaux nous conduit à juger de l'ampleur de la poitrine du cheval, il n'en est pas de même des autres animaux. Le genre cheval est le seul, à notre connaissance, qui ne puisse pas respirer par la bouche, à cause d'une disposition particulière du voile du palais et de l'épiglotte. Il en résulte, pour lui seulement, que ces ouvertures sont l'unique passage de l'air respiré, et qu'elles doivent être grandes et dilatables en raison de la capacité des poumons.

Pour l'homme ou les autres animaux, le plus ou moins de dilatation des naseaux est de peu d'importance, parcequ'ils peuvent respirer par la bouche, et suppléer ainsi au défaut de dimension de ces ouvertures. Pendant l'été, surtout, quand l'air est raréfié par la chaleur, on voit souvent le bœuf au travail, le mouton, le chien ou le porc fatigués, ouvrir la gueule et laisser pendre la langue, pour donner ainsi plus d'espace au passage de l'air; ils respirent de la même manière si, par accident, les naseaux ou les cavités nasales sont obstrués. Le cheval, au contraire, meurt asphyxié immédiatement si, au moyen de quelque opération particulière, l'air ne peut pas s'introduire dans ses poumons par d'autres voies.

On comprendra donc facilement, d'après ce court exposé, pourquoi le cheval est, de tous les animaux domestiques, le seul qui a rigoureusement besoin d'avoir les naseaux relativement les plus grands et les plus dilatables, puisqu'il ne peut respirer que par eux.

Le mulet et l'âne ont les naseaux moins ouverts que le cheval : aussi leur vitesse, aux grandes allures, est-elle plus bornée, malgré leur grande résistance aux fatigues, leur sobriété, leur durée et leur rusticité.

Les naseaux sont, chez le cheval, le siége du symptôme d'une maladie qui peut être grave et très dangereuse : nous voulons parler de la morve. Si on voit couler par ces ouvertures, d'un seul ou des deux côtés, des matières ordinairement blanchâtres, mais variant en couleur comme en quantité et en consistance, on s'empressera de consulter un homme instruit en art vétérinaire pour prescrire les mesures à prendre. Nous ne les signalons pas ici parcequ'elles sont du ressort exclusif de la médecine des animaux. Il faut des études spéciales pour bien distinguer les caractères divers que présente le cheval morveux, dont on a cité, dans ces derniers temps, des faits de contagion si terribles pour l'homme (1).

La pousse, comme toutes les causes qui rendent la respiration laborieuse, provoque la dilatation insolite des naseaux, même pendant le repos le plus absolu. On se défiera de ce symptôme, qui, dans ce cas, décèle toujours un état maladif.

Du Bout du Nez.

Le bout du nez est la partie qui s'étend depuis les naseaux jusqu'à l'extrémité de la lèvre supérieure. Il jouit d'une grande mobilité dans tous les sens chez le cheval. Cette partie de la face est une sorte d'appendice de trompe, dont se sert cet animal pour ramener, avec le concours de la lèvre inférieure, l'herbe, le fourrage ou l'avoine, entre les pinces. La mobilité du bout du nez est due à plusieurs muscles qui s'y donnent rendez-vous en quelque sorte par leurs tendons, et y déterminent tous les mouvements qui s'y opèrent.

Les chevaux de sang ont le bout du nez bien marqué, très mobile ; chez eux, l'appendice qu'il forme est mieux détaché que dans les races communes. Du reste, sa structure est de peu d'importance pour l'étude de l'extérieur.

On voit assez souvent des chevaux pourvus de petites moustaches bien contournées sur les côtés du bout du nez. Ces quelques poils ne prouvent rien.

Pour maîtriser les chevaux dans quelques circonstances, on leur pince souvent le bout du nez avec des instruments imaginés pour cette fin ; on les emploie quand les chevaux manquent de docilité dans certaines opérations, et trop souvent même quand on pourrait s'en dispenser. Les douleurs vives qui en résultent, surtout pour les sujets irritables, rendent quelquefois les chevaux qui en ont souffert méchants et toujours disposés à se défendre ; ils peuvent devenir vicieux

---

(1) Voir ce que nous avons dit au sujet de la morve en traitant, à la fin de l'ouvrage, des vices rédhibitoires, suivant la loi de mai 1838.

par suite de ces mauvais traitements qu'on leur fait subir si souvent sans raison ni discernement. Des chevaux très dociles d'ailleurs deviennent intraitables quand on les conduit aux forges où ils ont été ainsi maltraités en les ferrant.

Les cicatrices qui résultent de ce procédé sur le bout du nez doivent faire tenir l'acheteur en garde, dit M. le professeur Lecoq ; elles doivent l'engager à en rechercher les causes, pour savoir si le cheval est naturellement vicieux, s'il a subi quelque grave opération, ou si ces traces de lésions ne seraient pas la conséquence de quelque chute par suite de la faiblesse.

Des Joues.

Les joues, comme le front, offrent deux parties bien distinctes par leurs formes : l'une est supérieure, l'autre inférieure.

La première a pour base la partie supérieure et élargie du grand maxillaire et le puissant muscle masticateur qui s'y attache.

Cette région de la tête devra être légèrement bombée, ce qui sera dû au développement du muscle dont nous venons de parler. Elle indiquera ainsi plus de puissance, plus de force, pour concourir à une bonne mastication. Les chevaux de sang, à tête carrée, bien musclés, ont ordinairement cette partie bien accentuée, bien distincte, ce que l'on ne voit pas chez ceux qui ont le système musculaire maigre et appauvri.

On examinera si des traces de sétons, qu'on place quelquefois à cette partie de la joue, n'auraient pas eu la fluxion périodique des yeux pour cause de leur emploi.

La partie inférieure de la région que nous étudions s'étend depuis celle que nous venons de décrire jusqu'à la commissure des lèvres. Les muscles qui lui servent de base ont pour but de ramener sous les dents molaires les aliments qui tendent à s'en écarter pendant leur trituration ; ils remplissent au dehors les fonctions dont la langue se charge au dedans. Ces deux organes concourent à la mastication en ramenant toujours sous les mâchelières les aliments que la pression et le jeu des mâchoires tendent sans cesse à éloigner.

Quelques vieux chevaux, dont les molaires sont cassées ou mal ajustées, ont quelquefois les joues bosselées irrégulièrement, par le séjour des aliments. Quel que soit l'âge des individus, ces tumeurs sont toujours le signe d'une mauvaise mastication par suite d'une disposition anormale des mâchelières. On aura soin de s'en assurer. Les aliments qui séjournent dans la bouche fermentent, déterminent une mauvaise odeur, et sont un objet de dégoût pour les chevaux. On peut encore remarquer des fistules salivaires sur le trajet du canal de la glande parotide qui vient aboutir vers le milieu de cette partie de la joue. Cet incident est toujours grave, en ce que le plus souvent il n'est pas possible d'y remédier.

De la Bouche.

La bouche est, dans tous les animaux, l'ouverture où commence le tube digestif. Ses formes, comme la composition des organes qu'elle renferme, varient à l'infini dans tous les individus du règne animal, suivant leur degré de perfection ou leur régime, depuis le bec filiforme du colibri jusqu'à la gueule du lion. Elle renferme des organes dont les fonctions sont indispensables à l'acte de la digestion. Sous ce rapport, leur étude est très importante en histoire naturelle : c'est souvent sur quelques uns d'entre eux qu'on a fondé les méthodes les plus sûres de classification de plusieurs groupes d'animaux, les plus intéressants et les plus parfaits.

Pour nous, qui nous bornons à l'examen exclusif du cheval, nous allons décrire chacune des parties qui composent la bouche.

Les auteurs d'hippiatrique ont généralement attaché à cette étude beaucoup trop d'importance, surtout en ce qui concerne l'art de l'écuyer. Nous ne serons pas toujours de leur avis, ici comme dans les caractères généraux des autres parties du cheval ; nous en différerons même quelquefois d'une manière diamétralement opposée, pour des motifs logiques dont nous développerons toujours les conséquences. Nous respecterons toutes les opinions, toutes les convictions ; mais nous combattrons toujours ce qui nous parait erroné, dans l'intérêt réel du progrès de la science du cheval, trop arriérée ; nous allons donc décrire chacune des parties qui composent l'ensemble de la bouche, en commençant par celles qui s'offrent les premières à nos yeux.

Des Lèvres.

Les lèvres servent à fermer hermétiquement la bouche des animaux, pour la préserver du contact de l'air, qui la dessécherait ; elles concourent aussi à y retenir la salive, souvent à humer l'eau, et quelquefois à pincer l'herbe chez les herbivores.

Comme ces organes remplissent généralement bien ces fonctions diverses, ils offrent par eux-mêmes peu d'importance à l'étude du naturaliste ; mais, pour nous, il n'en est pas de même. Le cheval est de tous les animaux le seul que l'homme gouverne avec un mors, et comme, suivant les auteurs spéciaux, les lèvres peuvent avoir une influence plus ou moins marquée sur l'action de la bride, nous ne devons pas manquer de nous y arrêter.

Les lèvres du cheval se distinguent en supérieure et inférieure. La première se continue et se confond à son extremité antérieure avec le bout du nez ; comme lui, elle jouit d'une grande mobilité, car elle obéit nécessairement à tous ses mouvements. La seconde est libre ; son jeu est aussi très étendu, surtout d'avant en arrière.

Bourgelat, aussi célèbre écuyer que savant anatomiste et physiologiste, attache une grande importance à l'étude des lèvres, comme l'ont fait ses prédécesseurs, ou ceux qui l'ont limité. Suivant eux, si elles sont trop épaisses, trop peu fendues à leurs commissures, ou trop molles, etc., elles portent obstacle à l'action directe du mors sur les barres, soit en lui opposant trop de résistance ou en bornant son jeu, soit en s'interposant entre le canon et le point où cette partie du mors doit faire son appui. Dans ces cas, dit-on, le cheval est lourd à la main ; il *s'arme des lèvres*, suivant l'expression reçue.

La pratique nous porte à ne pas partager les mêmes craintes, que nous croyons mal fondées. Aujourd'hui l'art de l'éperonnier est arrivé à un point de perfection tel, qu'un écuyer intelligent a bientôt fait fabriquer un modèle du mors qui convient dans les cas rares où les lèvres offriraient quelque obstacle à une embouchure régulière. Toutefois, nous avons monté et embouché bien des chevaux dans notre vie ; nous en avons étudié et examiné beaucoup sous tous les rapports, et nous sommes obligé d'avouer que la pratique raisonnée de l'équitation trouve peu d'obstacles à une judicieuse application d'un mors d'un bon choix.

Voilà d'abord ce que nous apprend la pratique.

Examinons maintenant ce que nous enseigne la théorie, fondée sur l'anatomie et la physiologie. Dans tous les animaux, la puissance du mouvement d'une partie est toujours en raison de celle des moteurs qui président à son action. Or, quels sont les moteurs des lèvres dans le sens de la résistance qu'elles peuvent offrir au mors? Le muscle labial est le seul que nous y trouvons. Quelle est sa force? quelle résistance peuvent opposer ses fibres isolées, noyées dans du tissu cellulaire et graisseux, au milieu d'un lacis de vaisseaux, de nerfs et de follicules muqueux? Point de tissu tendineux ni aponévrotique que l'on remarque dans les muscles qui ont de la puissance. Rien n'indique, là, de la force. Du reste, à quoi aurait-elle été nécessaire? Le but du muscle labial n'est que de rapprocher les lèvres de manière à remplir les fonctions

générales dont nous avons parlé en commençant leur étude,
et, comme on le voit, il ne fallait pas une grande puissance
musculaire pour y satisfaire. Aussi, si avec le doigt on appuie
légèrement sur le point des lèvres où repose le mors, trouve-
t-on que la résistance est pour ainsi dire nulle. Comment concevoir, dès lors, qu'elle peut lutter avec avantage contre le
puissant levier formé par les branches du mors à l'aide de la
gourmette, et sur lequel agit la force musculaire du bras d'un
homme? La réflexion et la raison se refusent à le croire. C'est
donc à tort que les auteurs dont l'autorité est d'autant plus
grande qu'ils sont à juste titre d'ailleurs plus célèbres, et notamment Bourgelat, ont signalé les lèvres comme pouvant
offrir une résistance capable d'empêcher ou borner l'action du
mors sur les barres.

Du reste, nous en appelons au jugement des hommes expérimentés, à celui des écuyers intelligents. Si nous leur demandons leur opinion sur la dureté de la bouche d'un cheval,
ils nous répondront à coup sûr : « Quand un cheval a la
« bouche dure, ce ne sont pas les lèvres qui en sont cause;
« cet effet est la conséquence d'un vice de conformation de
« l'avant-main ou de l'encolure de l'animal, ou le plus sou-
« vent celle du défaut d'intelligence spéciale de celui qui l'a
« monté ou dressé, etc. » Nous disons *intelligence spéciale*,
parceque, pour bien dresser et monter un cheval, il faut un
tact tout particulier, qui est inné et qui ne s'apprend pas;
il ne fait que se perfectionner par l'étude de l'homme qui le
possède. L'art de l'équitation est comme l'art de la peinture,
de la poésie : celui qui n'est pas instinctivement disposé à
l'apprendre pourra par le travail posséder la science de l'é-
quitation; mais il ne sera jamais écuyer. Voila la raison pour
laquelle on voit des bouches dures ramenées à leur finesse naturelle par une main intelligente. Tel homme montera tous les
chevaux avec le même mors, et leur fera une bonne bouche,
en obtenant tous les mouvements désirés; tel autre réussira
toujours mal avec le mors le mieux approprié, comme avec

la bouche la plus fine et dont toutes les parties sont le mieux en harmonie possible.

Mais si nous attachons, pour le choix d'un cheval, peu d'importance à l'étude de ses lèvres en ce qui est relatif à sa valeur ou à ses qualités pour l'art de l'équitation, il n'en est pas de même en ce qui touche à l'examen de la noblesse des sujets. Des lèvres amincies, fermes, moyennement fendues, très mobiles, recouvertes d'une peau fine, aux poils courts, rares et soyeux, caractériseront toujours un cheval de sang ; jamais on ne lui verra, comme dans les races abâtardies, ces grosses lèvres roulées en forme de bourrelet, à peau épaisse, molles et sans caractère. Voyez le cheval de sang quand il est monté et qu'il s'anime : l'action de ses lèvres, d'une grande mobilité, se met en harmonie avec l'expression de tout le reste de la face ; elles s'agitent en tous sens, elles se couvrent d'écume ; on dirait qu'elles veulent prononcer des mots. Les lèvres du cheval commun, au contraire, sont enroulées, immobiles : point de jeu, point de cachet, si tranché pour le cheval type de noblesse de sang. Dans celui-ci elles expriment jusqu'à la souffrance : elles sont alors crispées, grippées, comme on le voit quelquefois chez l'homme qui souffre certaines douleurs aiguës ; elles sont contractées d'une certaine manière. On les voit ainsi contractées dans le tétanos, dans le vertige, dans les violentes coliques, dans toutes les douleurs profondes et aiguës. Elles offrent alors des signes certains qui ne trompent pas l'observateur sur l'acuité des souffrances éprouvées par les pauvres malades.

Certains chevaux ont quelquefois la lèvre inférieure pendante, surtout quand ils sont en repos et calmes. Les chevaux de sang en offrent des exemples comme les chevaux communs. On a cru y voir un indice de faiblesse ; nous ne partageons pas cet avis, bien que divers auteurs aient donné ce signe comme certain. Nous avons monté de ces chevaux pleins d'énergie. *Delphine*, ancienne jument poulinière du haras du Pin, fille d'*Massoud* et de *Sélim-Mare*, mère d'*Eylau*, avait la lèvre pendante, et ses produits s'en ressentaient ; cependant elle était d'une énergie et d'un sang qui avaient fait leurs preuves.

Des Barres.

Les barres sont l'espace interdentaire qui, des deux côtés de la mâchoire, sépare les dents molaires des incisives dans le cheval ; c'est sur les barres surtout que le mors porte et agit. Elles ont pour base les bords antérieurs des branches inférieures du grand maxillaire au commencement de leur séparation en forme de V. C'est de la sensibilité de la gencive et de la disposition du bord de l'os enveloppé par elle que peuvent dépendre quelquefois les qualités de la bouche ; mais nous répéterons ici ce que nous avons déjà dit en parlant des lèvres : la première condition de la finesse de la bouche est dans la main du cavalier ; nous pourrions même dire avec raison que le plus souvent tout est là, et nous en fournirions au besoin plus d'une preuve.

Suivant la conformation des parties du maxillaire qui leur servent de base, les barres peuvent être très basses et arrondies, ou très élevées et tranchantes. Dans le premier cas, la langue les déborde, surtout quand elle est épaisse, et les protége contre le mors par l'appui direct qu'il fait sur elle. Dès lors, on comprend que l'action de cet instrument doit être en raison de la pression qu'il exerce sur les points où il est destiné à agir. La langue, par sa nature, est peu sensible à la pression ; elle forme, dans ce cas, une sorte de coussin qui amortit avec avantage l'effet de la bride employée à réduire le cheval. Mais on sait qu'on y remédie en faisant appliquer au canon du mors une courbure graduée suivant le besoin ; on nomme cette courbure *liberté de langue*. Par elle, l'appui exigé n'a plus d'obstacle.

Quand, au contraire, les barres sont élevées et tranchantes, et que la langue, mince, bien logée dans le canal qui la reçoit, ne les protége pas, le défaut est plus sérieux. Le remède alors est moins facile, surtout pour les jeunes chevaux qui n'ont pas encore porté le mors. Il faut dans ce cas beaucoup de précautions, beaucoup de tact pour l'emploi de la bride, toujours difficile pour une main inhabile. La sensibilité est très grande à cause de la petite surface qui se trouve entre l'os tranchant et le fer qui comprime. Nous pouvons à peu près nous en faire une idée par la douleur que nous font éprouver le plus léger appui d'un corps, la plus petite contusion sur la crête du tibia. Aussi combien voit-on de chevaux se cabrer et se renverser même par suite d'une action mal comprise sur les rênes !

Quand les barres élevées sont arrondies, on conçoit qu'elles peuvent être moins sensibles par rapport à la plus grande surface comprimée. Dans tous cas, on fera toujours bien de se servir, pour les jeunes chevaux, de mors très doux à gros canons ; on pourra même les garnir en commençant avec du cuir, pour en adoucir l'effet. Mais nous revenons sans cesse à notre première idée : c'est toujours la main qui doit jouer le premier rôle (1).

Des barres moyennement arrondies, s'élevant à peu près au niveau de la langue et des lèvres, seraient dans les meilleures conditions possibles, d'après l'étude qu'on peut en faire et le jugement qui doit s'en suivre. Celles qui offriraient cette disposition seraient donc les mieux conformées. Dans tous cas, et quelle que soit leur conformation, l'emploi judicieux de la bride demande beaucoup de moelleux de la part du cavalier qui veut faire une bonne bouche. Il faut beaucoup de patience,

---

(1) Les barres des chevaux, quelle que soit leur conformation primitive, s'aplatissent par l'appui fort et constant du mors. Les vieux chevaux qui ont servi au trait ou au roulage, et auxquels le mors a aidé à supporter la tête par la fixité des rênes au collier ou à la sellette, ont les bords de l'espace intermédiaire du grand maxillaire comme refoulés, au lieu d'être tranchants ou arrondis comme ils ont dû l'être.

d'attention , point de saccades brutales; l'usage des rênes doit toujours être gradué , calculé, suivant un tact, un discernement particulier, sans lesquels on réussit toujours mal.

Souvent la maladresse des cavaliers détermine des lésions, des blessures plus ou moins profondes, sur les barres : les gencives sont déchirées, l'os est mis à découvert. Il peut en résulter des maladies graves, telles que la carie de l'os, des exfoliations , des fistules, etc. On ne manquera pas de s'en assurer dans un examen d'achat.

De la Langue.

Le cheval se sert de sa langue pour humer l'eau , en lui faisant faire l'office de piston d'une pompe aspirante; elle concourt à la mastication des aliments en les portant sous les dents chargées de les broyer, et à leur déglutition en roulant le bol alimentaire à l'aide du palais et en le poussant vers l'arrière-bouche ; de plus, elle est le siége principal du sens du goût. Telles sont à peu près les fonctions générales de cet important organe dans la plupart des mammifères ; chez tous, il a une partie fixe et une partie libre très déliée et d'une grande mobilité dans tous les sens.

Du reste , la langue remplit toujours bien ses fonctions naturelles, quelle que soit sa conformation, dans chaque individu, lorsqu'un accident ou une maladie n'y portent obstacle. On attache donc, sous ce rapport, peu d'importance à son étude; mais comme , dans le sujet qui nous occupe, la langue joue un rôle dans l'action de la bride, nous devons en faire connaître les bonnes ou mauvaises conditions qu'on lui a supposées à tort ou à raison.

La langue est logée entre les deux branches du maxillaire qu'on est convenu d'appeler *canal maxillaire* chez le cheval. Si son lit est assez large et que les barres soient assez élevées de manière à être à leur niveau, alors, dit-on, elle est dans les meilleures conditions exigées ; si, trop épaisse ou trop étroitement logée, elle les déborde, on croit qu'elle nuit à l'action du mors en bornant sa pression ou en la neutralisant. Nous avons vu, du reste, en traitant des barres, comment on y remédie par la *liberté de langue* du canon. Si, trop mince, elle est trop profondément placée entre les branches du maxillaire qui la dépassent, elle est encore défectueuse, toujours d'après l'opinion reçue, parcequ'elle ne soulage pas assez les barres, qui seules soutiennent le choc du mors. Il faut donc là un juste milieu qu'il n'est pas facile de préciser et de rencontrer dans la pratique.

Pour être dans de bonnes conditions d'action, on désire que la langue soit au niveau des barres et des lèvres, de manière à concourir toutes les trois au soutien du mors. Cette opinion nous paraît raisonnable et assez bien fondée. Quant à nous, qui n'avons pas foi dans la résistance des lèvres, comme on a pu le voir, nous voudrions que la langue débordât un peu des barres; elle les protégerait ainsi fructueusement contre la pression incessante du mors, suivant nous toujours trop intense; elle établirait par ce moyen des intermittences d'action qui ne pourraient qu'être favorables à des organes dont on abuse trop. Du reste, la langue, assez molle par sa nature, en cédant à la moindre pression, ne nuirait pas à l'effet de la bride.

Certains chevaux laissent pendre la langue ou l'agitent dans tous les sens quand ils sont bridés. Cette manie est plus disgracieuse que nuisible. Nous ne connaissons pas de moyen de l'empêcher. Quelquefois cet organe est coupé en travers par une longe en corde passée dans la bouche, ou par le mors du filet; on observe cet accident surtout quand les chevaux s'échappent et se prennent les pieds dans les rênes en courant. Si la coupure est profonde, si elle influe sur les mouvements de la langue de manière à nuire à son action dans la mastication, sa gravité est en raison de l'obstacle qu'elle apporte à cette fonction importante. Dans le cas contraire, il n'en résulte aucun inconvénient sérieux.

La perfection de la bouche dépend de la bonne harmonie de rapports entre les lèvres, les barres et la langue, suivant l'opinion vulgairement adoptée. Nous la partageons quant à tout ce qui est harmonie de rapports ; nous voudrions voir cette heureuse disposition non seulement dans la bouche, mais dans tout l'ensemble de l'organisation, parceque c'est de cette condition que dépendent celles des phénomènes de la vie ; la santé, la vigueur, la sobriété, l'élégance, toutes les qualités désirables, en résultent. Mais, pour ce qui regarde l'action du mors, on a pu voir que nous y attachons moins d'importance : l'expérience nous a toujours prouvé que la finesse ou la dureté de la bouche dépendaient d'autres causes. C'est par l'étude pratique et l'observation qu'un écuyer doit les découvrir.

Le mors est ordinairement considéré comme instrument de contrainte. Il est employé comme tel par la plus grande partie de ceux qui s'en servent, pour forcer ainsi le cheval à l'obéissance. Nous voudrions, nous, qu'il ne fût au contraire, à très peu d'exceptions près, qu'un moyen de transmettre la volonté. L'écuyer qui entend bien son métier, et qui en a le sentiment, dresse son cheval de manière à lui faire entendre tout ce qu'il veut. Tous les mouvements sont commandés et exécutés sans contrainte, sans emploi de force brutale. Le cavalier et le cheval ne doivent faire qu'un seul individu ; ils doivent être une intelligence qui ordonne et des membres qui obéissent. Notre tâche n'est pas ici d'indiquer les moyens par lesquels on arrive à ce résultat ; nous ne croyons même pas qu'ils puissent se transmettre absolument par la plume ni par la parole. Les aides, les procédés mis en usage, sont, nous l'avons déjà dit, une question de finesse, de tact, qui ne peut s'enseigner. D'ailleurs, ils doivent varier suivant la manière de sentir de ceux qui les emploient et le naturel des chevaux dressés. Il en est du cheval comme de l'enfant qu'on élève : il faut en saisir le caractère et l'aptitude pour arriver à bonne fin. Celui qui veut les soumettre tous à l'inflexibilité de la même règle, comme on coule la matière dans le même moule pour lui donner la même forme, n'a compris ni les lois de la raison, ni celles de l'éducation : il ne connaît pas son métier.

Les chevaux des espèces nobles, dont la sensibilité et l'intelligence sont plus développées, s'identifient plus facilement avec l'homme ; ils sont plus fins aux aides ; ils obéissent mieux, ce qui, ajouté à leurs qualités physiques, les rend plus maniables. Ces dispositions sont plus obscures dans les races communes ; si on les observait bien, nous ne doutons pas qu'on trouverait leurs imperfections en raison du degré de dégénérescence des sujets.

Du Canal.

L'espace intermaxillaire qui loge la langue se nomme *canal*. Sa largeur indiquera l'écartement des branches du maxillaire, ce qui sera une beauté : nous dirons pourquoi en parlant de l'auge ou des ganaches ; son rétrécissement sera un vice, parcequ'il indiquera celui de l'auge. L'un est essentiellement la conséquence de l'autre, comme nous le verrons. Du reste, cette partie de la bouche n'offre rien de bien saillant, pour l'étude qui nous occupe, quant à sa conformation particulière.

Du Palais.

Le palais forme la voûte de la bouche ; il est circonscrit en avant et latéralement par les dents incisives et les mâchelières, et en arrière par le voile du palais, très développé chez le cheval. On remarque sur sa surface des sillons transversaux assez profonds, en forme de crénelures ; ces sillons concourent à retenir les aliments dans la bouche et à les empêcher de tomber. On conçoit en effet que, pressé contre ces inégalités par la langue, le bol alimentaire se trouve retenu et soustrait à l'action de la pesanteur qui tend à le faire descendre hors de la bouche, surtout pendant que l'animal a la tête baissée en paissant. Du reste, ces sillons se remarquent surtout chez les herbivores, qui ont la tête verticale. L'homme, dont la bouche est horizontale, n'en a pas, et ils sont moins développés chez les carnivores, qui déglutissent immédiatement la viande déchirée ou incisée, sans la triturer.

La membrane muqueuse du palais, qui est d'une compacité et d'une texture remarquablement solide, s'épaissit quelquefois au point de dépasser les dents incisives chez le cheval. Pour y remédier, on fait une ou plusieurs scarifications que la pratique ne condamne pas; mais, pour qu'elles soient faites sans danger, il faut une main habile qui ne blesse pas les artères palatines, disposées en anse en arrière des incisives. Il pourrait résulter de la piqûre de ces artères une hémorragie grave et difficile à arrêter.

Des Gencives.

Les gencives sont la partie de la membrane buccale qui entoure les dents à leur base et concourt à les fixer aux maxillaires. Elles servent d'autant mieux pour ce but chez les animaux qu'ils sont plus jeunes. Dans les vieux sujets, elles s'amincissent et se retirent à tel point que les dents déchaussées ne sont plus fixes dans les alvéoles; elles deviennent mobiles et tombent souvent. Cela se remarque surtout chez l'homme, chez les carnivores et les ruminants. Cet incident est moins fréquent chez le cheval, ordinairement usé, ruiné, avant cette période de sa vie. Il meurt à la peine, ou il est vendu à l'équarrisseur, quand, devenu trop vieux, il ne peut plus servir.

Des Dents.

Les dents, qui ont de l'analogie avec les os, sont toujours composées de deux substances : l'une interne, d'un blanc jaunâtre, forme le corps de la dent et se nomme *ivoire*;

l'autre, plus dure, d'un blanc nacré et qu'on appelle *émail*, enveloppe l'ivoire par une couche d'un millimètre d'épaisseur environ. Celui-ci se replie quelquefois dans la substance des dents sous diverses formes, suivant la nature de leurs fonctions.

Les dents ont une partie libre et une autre partie enchâssée dans les alvéoles. Elles sont toujours essentiellement comprises dans les organes de la digestion. Ce sont elles qui sont chargées d'inciser ou broyer les aliments dont se nourrissent les animaux. Quelquefois elles servent d'armes pour l'attaque ou la défense, comme on le voit surtout chez les carnivores. La mastication est leur unique but dans presque tous les herbivores. Leur étude dans le règne animal est aussi intéressante qu'instructive. Les formes variées du système dentaire indiquent quelle peut être la nature du régime des individus, quels sont leurs caractères moraux et physiques, quel est leur degré de force, de férocité ou de douceur; quels sont les climats qu'ils habitent, les services auxquels ils peuvent être employés; c'est enfin sur les dents que les naturalistes ont basé une des conditions les plus essentielles de leur classification zoologique.

Le cheval, qui se nourrit de grains ou de fourrages, avait besoin, dans son système dentaire, de meules pour triturer, moudre ses aliments. Il lui fallait donc des dents à table élargie, dont la surface fût plane, mais raboteuse comme celle d'une lime ou d'une meule de moulin; il fallait qu'elles fussent placées les unes à côté des autres, de manière à former un plan non interrompu. Les animaux n'ayant pas, comme les meuniers, les moyens de rhabiller leurs meules quand leurs inégalités sont usées, la nature devait y pourvoir en composant leurs dents avec des substances de dureté différente. Les matières qui offrent moins de cohésion, s'usant rapidement par le frottement, se trouvent au dessous du niveau de celles qui ont mieux résisté par leur texture et leur densité. Il en résulte des aspérités sans cesse entretenues par le frottement lui-même. Sans cette admirable disposition de la texture des dents des herbivores, la mastication n'aurait pu s'effectuer chez ces animaux; ils n'auraient donc pas pu vivre.

Le cheval a trois espèces de dents : 1° les incisives, 2° les crochets, 3° les molaires ou mâchelières.

Les incisives, au nombre de six à chaque mâchoire, dont elles garnissent et terminent les extrémités, ne triturent pas les aliments. Comme leur nom l'indique, elles servent à inciser, à pincer ou arracher l'herbe. Elles sont rangées en demi-cercle l'une à côté de l'autre, à la mâchoire inférieure comme à la supérieure. Elles se correspondent parfaitement et s'ajustent de manière à saisir l'herbe la plus fine et la plus courte. Au moyen de cette disposition des dents, le cheval peut paître et se nourrir là où le bœuf mourrait de faim, tant les incisives de ce dernier, qui n'existent qu'à la mâchoire inférieure, diffèrent de celles du cheval. Ce caractère seul nous indiquerait que le cheval doit être originaire d'un pays chaud, sec, où l'herbe est rare, fine et substantielle. Le bœuf, au contraire, avec ses quatre estomacs, est organisé pour vivre particulièrement dans des lieux où l'herbe est longue et abondante, ce que l'on observe surtout dans les endroits bas et humides.

Nous avons dit que l'émail enveloppait toujours les dents, et se repliait quelquefois dans leur substance, suivant leurs usages ; nous allons dire pourquoi.

Les incisives, n'étant pas chargées de moudre les aliments, n'avaient pas besoin de la même disposition d'inégalités que les mâchelières, dont nous nous occuperons plus bas : aussi leur surface est-elle différente ; elle offre seulement vers son centre, jusqu'à une certaine époque de la vie, une petite cavité formée par un repli de l'émail disposé en cornet. Nous y reviendrons quand nous traiterons de l'âge. Les bords de ce cornet, dont la profondeur et la forme varient, font saillie au centre de la table de la dent et y déterminent une sorte d'aspérité qui s'imprime dans l'herbe pincée, et en facilite l'arrachement ou l'incision, en l'empêchant de glisser quand l'animal l'a saisie (1). L'émail fait aussi saillie autour de la dent; il concourt de la même manière au même but que le cornet; il forme de plus autour de la dent une sorte de garniture qui protége l'usure de l'ivoire en biseau, ce qui compromettrait l'harmonie d'action des incisives.

Chez les vieux chevaux, le cornet du centre de la table des incisives n'existe plus : il est usé par suite de l'usure de la dent elle-même. Aussi ces animaux paissent-ils avec moins de facilité que les jeunes; l'herbe fine et dure glisse plus facilement entre leurs dents, parceque les crénelures formées par l'émail du cornet n'existent plus.

Les incisives sont quelquefois mal rangées; leur usure est irrégulière. Ces défauts, qui le plus souvent n'ont aucun inconvénient pour les chevaux nourris à l'écurie, peuvent être graves pour les poulinières comme pour les chevaux élevés aux pâturages : ils paissent difficilement alors et se nourrissent mal. Souvent aussi on voit des incisives usées en biseau et en dehors : l'émail a disparu. Le tic a pu en être cause; on devra s'en assurer d'autant mieux que, dans ce cas, ce vice n'est pas rédhibitoire; la loi ne le reconnaît comme tel que quand il n'y a pas usure des dents et que l'acheteur n'a pu s'éclairer en les examinant.

Les crochets, au nombre de quatre, n'existent généralement que chez les mâles dans le genre cheval; les femelles en sont rarement pourvues. L'émail les recouvre en dehors sans

______

(1) On conçoit que l'émail, entourant la table des incisives et se repliant dans son milieu, doit faire saillie au dessus de l'ivoire, et les inégalités qui en résultent facilitent l'action de saisir et arracher l'herbe ou l'inciser. Ne voit-on pas là une espèce d'analogie de disposition entre les incisives ou pinces du cheval et les pinces dont on se sert dans les arts? Ne pratique-t-on pas, en dedans des mâchoires de ces instruments, des inégalités sans lesquelles elles rempliraient mal le but proposé? Telles sont les pinces à disséquer, celles des treillageurs, des cordonniers, les mâchoires des étaux, etc.

replis à l'intérieur; leur forme est conique, et leur étude n'offre aucun intérêt majeur pour la connaissance du cheval; leur usage nous paraît nul. En traitant de l'âge, nous aurons occasion d'y revenir.

Le cheval a vingt-quatre mâchelières. Leurs fonctions sont des plus importantes : ce sont elles qui sont chargées d'un des actes les plus essentiels de la digestion ; leurs tables sont plates, irrégulièrement raboteuses et carrées, pour être rangées comme des pavés l'une à côté de l'autre, sans interruption de surface. C'est dans ees sortes de dents que l'émail se replie diversement en dedans de l'ivoire ; il y forme des anses nombreuses qui descendent jusqu'aux racines, pour que les mâchelières en soient pourvues jusqu'à leur complète usure. Nous avons vu que le repli de l'émail des pinces disparaît à une certaine époque de la vie : c'est vers onze ou douze ans qu'il est usé; les mâchelières en sont pourvues, au contraire, jusqu'à leur chute, ce qui n'arrive qu'à un âge très avancé. L'animal alors ne peut plus servir; il ne peut plus se nourrir faute de meules pour moudre ses aliments.

Il est important de s'assurer de la régularité de l'usure des mâchelières. Souvent le jeu des mâchoires est gêné ou borné par des dents qui dépassent le niveau des autres, ou par leur croissance irrégulière, conséquence d'une mauvaise disposition des alvéoles ou de toute autre cause. La mastication dans ces cas est incomplète et les digestions sont mauvaises; les aliments peuvent aussi séjourner dans la bouche et y fermenter entre les joues et les mâchelières, par suite de leur usure anormale ou de la chute de quelques unes d'entre elles. On peut s'assurer de ces défauts par l'inspection des dents elles-mêmes, ou en examinant avec attention les chevaux pendant qu'ils mangent les fourrages : ils les laissent retomber quelquefois dans la mangeoire à demi triturés et imbibés de salive.

Ici se termine ce que nous avions à dire des dents comme étude de l'extérieur du cheval ; nous les examinerons avec plus de détail quand nous les considérerons comme indice de l'âge.

Du Menton et de la Barbe.

Le menton est la partie charnue qui se trouve en arrière de la lèvre ; la petite éminence qu'on remarque à son centre se nomme la houppe. Chez les chevaux de sang, elle est distincte, bien circonscrite et ferme ; les chevaux communs, au contraire, l'ont molle, confondue avec le reste du menton, ce qui fait qu'elle est moins apparente.

Sous tout autre point de vue, le menton n'offre rien d'intéressant à étudier.

La barbe est, en arrière du menton, le point où passe la gourmette, qui l'excorie quelquefois par son appui mal calculé. Le cheval d'un bon cavalier n'a jamais la barbe ainsi blessée, quelle que soit d'ailleurs sa conformation, tranchante ou arrondie. Il est si facile de prévenir cet accident, pour peu que l'on comprenne l'action de la bride et l'usage qu'on doit en faire !

De l'Auge et des Ganaches.

L'auge est la cavité qui est formée par les branches du maxillaire inférieur, en dehors et en arrière de la tête.

Cette partie sera toujours belle quand elle aura le plus de largeur possible, ce qui prouvera que les organes qui y sont contenus ne seront pas comprimés par le trop grand rapprochement des ganaches. Quand l'auge est rétrécie, le larynx, formant l'extrémité antérieure du canal qui conduit l'air aux poumons, peut être comprimé et causer le cornage. En effet, ce défaut se remarque surtout chez les chevaux à tête aplatie, ordinairement busquée et à ganaches rapprochées. D'ailleurs, pour le physiologiste connaissant les lois d'harmonie qui régissent la vie du cheval, le resserrement de l'auge caractérisera généralement la faiblesse de la poitrine, parcequ'il indiquera le peu de développement des premières voies de la respiration, toujours en raison de celui des poumons. Les exceptions sont bien rares : aussi voit-on toujours des naseaux peu ouverts, un larynx peu développé, avec une auge rétrécie. En traitant des naseaux, nous avons vu quelles importantes conclusions on peut tirer de l'étude de leur conformation.

Les chevaux de sang ont l'auge élargie ; son rétrécissement se fait remarquer surtout chez les races dégradées, de peu de résistance et d'énergie.

Pendant tout le travail de la dentition des jeunes chevaux, cette région de la tête est plus ou moins engorgée, mal évidée, tandis qu'elle est nette et bien creusée chez les adultes et les vieux sujets. La maladie qu'on nomme les gourmes y détermine des empâtements ; il s'y forme des abcès, qui, bien traités, n'ont généralement rien de grave.

La morve, qui donne lieu tous les jours à tant de contestations, parcequ'elle n'est ni comprise ni connue de la plupart de ceux qui en parlent, détermine la formation d'une ou plusieurs glandes dures, plus ou moins fixes et adhérentes dans, l'auge d'ailleurs bien évidée. On se défiera toujours de l'existence de ces glandes, surtout si les naseaux laissent couler par leurs ouvertures des matières purulentes, quelles que soient leur couleur et leur consistance. On ne manquera jamais, dans ce cas, qui peut être très grave, de consulter un praticien éclairé pour prendre les précautions exigées.

Les ganaches sont formées par les bords postérieurs des maxillaires vers leur courbure. Leur écartement sera leur beauté, par les raisons que nous enseigne la physiologie et que nous venons de signaler. Les chevaux de sang les ont ordinairement bien accentuées et bien conformées, il en est de même de tous ceux qui ont la tête carrée. Le contraire a lieu dans les chevaux à tête aplatie et busquée, comme on le voit chez quelques races du Nord, à côtes plates et à poitrine resserrée.

De l'œil.

L'œil est l'instrument d'optique le mieux confectionné qu'on puisse imaginer pour le but auquel il est destiné. Il est composé de pièces et de corps différents par leur densité, leur texture ou leur forme, afin de provoquer la réfraction des rayons lumineux. Des lentilles, parfaitement adaptées, font admirablement converger et diverger ces rayons, suivant les besoins. On y trouve des organes propres à renfermer, à protéger ces instruments divers, à les fixer ou à les faire mouvoir ; des liquides de nature variée y sont fabriqués pour entretenir leur lucidité, leur souplesse ou leur intégrité ; un appareil particulier y est disposé pour modérer l'action de la lumière, et en mesurer en quelque sorte la quantité nécessaire à la vue. L'œil enfin est un assemblage admirablement conçu et très ingénieux d'instruments de physique et de leurs accessoires ; il frappera toujours d'admiration ceux qui l'étudieront et réfléchiront sur l'ensemble des phénomènes d'optique qui s'y passent et qui constituent le sens de la vue.

Dans l'examen rapide que nous allons faire des différentes parties de l'œil, considérées au point de vue de la connaissance extérieure du cheval, nous négligerons les détails d'anatomie, de physiologie ou d'optique, qui sortiraient de la spécialité de notre travail. Nous renvoyons ceux qui voudront en faire une étude intime aux ouvrages d'anatomie, de physiologie et de physique, qui ont traité à fond la matière.

En extérieur du cheval, on divise l'œil en deux parties bien distinctes. Les unes protègent ou enveloppent les véritables organes de la vue, qui sont le globe de l'œil et tous les organes qu'il contient ; elles fixent ce globe ou le font mouvoir : on les nomme parties accessoires de l'œil. Les autres sont le globe lui-même et tout son contenu : elles se nomment parties constituantes. Les premières sont les sourcils, les paupières et leurs dépendances, la conjonctive, le corps clignotant, la

glande lacrymale, le coussinet graisseux, l'apparei¹ musculaire et le cornet fibreux qui enveloppe et maintient ces derniers à leur place ; les secondes sont l'œil lui-même et tous
les instruments d'optique qu'il renferme.

Des Sourcils.

Les sourcils offrent peu d'intérêt dans le cheval : à peine
sont-ils apercevables. Les poils, courts et rares autour des
yeux dans les chevaux de sang oriental, paraissent plus longs
et plus fournis sur l'emplacement des sourcils; dans les races
communes, on n'y voit ordinairement aucune différence. D'a-
près M. le professeur Lecoq, les sourcils sont très bien marqués et parfaitement distincts chez le fœtus du cheval et celui
du bœuf, avant que le corps se couvre de poils, ce qui est
une preuve bien évidente de leur existence, quoiqu'on ne
puisse les apercevoir chez les sujets adultes.

Les sourcils des chevaux grisonnent quelquefois. Quoique
cette particularité ne soit pas toujours caractéristique, elle est
souvent un indice de vieillesse.

La place qu'occupent les sourcils peut être excoriée ou ci-
catrisée, ainsi que les tempes, quand l'animal a été atteint de
vertige, d'épilepsie ou de coliques : dans ces cas, il se livre
à des mouvements violents ; s'il reste couché, il se frappe la tête
contre les murs ou sur le pavé. On s'assurera toujours des
causes de ces contusions récentes ou anciennes, pour être
convaincu que le cheval n'est pas périodiquement sujet à quelque maladie grave.

Des Paupières.

Les paupières offrent à notre étude une grande importance,
tant sous le rapport de leur texture que sous celui de leurs
usages. Au nombre de deux, l'une supérieure et l'autre inférieure, elles se réunissent à angle aigu à leurs extrémités in-

terne et externe ; l'angle interne, le plus grand, se nomme nasal, et l'externe, plus petit, temporal.

Les fonctions des deux paupières sont les mêmes : toutes deux recouvrent et protégent le globe de l'œil en se rapprochant ; mais la supérieure est beaucoup plus grande, comme aussi ses mouvements sont plus étendus. Leurs bords sont garnis de cils, espèces de franges qui préservent l'œil de la chute des corpuscules, en les tamisant, en quelque sorte, pour arrêter au moins les plus gros. Comme ces corpuscules tombent ordinairement d'en haut, les cils de la paupière supérieure sont les plus longs et les plus nombreux, pour en préserver les yeux. Cette particularité se remarque toujours dans l'homme, comme dans tous les mammifères ; souvent même ces franges sont rares à la paupière inférieure.

On remarquera en dedans des cils des deux paupières, et sous la peau, de petites bandelettes cartilagineuses, flexibles, courbées en arc, suivant la sphéricité du globe de l'œil pour bien l'emboîter ; leur but est de tendre le bord des paupières pour prévenir leur froncement d'un côté à l'autre : on les nomme cartilages tarses. C'est sur leur face interne, et aux bords des paupières, que se trouvent les points ciliaires, petites ouvertures des conduits des glandes de *Meibomius*. Ces glandes fournissent une humeur onctueuse qui concourt à favoriser le glissement des paupières sur le globe de l'œil, si sensible, sans l'irriter. Cette humeur forme la *chassie* quand elle est trop abondante, par suite de quelque altération des glandes qui la secrètent ; c'est encore elle qui colle quelquefois les bords des paupières l'un contre l'autre, quand elle se dessèche pendant la nuit, ce que l'on remarque souvent dans l'homme et dans le chien.

Les bords des paupières sont taillés en biseau en dedans, de manière à former, quand ils sont rapprochés pendant le sommeil, un petit canal à peu près triangulaire. C'est par ce canal que coulent les larmes, qui se rendent au grand angle de l'œil, où elles trouvent leur *égout* lorsque quelque maladie ne trouble pas leur marche régulière. Nous en parlerons plus bas.

Les paupières sont formées par plusieurs couches superposées, unies ensemble par du tissu cellulaire ; elles se fixent, par leurs bords, aux cartilages tarses qui servent à les tendre toutes ensemble. La couche externe est fournie par la peau, plus ou moins fine et amincie ; cette couche est la plus forte comme la plus résistante. En se repliant en dedans, elle forme la couche interne, fine, souple et déliée, qu'on nomme la conjonctive. La couche musculaire, au moyen de laquelle s'opèrent tous les mouvements des paupières, se trouve entre ces deux lames.

De la Conjonctive.

La conjonctive est la membrane mince, rose, qui, se repliant derrière les paupières, tapisse leur face intérieure, ainsi que toute la partie visible du globe de l'œil. Cette membrane forme une espèce de doublure extrêmement fine, toujours humectée, recouvrant toutes les parties accessoires ou constituantes de l'œil qui sont exposées à l'air ; elle prévient leur desséchement par son humidité, ainsi que les effets du frottement qui tendrait à en provoquer l'irritation. Du reste, comme cette membrane tapisse la face antérieure du globe de l'œil, et celle des paupières qui reposent sur lui, elle est toujours en rapport avec elle-même. On peut dire que la conjonctive est exactement aux yeux ce que le péritoine est aux intestins, ce que la plèvre est aux poumons ; leur but est le même : leurs fonctions sont donc identiques.

Outre les fonctions de favoriser le glissement des paupières sur le globe de l'œil, la conjonctive sert à les unir ensemble, puisqu'elle adhère à tous : c'est de cette disposition particulière que lui vient son nom. Cette membrane est très vasculaire, extrêmement sensible et irritable. Nous pouvons nous en convaincre quand un corps étranger, si petit qu'il soit, s'introduit par hasard sous nos paupières. Il lui fallait donc une texture particulière pour ne pas s'enflammer par le frottement si souvent répété de ses surfaces, et une humidité capable d'entretenir sa souplesse. A cet effet, la nature a disposé un organe spécial qui remplit admirablement le but. Nous allons le faire connaître.

De la Glande lacrymale.

La glande lacrymale fabrique l'eau, les larmes indispensables à l'humidité de l'œil. Cette source intarissable coule par des canaux qui aboutissent à la paupière supérieure, du côté de l'angle temporal. Or, comme cette partie est élevée, il en résulte naturellement que les larmes suivent la pente en arrosant les surfaces sur lesquelles elles passent. Elles se rendent ensuite aux parties les plus déclives, où elles trouvent, pour les empêcher de s'écouler au dehors, un *égout*, dont nous parlerons. La glande que nous étudions est placée au dessus du globe de l'œil, sous l'arcade orbitaire. Elle ne pouvait en effet occuper d'autre place pour bien remplir son but, qui est de sécréter des larmes pour prévenir l'action de l'air sur les surfaces dont l'humidité est une condition indispensable.

Outre les fonctions ordinaires d'entretenir l'humidité et la souplesse des parties qu'elles arrosent, les larmes ont aussi celles d'entraîner, de noyer en quelque sorte pour les chasser au dehors, les corpuscules qui pénètrent accidentellement dans l'œil. Aussi voyons-nous toujours, dans ce cas, leur sécrétion très abondante. Le même phénomène a lieu quand des corps volatils, irritants, sont en contact avec la conjonctive. Qui ne connaît l'effet produit sur la sécrétion des larmes par les bulbes d'oignons, le chlore à l'état de gaz, l'ammoniaque, etc.?

L'excédant des larmes qui n'est point employé, au lieu de s'écouler au dehors, se dirige, comme nous l'avons déjà dit, vers la partie la plus déclive de l'œil, qui est l'angle nasal. Là se trouve un petit mamelon quelquefois noirâtre, recouvert par la conjonctive, et qu'on nomme la caroncule lacrymale. On y remarque deux petites ouvertures toujours béantes, qu'on connaît sous le nom de points lacrymaux : c'est par eux que passent les larmes pour descendre dans le sac lacrymal placé au dessous et se rendre dans le canal du même nom qui aboutit près de l'ouverture des naseaux ; les larmes y arrivent pour s'écouler au dehors, ou se volatiliser au courant d'air de la respiration, afin d'humecter encore la membrane qui tapisse le canal aérien.

On voit donc qu'après avoir servi aux yeux, l'eau des larmes peut encore être utile ailleurs. La nature sait ainsi tirer parti de tous ses produits de fabrication quand leurs éléments le permettent, et qu'ils ne doivent pas être chassés au dehors comme toutes les matières excrémentielles. Du reste, ce que nous disons ici des larmes se fait remarquer dans une infinité de fonctions animales, sous d'autres formes, lorsque ces fonctions sont indispensables à la bonne harmonie comme à l'entretien de la vie.

Du Corps clignotant.

Le cheval est pourvu d'une sorte de troisième paupière, qu'il emploie pour nettoyer son œil et le débarrasser de quelques corps étrangers qui l'irritent. Dépourvu de mains, dont l'homme se sert dans ce cas, il lui fallait un organe spécial pour remplir le même but. Cet organe est une espèce de petite palette cartilagineuse, élargie et mince à sa partie antérieure, et courbée de manière à s'adapter le mieux possible à la surface du globe de l'œil sur laquelle elle doit agir. Cette petite pelle est cachée dans le grand angle de l'œil ; sa base repose contre un coussinet graisseux qui se trouve en arrière du globe. Le mécanisme de cet instrument est simple. Quand l'animal a besoin de s'en servir, il contracte les muscles de l'œil dont nous parlerons plus bas : le globe alors, tiré vers le fond de l'orbite, comprime le coussinet graisseux, qui s'aplatit, et pousse, par son déplacement forcé, le corps clignotant en avant pour remplir ses fonctions. Ce fait se remarque encore pendant le cours de quelques ophthalmies. Le cheval semble vouloir se débarrasser ainsi du mal qu'il éprouve, comme nous portons instinctivement la main aux yeux quand nous y souffrons.

Du reste, le corps clignotant n'a pas d'autre usage que celui que nous venons d'indiquer. Ce qui le prouve, dit M. F. Lecoq, « c'est le rapport inverse qui existe constam-
« ment entre le développement de ce corps et la facilité
« qu'ont les animaux de se frotter l'œil avec le membre an-
« térieur. C'est ainsi que, dans le cheval et le bœuf, dont le
« membre thoracique ne peut servir à cet usage, le corps cli-
« gnotant est très développé ; qu'il devient plus petit dans le
« chien, qui peut déjà se servir un peu de sa patte pour le
« remplacer; plus petit encore dans le chat, et rudimentaire
« dans le singe et dans l'homme, dont la main est par-
« faite (1). »

D'après la courte description que nous venons de faire des paupières et de leurs dépendances, on peut voir que ce sont de véritables rideaux à franges dont la nature a eu soin de pourvoir les organes essentiels de la vue des mammifères. Au dehors, ils sont formés d'une étoffe forte et résistante pour intercepter au besoin les rayons lumineux et protéger l'œil; au dedans, ils sont doublés d'une étoffe satinée, de couleur rose, extrêmement fine et souple, ce qui était commandé par son usage. L'appareil qui doit servir à fermer ou ouvrir les rideaux, suivant les besoins, se trouve entre ces deux tissus différents. On a pu voir aussi que ces admirables organes sont pourvus de tous les accessoires propres à favoriser leurs importantes fonctions. Du reste, on remarque tou-

---

(1) *Traité d'extérieur.*

jours que la nature a mis d'autant plus de soin à bien confectionner un instrument, dans la machine animale, que ses
usages sont plus importants ou plus essentiels. Le règne végétal offre, du reste, comme le règne animal, des milliers
d'exemples de ce fait.

Des Muscles, du Coussinet graisseux et du Cornet fibreux de l'œil.

Les dernières parties accessoires de l'œil sont les muscles
qui le font mouvoir dans tous les sens, le coussinet graisseux
et le cornet fibreux qui les enveloppe. Nous avons déjà dit
un mot des muscles des paupières. Nous n'en parlerons donc
plus, pour nous occuper de ceux du globe de l'œil. Ils sont
au nombre de sept, distingués sous les noms de droit postérieur, droit supérieur, inférieur, interne et externe, et de
grand et petit oblique.

Le droit postérieur, le plus court, mais le plus fort, sert
a fixer l'œil dans le fond de l'orbite ; les autres, partant tous
du même point, à l'exception du petit oblique, sont de petites bandelettes charnues qui se terminent par des tendons
aplatis ; elles s'attachent aux parties antérieures du globe de
l'œil pour lui faire opérer ses divers mouvements. Les deux
muscles obliques concourent au mouvement de rotation du
globe dans l'orbite. Le petit, placé sous le globe, fait rouler
l'œil de dedans en dehors, tandis que le grand fait opérer
l'action opposée. Ce dernier, le plus long de tous, offre une
particularité fort remarquable : partant du fond de l'orbite,
il se dirige en haut pour aller passer dans une poulie de renvoi placée sous l'arcade orbitaire, à côté de la glande lacrymale ; il se recourbe ensuite pour se fixer à la partie supérieure du globe, de manière à le faire rouler en dedans en
se contractant. Ce muscle a à peu près la même disposition
que les cordons à poulie de renvoi des croisées à bascule.

Les muscles du globe de l'œil offrent un assemblage admirable de simplicité et d'heureuses dispositions pour leurs fonctions. C'est dans l'amputation du tendon de certains d'entre eux que consiste l'opération du strabisme dans l'homme (1).

Le coussinet graisseux est une petite pelote de graisse très molle placée dans le fond de l'orbite. Le globe de l'œil est en rapport avec elle par sa face postérieure. La plupart des muscles dont nous venons de parler traversent sa substance, et, quand ils se contractent ensemble, ils tirent le globe en arrière, de manière à comprimer le corps graisseux, qui s'aplatit alors, et son déplacement provoque l'action du corps clignotant dont nous avons fait mention.

A l'exception des paupières, de la conjonctive et de la caroncule lacrymale, la gaine fibreuse, ou cornet fibreux, enveloppe les autres parties accessoires de l'œil et la face postérieure de son globe. Cet organe part du fond de la cavité orbitaire, s'évase en entonnoir et va se fixer à la face interne des bords de cette ouverture à fleur de tête ; il maintient les muscles de l'œil à leur place respective, et prévient la déviation du globe comme celle de toutes les parties qu'il contient.

Parties constituantes de l'œil.

Nous avons parlé des parties accessoires de l'œil ; nous avons vu qu'elles concourent à conserver l'intégrité des organes essentiels de la vue et à en favoriser l'action. Nous allons nous occuper de ces derniers en les décrivant rapide-

----

(1) L'œil n'est dévié que par le défaut d'harmonie de contraction de ses muscles. En coupant celui qui entraîne le globe de son côté, on peut rétablir son équilibre, sa direction naturelle ; mais il est à craindre qu'une déviation opposée à la première soit la conséquence de l'opération, ce qui est arrivé quelquefois, par l'action du muscle qui n'a plus d'antagoniste.

5.

ment et sans entrer dans des détails anatomiques que ne comporte pas l'étude de l'extérieur du cheval. Nous nous bornerons donc à leur analyse philosophique, pour faire comprendre autant que possible les raisons de leur forme, comme celles de leur texture ou de leur couleur.

Du Globe de l'œil.

Tous les instruments d'optique qui constituent l'organe du sens de la vue proprement dit sont contenus dans le globe de l'œil, dont la forme est à peu près sphérique. Cet organe multiple est légèrement aplati d'avant en arrière chez le cheval. Dans l'homme, c'est le contraire : son diamètre antéro-postérieur est plus grand. Sa cavité intérieure, qui contient les instruments dont nous allons nous occuper, est divisée en deux parties inégales par une sorte de cloison percée d'une petite ouverture ; il en résulte deux compartiments nommés chambres, distinguées en chambre antérieure et postérieure, et remplies par un liquide dont nous parlerons.

De la Sclérotique.

La sclérotique, ou cornée opaque, est une sorte de coque, d'enveloppe de couleur blanchâtre, qui forme, dans le cheval comme dans l'homme, les quatre cinquièmes parties environ du globe de l'œil ; elle est composée de fibres très déliées et très résistantes, qui s'enlacent, s'entrecroisent en sens divers, et rendent son tissu feutré très dense et très solide. Aussi le globe de l'œil peut-il supporter une pression assez forte sans se déchirer, ce qui était essentiel pour la conservation et le rapport respectif des organes délicats qu'il renferme.

La sclérotique est traversée par des vaisseaux et des nerfs qui se rendent dans l'intérieur du globe pour l'entretien des organes qui y sont contenus ; elle est plus épaisse en arrière qu'en avant. On ne peut se rendre compte de cette particularité. Sa surface externe donne attache aux muscles qui déterminent les mouvements de l'œil et le fixent dans l'orbite ; sa surface interne est en rapport avec la choroïde. Vers le centre de sa partie postérieure se trouve le nerf optique , gros cordon arrondi qui la traverse pour concourir à former une membrane particulière dont nous nous occuperons.

La sclérotique se termine en avant par une ouverture arrondie à laquelle s'adapte d'une manière très intime la cornée lucide. Cette disposition était nécessaire pour permettre le passage des rayons lumineux dans l'intérieur du globe, siége du sens de la vue.

De la Cornée lucide.

S'il fallait à l'œil une membrane de la nature de la sclérotique pour contenir et protéger les organes constitutifs du sens de la vue , il en fallait une autre qui permit l'accès de la lumière et son action sur eux. La cornée lucide, que l'on a très bien définie en la nommant *vitre de l'œil*, remplit parfaitement le but. Cette membrane, transparente comme le corps de la diaphanéité la plus pure, se laisse traverser par la lumière sans l'altérer ; elle dispose de plus ses rayons de manière à les faire converger vers la pupille au moyen de sa convexité extérieure en forme de lentille.

La cornée lucide termine essentiellement le globe de l'œil en avant ; elle en est aussi la *vitre*, dont l'intégrité est indispensable à celle de la vue. Cette membrane, beaucoup plus convexe que les autres parties du globe, dont elle forme environ la cinquième partie , fait saillie, et parait, suivant la juste définition de Bourgelat, « *comme le segment d'une « petite sphère ajouté au segment d'une sphère plus grande* ». Elle a deux faces et un bord. La face interne, concave, est en rapport avec le liquide que contient la chambre antérieure de l'œil ; l'externe, convexe, est recouverte par une pellicule très fine de la conjonctive, transparente à cet endroit comme la vitre elle-même. Son bord est circulaire et s'unit à la sclérotique, comme nous le verrons plus bas.

La cornée lucide est très épaisse ; elle est formée par la superposition de plusieurs lames unies ensemble par un tissu cellulaire très fin, tissu qui permet de les détacher assez facilement l'une de l'autre.

Si, par suite de quelque accident, une ou plusieurs de ces couches perdent leur diaphanéité, la lumière ne les traverse plus : la *vitre* n'a plus sa qualité de *vitre*. Il en résulte un trouble de la vue, passager ou permanent, suivant la durée ou la continuation de l'effet morbide. Si cet effet se borne à la couche superficielle et sur un point de la cornée, comme on le voit souvent, l'art du chirurgien peut y remédier ; si, au contraire, les couches profondes sont altérées, la chirurgie est impuissante, et la nature, aidée de soins hygiéniques bien entendus, peut seule produire un résultat heureux.

L'intégrité de la transparence de la cornée lucide paraît être due à l'état naturel d'un liquide albumineux qui se coagule dans l'alcool ou dans l'eau à une température élevée ; une cornée qu'on y plonge cesse d'être diaphane. Cette particularité ne peut-elle pas nous expliquer le trouble apporté dans la limpidité de la *vitre* par les violentes inflammations des yeux et l'augmentation du degré de la chaleur naturelle qui en résulte à cette partie ? N'est-ce pas une sorte de coagulation de l'albumine qu'elle contient (1) ? Nous posons cette

______

(1) Nous avons observé il y a quelques années, chez un de nos amis, M. Costerousse de la Foulio, grand chasseur dans le Cantal, un jeune chien courant qui se laissa tomber dans une fosse pleine de chaux fondue. La causticité de l'eau de chaux qui mouilla les yeux de ce chien détermina immédiatement l'opacité de la cornée transparente. Le beau petit animal fut privé de la vue pendant quelque temps, mais la force de la nature l'emporta : peu à peu l'effet de la brûlure disparut sans laisser de trace.

question aux plus compétents que nous pour la résoudre.

La cornée lucide, qui a beaucoup d'analogie avec un verre de montre, par sa forme et ses usages, s'adapte à peu près de la même manière que lui à la sclérotique. Celle-ci lui offre, en effet, une sorte de biseau dans lequel elle s'enchâsse; la vitre y est fixée par des fibres très résistantes, qui se croisent, pénètrent l'une et l'autre membrane, et les font adhérer fortement ensemble.

De la Choroïde.

La choroïde est une membrane fine, mince, peu résistante, qui tapisse la surface interne de la sclérotique; elle est unie à cette membrane au moyen de vaisseaux et de nerfs qui leur sont communs, et par un tissu cellulaire peu serré. Sa surface interne est en rapport avec la rétine, et elle se termine circulairement en avant au cercle ciliaire et à l'iris.

La choroïde remplit des fonctions très importantes; c'est sur son fond, placé en face de la pupille, que sont dirigés les rayons lumineux pour y figurer la forme des corps observés; c'est elle qui est chargée de neutraliser, en l'absorbant, le superflu de lumière qui aurait pu troubler la vision ou lui être inutile. Il fallait donc que cette membrane fût dans des conditions spéciales propres à remplir ce double but : c'est ce que nous allons examiner.

Quand les physiciens veulent diriger sur une surface donnée les rayons de lumière partant d'un corps dont ils veulent avoir une image bien exacte, ils se servent d'un instrument connu sous le nom de *chambre noire*. C'est, comme on le sait, une sorte de boîte percée d'une ouverture pourvue d'une lentille, pour laisser passer la lumière et la diriger convenablement. Toute sa surface intérieure est teinte d'une couche noire pour absorber les rayons lumineux inutiles au but proposé, ou qui ne se rendent pas au point disposé pour les recevoir; ce point est toujours nécessairement en face de l'ouverture pratiquée pour laisser passer la lumière. La nature a disposé dans l'œil un appareil rigoureusement analogue, au moyen de la couleur noire qu'elle a donnée à la choroïde. Cette membrane, en effet, forme l'intérieur d'une véritable chambre noire, dont l'ouverture est la pupille, pourvue aussi d'une lentille, qu'on nomme le cristallin. Au fond de cette chambre noire, et en face de la pupille, se trouve, comme aux chambres noires des physiciens, le point préparé pour recevoir les rayons de lumière qui, partant de l'objet à observer, y forment son image ; ce point se nomme *tapetum*, tapis. Il n'est pas noir chez le cheval, comme les autres parties de la choroïde : chez lui, il est verdâtre ou bleuâtre. Du reste, la couleur du tapetum varie suivant les espèces d'animaux, comme on peut s'en assurer dans les genres chat, chien, etc. Dans la chambre obscure des physiciens, le tapis est représenté par la surface sur laquelle l'image de l'objet à examiner est formée ; cette surface est ordinairement blanche. Elle peut être de toute autre couleur, mais jamais noire.

On voit, d'après ce qui précède, que la choroïde joue un grand rôle. Elle forme, par sa couleur et sa disposition, la chambre noire de l'œil pour l'accomplissement du phénomène de la vision.

Du cercle ou ligament ciliaire.

Nous avons dit que la choroïde se termine circulairement en avant en se fixant au cercle ciliaire. Cet organe, qui a la forme d'un petit cerceau, se trouve placé dans l'œil un peu en arrière du point de réunion de la cornée lucide avec la sclérotique, à laquelle il adhère comme à la choroïde, à l'iris et aux procès ciliaires. Il sert en quelque sorte de rendez-vous à ces derniers organes, comme pour leur donner un point fixe.

De l'Iris.

Pour que les organes essentiels du sens de la vue puissent

opérer leurs fonctions le mieux possible, sans trouble et sans
fatigue, il faut une quantité à peu près déterminée de rayons
lumineux. Or, comme l'intensité de ces rayons varie suivant
les lieux plus ou moins obscurs ou éclairés, il fallait un régulateur pour les mesurer en quelque sorte, et ne laisser pénétrer dans l'œil que ceux qui lui sont nécessaires. Il était donc
essentiel que l'ouverture qui donne passage à la lumière, plus
ou moins rare, pût s'agrandir ou diminuer suivant les besoins.
N'en est-il pas de même à la fenêtre d'un appartement, dont on
dispose les rideaux de manière à ménager l'uniformité de clarté
qu'on désire? — La nature a pourvu l'œil d'un organe propre
à remplir cette fonction; cet organe se nomme iris. Il adhère
par sa grande circonférence au cercle ciliaire. Disposé en dia-
phragme, il divise l'intérieur du globe en deux parties inégales : l'une, comme nous l'avons déjà dit, prend le nom de
chambre antérieure, l'autre celui de chambre postérieure de
l'œil. Cette dernière est la chambre noire; elle est complétée
en avant par la continuation immédiate de la choroïde avec
l'iris, qui lui fournit en même temps l'ouverture indispensable à son action. Le rétrécissement et l'élargissement de
cette ouverture, qui est la pupille, sont déterminés, réglés,
suivant l'impression de la lumière sur l'œil. C'est l'iris même
qui donne la quantité d'ouverture que doit avoir la fenêtre de la
chambre noire, afin de conserver à peu près l'uniformité de
clarté qui lui est nécessaire pour bien fonctionner.

L'iris a deux circonférences : la grande sert à le fixer,
comme nous l'avons vu, au cercle ciliaire; la petite est centrale, et forme la pupille, à peu près elliptique chez le cheval. Il a aussi deux faces. L'une est postérieure, toujours
noire, pour compléter la chambre noire en avant: elle a été
distinguée sous le nom d'uvée. L'autre est antérieure, et détermine la couleur des yeux, le plus ordinairement noirs
chez le cheval, excepté chez celui qui a les yeux dits *vairons*.
Dans ce cas, au lieu d'être noire, cette surface est d'un blanc
opalin nacré assez vif.

La couleur de la face antérieure de l'iris varie assez dans l'homme. Elle est en général de la nuance des cheveux. Les cheveux noirs coïncident ordinairement avec les yeux noirs, tandis qu'ils sont souvent bleus avec des cheveux blonds, etc.

On voit quelquefois flotter autour de la pupille du cheval de petits flocons noirs, irréguliers ; on les a nommés *grains de suie*, ou *fongus*. Ces appendices, imprégnés de vernis choroïdien, comme le dit Dugès, auraient pour but, suivant ce savant physiologiste, de concourir à diminuer l'ouverture pupillaire quand la lumière est extrêmement vive. Dans tous les cas, leur existence ne prouve rien pour ni contre l'intégrité de la vue.

Des Procès ciliaires.

Les procès ciliaires offrent peu d'intérêt à l'étude de l'extérieur, parceque leurs usages ne sont pas absolument déterminés, et que d'ailleurs ils sont de peu d'importance pour la spécialité de notre étude. Ce sont des sortes de rayons noirâtres qui semblent partir de la circonférence de la choroïde à son insertion au cercle ciliaire, pour entourer les bords tranchants du cristallin comme une châsse de lentille. On a trouvé quelque ressemblance entre les rayons de ce corps, et les fleurons d'une fleur radiée dont le cristallin serait le centre. Quelques auteurs ont pensé que les procès ciliaires servent à éloigner ou rapprocher le cristallin du fond de l'œil pour modifier, suivant le besoin, le foyer de lumière ; d'autres ont cru qu'ils servaient à le fixer, à le soutenir. Si leur disposition semble indiquer ce dernier usage, la faiblesse de leur consistance permet à peine de partager cette opinion.

De la Rétine.

La rétine est une membrane très fine, très peu consistante, et de couleur blanchâtre. Partant du fond de l'œil, au point où aboutit le nerf optique, elle s'étend sur toute la surface interne de la choroïde sans y adhérer ; puis elle se termine aux procès ciliaires, avec lesquels elle se continue, d'après quelques auteurs. La facilité avec laquelle la rétine se déchire, et sa finesse, la rendent difficile à disséquer et à bien étudier.

Suivant l'opinion des anatomistes, la rétine n'est que l'expansion de la substance du nerf optique, ou du moins une de ses dépendances. A ce titre, elle est considérée comme la partie fondamentale de la sensibilité de l'œil : elle serait donc le siége principal du sens de la vue, le foyer de la vision chargé de transmettre au cerveau, par le nerf optique, l'impression de l'image perçue et formée sur le *tapetum* dont nous avons parlé.

Humeurs de l'œil.

On est convenu d'appeler *humeurs de l'œil* les corps diaphanes plus ou moins liquides contenus dans sa coque, et disposés de manière à réfracter convenablement la lumière qui les traverse. De plus, elles concourent à entretenir la sphéricité du globe. Formé de membranes flexibles, molles, ce globe se déformerait, s'affaisserait, s'il n'était rempli et continuellement tendu par ses humeurs, et ce dérangement entraînerait nécessairement la perte de la vue.

On distingue dans l'œil trois humeurs différentes par leur densité. La plus liquide se nomme *humeur aqueuse*, la seconde *humeur vitrée* ou *corps vitré*, et la troisième *cristallin*, à cause de sa ressemblance avec du cristal.

De l'Humeur aqueuse.

L'humeur aqueuse est un liquide très limpide, légèrement visqueux, ressemblant par sa transparence à la rosée la plus pure ; elle est contenue dans les chambres antérieure et postérieure de l'œil, qu'elle remplit entièrement. Cette humeur se trouve donc ainsi en contact avec les surfaces de l'iris, avec le cristallin, avec tous les corps enfin qui sont contenus dans le globe.

L'analyse des chimistes a fait découvrir dans ce liquide de la gélatine, de l'albumine, des phosphates et des lactates de chaux, dans de très légères proportions.

L'humeur aqueuse s'écoule si la cornée est transpercée par suite de quelque accident ou d'une opération, telle que celle de la cataracte, par exemple ; mais elle ne tarde pas à se reproduire après la cicatrisation de la blessure. Certains anatomistes prétendent qu'une membrane spéciale est chargée de sa sécrétion. Cette opinion ne paraît pas définitivement arrêtée. Dans tout cas, cette humeur est toujours fabriquée par un ou plusieurs des corps contenus dans le globe de l'œil.

Du Cristallin.

L'humeur cristalline, ou cristallin, est un corps assez solide ; il l'est d'autant plus qu'on l'examine plus près de son centre. C'est une véritable lentille biconvexe placée entre l'humeur aqueuse et le corps vitré, en arrière de la pupille ; elle correspond au centre de cette ouverture pour faire converger, avec le plus d'exactitude possible, les rayons lumineux dans le fond de l'œil.

Le cristallin est contenu dans une enveloppe particulière très fine et transparente comme lui. Sa convexité postérieure, un peu plus marquée que l'antérieure, est logée dans une cavité, véritable *chaton* qui se trouve creusé dans le corps vitré contre lequel elle repose. Cette cavité porte en effet le nom de *chaton*, parfaitement approprié à ses fonctions.

La transparence du cristallin est aussi pure que celle des autres humeurs de l'œil. Il est composé de plusieurs couches superposées et concentriques, ce qui fait que leur forme est d'autant plus sphérique qu'elles sont plus centrales.

De l'Humeur vitrée ou Hyaloïde.

Le corps vitré ou hyaloïde, qui a, comme on l'a dit, beaucoup d'analogie avec le cristal en fusion, est plus consistant que l'humeur aqueuse, quoique l'analyse lui ait trouvé à peu près les mêmes principes élémentaires; il a la même transparence, et il est placé en arrière du cristallin, dans la chambre postérieure, dont il remplit la plus grande partie.

L'humeur vitrée est enveloppée dans une membrane particulière très fine et très mince, nommée membrane hyaloïde. Celle-ci forme dans son intérieur plusieurs cloisons, divisées en cellules communiquant entre elles, et contenant l'humeur hyaloïde, qui se trouve ainsi logée dans plusieurs compartiments dépendant les uns des autres.

Le corps vitré reçoit, à sa partie antérieure, le cristallin, dont nous avons déjà parlé. La membrane hyaloïde se dédouble pour envelopper cette lentille en avant et en arrière, et la fixer dans son *chaton* pour en prévenir le déplacement. Elle est ainsi fixée de manière à ce qu'elle soit toujours au centre et en face de la pupille. Le cristallin, en effet, tend par son poids à descendre dans la partie la plus déclive de l'œil. Du reste, la membrane hyaloïde nous paraît aidée, dans cette importante fonction, par les procès ciliaires, quelque faible que puisse être d'ailleurs leur concours.

Le degré de pesanteur spécifique des humeurs de l'œil paraît être en raison de leur densité. Ainsi elle est pour le cristallin, qui est sans comparaison le plus dense, de 1,10790, suivant *Chenevix;* de 1,0003, d'après le même auteur, pour l'humeur aqueuse, qui est la plus liquide, et, d'après Nicolas, de 1,0009 pour le corps vitré. Ce dernier est plus solide que l'humeur aqueuse, mais il l'est infiniment moins que le cristallin, qui est assez compacte.

BEAUTÉS, VICES ET MALADIES DE L'ŒIL.

Après avoir étudié l'œil et toutes les parties qui le compo-

sent, nous allons examiner ses beautés, les vices et les maladies dont il est le siége.

Un bel œil est toujours grand et bien ouvert ; ses paupières, garnies de longs cils et de poils courts, sont minces,
souples et bien fendues en amande ; l'arc qu'elles forment
d'un angle à l'autre doit être régulier, sans déviation anguleuse : nous en dirons la raison plus bas. La cornée lucide,
comme toutes les parties que doit traverser la lumière, seront limpides comme la rosée la plus pure, sans nuage, sans
trouble, sans tache, de quelque nature qu'elle soit. Leur présence indique toujours une affection actuelle ou passée, lo-
cale ou générale, et d'une gravité plus ou moins grande, suivant sa nature.

L'œil, qui est une des parties du cheval les plus essentielles à étudier, n'est pas la moins difficile à bien connaître
dans la pratique. On doit non seulement savoir distinguer
l'intégrité de chacune de ses parties, mais encore prévoir,
d'après leur étude générale, les maladies auxquelles il peut
être exposé. La fluxion périodique, par exemple, est la plus
redoutable de toutes. Avec l'habitude que donne l'observation aidée d'une longue étude, on peut juger non seulement
de la bonté actuelle des yeux, mais souvent de l'avenir qui
leur est réservé.

L'intégrité de toutes les parties de l'œil ne constitue pas
toujours une bonne vue. Dans un instrument d'optique, il ne
suffit pas que toutes les pièces s'y trouvent : il faut de plus
que leur situation, leur arrangement, soient dans les conditions exigées pour la régularité de la réfraction de la lumière.
La bonne disposition du foyer de ses rayons en dépend.

La myopie, la presbytie et leurs divers degrés d'intensité,
ne dépendent que d'un vice de confection dans un ou plusieurs
des instruments d'optique contenus dans l'œil, ou dans le
défaut de bons rapports entre eux. Il en est absolument de
même dans un télescope : si les lentilles qu'il contient n'ont
pas le degré de concavité ou de convexité nécessaire à un bon

résultat, la marche des rayons lumineux qui les traversent n'est pas dans de bonnes conditions et remplit mal le but proposé. Le même phénomène a lieu dans l'œil des animaux. Pour l'homme, on emploie des verres qui, par leur convexité ou leur concavité, variées suivant les besoins, remédient jusqu'à un certain point aux vicieuses conditions de la vue. Il est généralement admis qu'un cheval n'est ombrageux que parce qu'il perçoit mal les corps qui l'effraient. Cela nous parait d'autant plus vrai qu'il cesse d'avoir peur quand on l'a convaincu que sa crainte n'est pas fondée en le conduisant près des objets qui l'ont provoquée. Si on pouvait adapter aux yeux du cheval ombrageux, comme à ceux de l'homme, des lentilles propres à y modifier la marche de la lumière dans de bons rapports, peut-être cesserait-il de s'effrayer de rien, ce qui est quelquefois très dangereux. Dans tous les cas, il y a certaines conformations des yeux dont on devra se défier; nous allons tâcher d'attirer sur elles l'attention qu'elles méritent.

Si on remarque, en examinant les yeux d'un cheval, que le globe de l'un est plus petit, moins saillant, que celui de l'autre, on devra craindre la fluxion périodique. Presque toujours l'œil malade diminue de volume à la suite d'accès de cette affection. Le même phénomène se remarque aux deux yeux s'ils sont tous deux fluxionnaires ; il est bien rare que le cheval, alors, ne perde pas la vue, surtout s'il continue à vivre sous les conditions qui ont pu déterminer cette maladie incurable.

Un œil petit, enfoncé dans l'orbite, caché sous des paupières grasses, épaisses, peu mobiles, provoquera toujours des doutes sur ses qualités. Les animaux à tête charnue, grosse, lourde, sans distinction, et dans un pays où la fluxion périodique est commune, sont sujets à cette maladie. Dans tous cas, un œil ainsi conformé indiquera généralement peu de franchise : le cheval pourra être méchant ou au moins ombrageux. Du reste, avec un peu d'habitude, on ne s'y trompe guère. Si on a dit que l'œil est le miroir de l'âme dans l'homme, il est certainement le miroir de quelque chose dans le cheval : on est toujours porté à se défier de l'air sournois et traître que donne l'œil dont nous parlons. Les baudets du Poitou, par exemple, les mulets, quoique généralement exempts de fluxion périodique, ont les yeux comme nous venons de les décrire : aussi, ont-ils ordinairement un mauvais regard, et on se défie avec raison de leur caractère méchant, de celui des mulets principalement.

Le regard du cheval indique généralement la nature de son moral. Si, par la douceur de son œil, il commande en quelque chose notre confiance, nous sommes toujours involontairement portés à nous éloigner de lui quand ses yeux *en dessous*, comme on dit, expriment la méchanceté et la perfidie. On aborde toujours sans crainte un animal qui regarde franchement et avec douceur. Toute sa physionomie semble solliciter nos caresses. Le cheval barbe est remarquable sous ce rapport; aussi est-il très docile : nous ne connaissons pas de race de chevaux qui le soit plus que lui.

Les chevaux de sang ont ordinairement l'œil grand; ils sont généralement doux, si on n'a pas aigri leur caractère par de mauvais procédés.

Nous avons dit que les arcs formés par les paupières d'un angle de l'œil à l'autre devaient être réguliers et exempts de courbures anguleuses. Nous nous sommes attaché d'une manière particulière à l'étude de la fluxion périodique et à celle des yeux qui y sont sujets. C'est dans les pays où l'on trouve le plus de fluxionnaires, tels que l'Alsace, la plaine de Tarbes, le Limousin, l'Auvergne, la Picardie, etc., que nous les avons observés. Nous avons presque toujours remarqué que la paupière supérieure de l'œil des fluxionnaires était anguleuse au dessus de l'angle nasal, ce qui donne à l'œil une sorte de forme triangulaire, au lieu de figurer un ovale, comme on le voit dans les yeux bien organisés. Nous engageons ceux qui n'auraient pas fait attention à cette particularité , à ne pas l'oublier lorsque l'occasion s'en présentera ; elle nous a souvent servi pour juger de la bonne conformation des yeux et des bonnes conditions de la vue.

Dans l'homme, on sait que la myopie est la conséquence d'une trop grande convexité de la cornée lucide ou du cristallin ; ces organes ont alors une trop grande puissance de réfraction, en raison de l'éloignement du fond de l'œil. Dans le cheval, ce vice de conformation doit provoquer les mêmes effets, et ces effets sont d'autant plus graves qu'il n'est guère possible d'y remédier par des lunettes. Si on l'observe dans un cheval, on fera bien de le soumettre à une épreuve sérieuse pour juger de sa vue.

L'œil peut être atteint de plusieurs maladies dépendantes ou indépendantes de ses vices de conformation. La plus dangereuse comme la plus commune, dans certains pays surtout, est sans contredit la fluxion périodique. Elle se reconnaît d'abord à son type intermittent, ce qui a fait donner le nom de *lunatiques* aux chevaux qui en sont affectés ; puis, elle a des caractères secondaires assez tranchés pour ne pas permettre de se tromper sur les signes qui la font distinguer. Si, en effet, quelques uns de ses symptômes lui sont communs avec d'autres ophthalmies, elle en a qui lui sont particuliers et qui la font reconnaître facilement. Ainsi, après les phénomènes généraux de l'inflammation, on voit dans la chambre antérieure de l'œil, quand la cornée lucide reprend sa transparence, des flocons albumineux jaunâtres qui ont l'aspect d'une feuille morte. Ces flocons se précipitent vers les parties déclives et disparaissent peu à peu ; l'œil alors reprend à peu près son état normal jusqu'à l'invasion de nouveaux accès, d'autant moins éloignés les uns des autres qu'ils se sont renouvelés plus souvent. Dans ce cas, l'œil devient plus petit, comme nous l'avons dit, et finit par perdre la propriété de voir.

Les causes de la fluxion périodique sont loin d'être connues. Si l'on voit des pays où elle est commune, il en est d'autres où elle n'est jamais observée. On ne trouve pas de cheval lunatique en Afrique ni en Espagne ; il est rare en Normandie, dans la Camargue, tandis qu'on le rencontre fréquemment sur les bords du Rhin, en Lorraine, en Auvergne, etc., etc. Si la fluxion périodique est commune dans les lieux où on se trouve, on doit d'autant plus se défier de ses atteintes et de la conformation des yeux, qu'elle attaque de préférence.

On a observé des faits extraordinaires de l'action des climats sur les fluxionnaires. En partant pour l'Espagne, en 1823, le général baron Higonet acheta pour un de ses domestiques une jument auvergnate qui avait perdu un œil par suite de la maladie dont nous parlons. Après quelque temps de séjour dans la Péninsule, un travail inflammatoire très intense s'opéra vers la tête de cette jument, et à tel point qu'on croyait qu'elle allait mourir, lorsque la santé lui revint avec la vue à l'œil perdu. Le général, qui me raconta lui-même ce fait, vendit plus tard à un chirurgien-major cette bête avec de bons yeux et en bon état. Il est probable que, si elle rentra en France, la fluxion périodique dut se représenter. Les fluxionnaires de nos régiments de cavalerie qui entrèrent en Espagne furent généralement soustraits aux atteintes des fluxions des yeux pendant leur séjour dans ce pays ; mais ils en furent repris à leur retour dans les garnisons de France. On nous a assuré que des chevaux qui avaient eu plusieurs accès de fluxion en étaient guéris dans le territoire d'Arles. Ce fait, qui mérite confirmation, offre de l'intérêt dans le cas où des étalons précieux seraient menacés de perdre la vue. S'il est vrai que le climat de ce pays les en préserve, ils pourraient être utilement employés dans la Camargue et dans ses environs, au lieu d'être sacrifiés en pure perte ailleurs, ou réformés.

La fluxion périodique se déclare rarement sur les deux yeux à la fois. Le plus souvent ils en sont atteints l'un après l'autre, ou bien elle se borne à un seul, ce qui fait qu'il y a généralement plus de chevaux borgnes que d'aveugles dans les lieux où elle sévit. L'âne et le mulet paraissent avoir plus de rusticité dans la vue : ils sont rarement lunatiques. On voit beaucoup de juments aveugles par suite de la fluxion livrées à la mulasse sans inconvénient ; leurs muletons sont exempts de cette maladie, tandis qu'il est reconnu que le plus souvent leurs poulains deviennent fluxionnaires par hérédité. Ce fait est généralement admis comme exact.

DE LA CATARACTE.

L'opacité du cristallin constitue la cataracte dans l'homme comme dans le cheval , et la fluxion périodique la détermine presque toujours. Elle entraîne nécessairement la perte de la vue en interceptant le passage de la lumière. Il est facile de se convaincre de son existence par la couleur ordinairement blanc opalin que l'on remarque à la lentille cristalline. Mais quand cette maladie commence , qu'elle est peu prononcée , il faut examiner l'œil avec beaucoup d'attention pour s'assurer de son existence. Dans ce cas, on n'observe souvent que quelques points du cristallin tachés de blanc , au lieu de voir toute la substance altérée. On se défiera toujours de ce symptôme, général ou partiel.

Le cristallin cataracté n'a pas toujours la couleur blanchâtre que nous avons signalée ; il est quelquefois jaune ou verdâtre ; souvent aussi , au lieu de conserver sa position normale , il se déplace en avant , bouche l'ouverture de la pupille et fait saillie dans la chambre antérieure de l'œil jusqu'à la cornée lucide. D'autres fois il paraît avoir diminué de volume, et l'on remarque les plis de la capsule qui le recouvre ; l'œil lui-même semble alors atrophié dans le fond de l'orbite , au lieu d'être à fleur de tête , comme on le voit souvent. La coque du globe n'est plus tendue, par suite de la diminution des humeurs qu'elle contient. Les paupières sont affaissées , et l'animal a perdu l'expression de sa physionomie.

6

Nous ne parlons pas de l'opération de la cataracte : dans le cheval elle n'a jamais eu de résultat satisfaisant. La cause de ce fait est sans doute dans la difficulté de bien faire cette opération, et dans celle de pouvoir prendre, comme pour l'homme, les dispositions indispensables à une bonne fin.

DE L'AMAUROSE.

L'amaurose, ou goutte sereine, est une maladie toute différente de la cataracte. Elle se déclare souvent spontanément, sans cause connue. L'œil n'a rien perdu en apparence de son état naturel, toutes ses parties paraissent saines ; cependant l'animal qui en est atteint est aveugle. Cette affection consiste dans la paralysie de la rétine ou du nerf optique ; c'est du moins l'opinion reçue. On reconnaît l'amaurose à la dilatation de la pupille : elle est plus grande qu'à l'état normal, parceque l'œil n'est plus sensible à la lumière ; l'iris n'exerce plus aucun mouvement de dilatation ou de contraction au passage de l'obscurité à la clarté. Il est facile de s'en convaincre en soumettant le cheval qu'on examine à ces deux conditions. Si dans l'un et l'autre cas la pupille conserve son même diamètre, si elle est immobile, il y a cécité.

Cette affection se déclare quelquefois lentement. Elle peut être alors la suite de quelque trouble dans les fonctions du cerveau. Mais, quelle que soit la cause qui l'a déterminée, le cheval n'en est pas moins aveugle et incurable : nous ne connaissons pas de cas de guérison d'amaurose.

Il est facile de se convaincre de l'existence de la goutte sereine, pour peu qu'on y fasse attention, en observant l'action de l'iris dans l'obscurité et à la lumière ; mais il ne faut jamais manquer de soumettre le cheval qu'on achète à cette épreuve, surtout si on n'a pas une grande habitude de l'examen de l'œil.

TAIES SUR LA CORNÉE LUCIDE.

La vitre de l'œil est souvent le siège de taches blanches, plus ou moins grandes, qui prennent le nom de *taies*. Elles n'ont souvent aucune suite fâcheuse, si elles se bornent à un point éloigné de la pupille; mais, si elles se trouvent en face de cette ouverture, elles nuisent à la vue, en raison de leur dimension et de la quantité de lumière qu'elles interceptent. Les taies, qu'on nomme aussi *albugo*, sont quelquefois la conséquence d'une maladie générale de l'œil, et même de la fluxion périodique. Alors toute la surface de la cornée a pu perdre sa transparence. Si ces taches viennent à la suite d'un accident, d'une contusion, d'un coup de fouet sur la vitre, elles se bornent ordinairement au point contusionné. Leurs conséquences alors sont moins à craindre. L'accident, une fois passé, ne laisse que sa trace, dont il est facile d'apprécier les résultats. Du reste, une taie sur l'œil d'un cheval diminue toujours sa valeur, surtout quand c'est un cheval de selle.

Considérations générales sur l'œil.

Les vices de conformation des yeux, comme les différentes maladies dont ils sont atteints, demandent des études spéciales, une longue pratique et beaucoup d'esprit d'observation, pour être bien appréciés dans leurs différents degrés. L'intégrité et la solidité de la vue sont une des premières conditions de la valeur du cheval. Il n'a plus de prix, quel que soit d'ailleurs celui qu'il a coûté, s'il a de mauvais yeux ou s'il les a perdus. Nous conseillerons donc toujours à ceux qui n'ont pas étudié avec détail cette partie délicate de l'extérieur du cheval de recourir aux hommes instruits qui se sont occupés spécialement de ces matières. En tout cas, nous allons indiquer, autant que la théorie peut le permettre, les moyens

que nous employons pour nous assurer de la bonté des yeux,
de leur état de santé ou de maladie.

Après avoir jeté un coup d'œil général sur l'ensemble du
cheval, pour juger de son tempérament, de la conformation
de sa tête, de la forme de ses yeux, et de toutes leurs parties, il faut s'assurer de son âge : nous en donnerons les motifs plus bas ; on place ensuite l'animal qu'on veut examiner
dans une écurie ou sous un hangar peu éclairé ; on tourne
sa tête vers une porte ou fenêtre qui donne du jour pour bien
voir ses yeux. Ainsi placés en face de la lumière qui les
frappe, on s'assure facilement de la limpidité de la vitre comme de celle des humeurs. Si on aperçoit quelque nuage dans
l'une des deux chambres de l'œil, si on voit un degré d'opacité partielle ou générale du cristallin, vice que l'on peut
apercevoir facilement derrière la pupille dilatée dans l'ombre, on redouble d'attention ; on examine le globe dans toutes les directions, et on finit toujours par constater l'état des
parties qu'il contient. Quand la maladie se borne à un œil,
on le compare à l'autre, s'il est sain ; ce type de comparaison est d'un grand secours pour porter un jugement. La pupille surtout fournit un excellent moyen pour conclure : elle
est toujours plus dilatée, plus grande, à l'œil altéré, parceque
cet œil a besoin d'une plus grande quantité de rayons lumineux ;
elle est plus petite à l'œil exempt de trouble et d'affection,
parceque la limpidité de ses humeurs exige moins de lumière
pour bien remplir ses fonctions.

Quand on s'est assuré de l'état des humeurs du globe, on
étudie les mouvements de l'iris. Les deux pupilles doivent
être égales dans le même milieu de lumière ; elles doivent également se dilater et se resserrer en passant d'un endroit sombre dans un lieu éclairé. On ne manquera jamais de faire
cette épreuve ; on examinera le cheval dans une écurie,
on s'assurera de l'état de dilatation des pupilles pour les
comparer aux différents degrés de lumière qu'il sera facile
de se procurer, en ouvrant et fermant les ouvertures des

écuries; on se défiera surtout des murs blanchis disposés à l'avance par des marchands de chevaux qui y conduisent les animaux à vendre quand leurs yeux sont suspects : les corps blancs répercutent fortement la lumière, qui agit ainsi, avec plus d'énergie, pour faire resserrer les pupilles. Si ces ouvertures sont immobiles, si elles conservent le même état à la lumière et dans un lieu sombre, il y a cécité par amaurose; s'il n'y en a qu'une de fixe et que l'autre exécute ses mouvements naturels, le cheval est borgne; sa vue est douteuse si l'action des pupilles n'est pas bien marquée, d'un seul ou des deux côtés. Dans ce cas on doit s'aider de tous les signes qui peuvent faciliter les moyens de se convaincre.

Quand nous avons parlé des oreilles, nous avons dit qu'elles peuvent concourir à faire juger de l'état d'intégrité ou d'altération de la vue d'un cheval par le genre de mouvements particuliers qu'elles exécutent. Il est naturel, en effet, à un animal qui ne voit pas clair, de s'aider de tous ses moyens pour subvenir aux besoins auxquels de mauvais yeux ne satisfont pas suffisamment. Chez lui, le sens de l'ouïe vient au secours de celui de la vue. Pour cela, les oreilles sont toujours prêtes à saisir les sons qui peuvent accuser l'existence d'un objet non aperçu. Leurs mouvements, leur attitude, caractérisent une permanence d'attention qu'on n'observe jamais dans le cheval dont la vue est dans de bonnes conditions. La physionomie d'un animal indique la confiance quand le sens de la vue remplit bien ses fonctions, tandis qu'elle indique la crainte et la défiance quand il les remplit mal. Le cheval aveugle se sert aussi du sens de l'odorat en même temps que de celui de l'ouïe pour se conduire, et c'est surtout quand il est livré à lui-même, sans être dirigé, qu'on peut se convaincre de ce fait : alors il flaire tout, en allongeant la tête pour se guider, comme nous allongeons les bras, pour le même motif, lorsque nous avons les yeux bandés, ou que nous n'y voyons pas dans l'obscurité.

L'âge doit aussi être pris en considération surtout dans

le cas de prédisposition à la fluxion périodique. On n'observe guère cette affection chez les vieux chevaux. Ils ont perdu la vue alors ; s'ils ont résisté aux influences qui auraient pu les rendre lunatiques, on a généralement peu à craindre qu'ils le deviennent.

Mais dans un pays où l'ophthalmie périodique est commune, on se défiera toujours d'un animal dont les yeux, petits et couverts, offrent les caractères dont nous avons déjà parlé.

En terminant ce que nous avons à dire sur l'œil, nous croyons utile de rapporter un fait dont nous avons été témoin. Un de nos amis, qui habitait Lyon, où nous étions en garnison, avait besoin d'un bon cheval de voyage ; on lui en indiqua un que des marchands inconnus avaient conduit depuis quelques jours dans une auberge. Nous eûmes rendez-vous pour aller le voir ensemble. Les marchands, qui nous attendaient, avaient eu soin de promener ce cheval dans la rue, ce qu'ils avaient l'habitude de faire plusieurs fois dans la journée depuis leur arrivée. C'était un très bel animal de huit ans, avec de belles allures. Mille francs étaient son prix. Nous allions terminer le marché, quand, plutôt par habitude que par précaution, il nous vint dans l'idée d'examiner ses yeux, si beaux d'ailleurs, que nous aurions cru inutile d'y faire attention. On avait eu le soin de tracasser le cheval à l'avance, et de l'occuper de manière à ce que sa physionomie n'indiquât rien qui pût attirer l'attention sur sa vue. Ses allures avaient été franches, sans hésitation, et on ne se serait certainement pas douté de l'amaurose dont il était atteint. Les pupilles, très dilatées au grand jour, nous firent soupçonner la cécité. Quand nous voulûmes nous en convaincre par un examen en forme, les marchands virent leur ruse découverte et nous dirent que le cheval n'était plus à vendre.

On devra toujours se défier de la vue d'un cheval mis en vente, surtout par des marchands rouleurs et inconnus ; on ne négligera aucun des moyens propres à faire découvrir leur mauvaise foi. Ceux dont nous parlons avaient eu la précaution de promener leur cheval plusieurs fois dans la journée, sur le même sol et dans la même direction, pour lui inspirer plus de confiance. Sa marche était plus assurée et indiquait peu la cécité, ce qui ne serait pas arrivé sur une route nouvelle pour lui. Les aveugles, en effet, marchent avec plus de franchise sur un chemin qu'ils ont souvent fait. Pour peu qu'on détourne leur attention par la voix, des appels de langue ou des claquements de fouet, on dissimule très bien le mauvais état de leur vue ou sa perte.

Considérations générales sur la tête.

Jusqu'ici nous avons examiné chacune des parties qui composent la tête du cheval; nous avons parlé des formes, des conditions physiques les plus saillantes qui distinguent chaque organe, suivant les fonctions qu'il est appelé à remplir; nous avons vu que la structure variée propre à chacun d'eux était indispensable à la spécialité de leur action, à la nature du travail qui leur est départi pour le but commun, qui est la vie. Nous allons nous occuper des inductions physiologiques qu'on peut en tirer pour l'appréciation du cheval.

La tête est la partie du corps qui offre le plus de ressources au physiologiste pour juger non seulement du degré de noblesse des individus, mais encore de leur intelligence, de leur énergie et de leur caractère moral. Le cheval, le chien, n'ont-ils pas leur physionomie? n'ont-ils pas l'expression de leurs yeux, celle de leur face, la configuration générale de leur tête, pour nous guider dans l'étude que nous voulons faire de leurs facultés morales ou physiques? Chaque animal n'offre-t-il pas au physionomiste un sujet d'exercer son aptitude?

L'ensemble de chaque partie de la tête n'est pas comme celui de chaque partie du corps. Certaines régions du corps, en effet, peuvent être d'une conformation parfaite, tandis que d'autres sont dans de mauvaises conditions d'action. On peut voir, par exemple, dans tous les chevaux de sang ou autres, un très beau jarret et une mauvaise hanche, une belle épaule avec une croupe mal disposée ; on trouve un beau garrot avec un mauvais rein, une poitrine étroite avec un membre bien articulé, bien établi. On verra enfin souvent des défauts d'harmonie entre toutes les régions du corps. Ce cas est infiniment plus rare dans la tête. Ses différentes parties, dans les chevaux de sang comme dans tous les autres, ont des rapports de confection qui semblent se commander. Ainsi, presque toujours un front large coïncidera avec un bel œil, l'écartement des mâchoires, la dilatation des naseaux ; tandis qu'au contraire le crâne rétréci se remarque chez le cheval à l'œil petit et couvert, aux naseaux étroits et peu mobiles, aux ganaches resserrées. La finesse des oreilles, douées de la liberté de mouvement que nous leur désirons, se rencontrera ordinairement avec les mêmes qualités dans les paupières, avec l'amincissement des lèvres, bien dessinées, bien faites. Une tête à muscles bien distincts, bien accentués, à l'œil grand et vif, sera ordinairement carrée ; ses naseaux seront bien ouverts, et l'ensemble de ses parties exprimera la vigueur, la force, l'intelligence.

La tête dont les muscles sont noyés, au contraire, confondus sous la peau épaisse et poilue, aura l'œil petit et morne, les cavités nasales rétrécies, les lèvres grosses, peu mobiles : cette tête caractérisera la faiblesse et la stupidité par toutes ses parties.

La physiologie nous explique facilement les raisons de ces coïncidences. Des naseaux grands indiquent le développement des organes de la respiration. Le larynx sera donc gros dans ce cas, et la nature aura disposé les os des mâchoires pour pouvoir le loger convenablement ; sans cela elle eût été inconséquente avec elle-même. D'un autre côté, le front sera large, parceque la largeur de sa base commande l'écartement des mâchoires, qui s'articulent sur ses côtés.

Les chevaux dégradés ont le crâne rétréci, les organes

respiratoires peu développés : donc leurs naseaux sont petits, les maxillaires resserrés, etc.

Les chevaux de sang ont généralement de beaux yeux, à paupières fines et très mobiles. On conçoit que leurs oreilles et leurs lèvres soient belles aussi, puisqu'elles caractérisent les races nobles. Le contraire ne se remarque que chez les races dégradées ; leur mauvaise conformation est généralement en raison de leur degré d'abâtardissement, etc.

C'est pour le même motif que la tête carrée comportera les beautés que nous lui avons reconnues en décrivant ses parties. Elles caractérisent les races de sang, qui ont la vigueur, l'intelligence, les qualités enfin qu'on ne saurait trouver chez le cheval le plus éloigné de son type, dans les espèces abâtardies.

D'après le principe que nous émettons et qui s'applique à toute la tête, la bonne ou mauvaise conformation d'une partie entraîne naturellement la bonne ou mauvaise disposition d'une autre. La beauté du front ne peut s'associer avec le rétrécissement du chanfrein, celle des naseaux avec le resserrement des maxillaires, l'air intelligent d'un bel œil, avec la stupidité indiquée par tout le reste de la face.

On peut en conclure que l'étude physiologique d'une seule région de la tête peut faire porter un jugement presque toujours vrai sur les conditions de toutes les autres. Il est impossible d'appliquer le même principe aux régions du corps qui ne se commandent pas rigoureusement, et qui sont indépendantes les unes des autres.

Sous le point de vue physique, comme sous celui des facultés intellectuelles, la tête du cheval nous offre des comparaisons à établir avec celle de l'homme et des autres animaux.

Le développement de l'intelligence est généralement en raison du rapport qui existe entre le crâne et la face des individus dans les vertébrés, et principalement dans les mammifères qu'on a eu la facilité de mieux étudier. La face, en effet, est la partie de la tête qui contient les organes de mastication et de l'odorat, et ces appareils paraissent être développés en raison de la prédominance des facultés instinctives sur les facultés morales. Ainsi, dans l'homme, la race caucasique, qui est reconnue par l'observation des faits pour être la plus intelligente, a le crâne très développé comparativement aux os de la face ; ses maxillaires sont courts, comme refoulés en arrière, et les incisives se rapprochent en ligne droite, c'est-à-dire en formant des angles droits avec l'horizontale. Chez la race nègre, dont l'intelligence est plus bornée et les facultés instinctives si tranchées, les maxillaires s'allongent, tendent à dessiner le museau et agrandissent la face. Les incisives, obliques, forment, en se rapprochant, une courbe en avant, comme dans les singes. Le front du nègre est déprimé ; sa voûte crânienne, formée par le coronal et les pariétaux, est affaissée et comprimée circulairement ou latéralement, ce qui donne à sa tête une forme en quelque sorte pyramidale.

On voit des têtes de nègres et de Hottentots dont la conformation a plus de ressemblance avec la tête d'un singe du genre orang, qu'avec celle d'un homme de la race caucasique. On peut s'en assurer au cabinet d'anatomie comparée du Muséum d'histoire naturelle de Paris, comme par l'examen des sujets vivants. Ce fait incontestable est la conséquence d'une loi de la nature, qui ne procède que par gradation dans la descente de l'échelle des êtres, dont l'homme occupe le sommet. Du point élevé où se trouve un individu, aux rangs inférieurs, il n'y a pas de transition brusque, saccadée. Le dernier homme, en s'éloignant graduellement de son type, se rapproche du premier animal qui le suit, et qui descend graduellement aussi vers celui qui est au dessous. Dans l'ordre nombreux et varié des quadrumanes, quelques sujets du genre orang se rapprochent beaucoup de certaines races humaines par les rapports de leur crâne avec leur face ; ils s'éloignent au contraire brusquement des singes cynocéphales, parceque les mâchoires de ceux-ci sont très allongées, et que leur cerveau est très petit en comparaison. La configuration de la tête des cynocéphales a la plus grande analogie avec celle des carnivores qui les suivent. Aussi, quelle différence d'intelligence entre ces deux variétés de singes ! On pourrait peut-être dire qu'elle est dans les mêmes rapports que l'on observe entre l'intelligence d'un homme supérieur de la race caucasique et celle du dernier des nègres ou des Hottentots.

Le principe sur lequel on s'est fondé pour dire que la stupidité ou la férocité des animaux paraissent être en raison du développement des mâchoires, comparé à celui du cerveau, a été appuyé par l'autorité de Cuvier. Ce principe fut sans doute le point de départ de Camper, quand il imagina de mesurer le degré d'intelligence des races, et même des individus, par l'ouverture de leur angle facial. Cet angle, en effet, se ferme d'autant plus que les animaux s'éloignent davantage du type, qui est l'homme, et se rapprochent de ceux qui occupent les derniers degrés de l'échelle animale. On voit des animaux dont la tête ne semble formée que par deux mâchoires horizontales ; ils paraissent ne pas avoir de crâne. Le crocodile nous en fournit un exemple dans les reptiles, et le brochet dans les poissons.

L'intelligence est en raison de l'étendue de la région crânienne, comparée à celle de la face, dans les mammifères en général et dans les races en particulier. Ne trouvons-nous pas dans ce principe les motifs pour lesquels nous estimons la tête courte et carrée du cheval arabe ? Il a le front large, le crâne développé, la physionomie intelligente, les yeux grands, vifs et placés bas. Le cheval abâtardi, au contraire, a le front étroit, le crâne rétréci, l'œil petit et haut placé, les maxillaires rapprochés et allongés, ce qui lui fait paraître la tête longue. Et si nous admettons ce principe, que devient la règle établie par Bourgelat dans ses proportions géométrales du cheval ? Il veut que la tête ait une longueur déterminée par la hauteur de cet animal, du sommet du garot à terre (1).

Nous venons de parler de la position de l'œil. On n'y a pas assez fait attention dans le cheval : nous devons une explication sur ce point.

Dans les mammifères, l'œil se trouve vers la partie du crâne qui est la plus déclive chez les sujets dont la position de la tête se rapproche plus ou moins de la verticale. Il doit donc paraître placé d'autant plus haut, que la face est plus allongée et le cerveau plus petit. Ainsi, chez les enfants, dont la face est courte, ce qui est dû au défaut de développement du système dentaire et des maxillaires, le cerveau et le front sont très prononcés ; les yeux semblent placés au milieu du visage et paraissent naturellement être plus bas que chez l'adulte. Dans le nègre, qui a peu de front, les yeux sont plus près du sommet de la tête. Nous pouvons donc dire, en général, que les yeux sont d'autant plus haut placés, que le cerveau est plus petit et la face plus allongée. Eh bien ! dans les animaux, cette différence de la position des yeux influe beaucoup non seulement sur l'expression de la physionomie, mais sur le jugement que nous pouvons porter sur leur intelligence. Le cheval, le bœuf, etc., qui ont les yeux trop rapprochés de la nuque, ont dans l'expression de leur face quelque chose d'hébété. Les oiseaux qui ont le bec très allongé, et qui paraissent par conséquent avoir les yeux placés très en arrière ou très haut, ont un air de stupidité que n'ont pas les autres. Tels sont l'ibis, la bécasse, la cigogne, etc., comparés aux passereaux, aux gallinacés, etc. Ce que nous disons ici semblera peut-être hors de notre sujet, mais nous

------

(1) Nous reviendrons plus loin sur les proportions de Bourgelat, qu'on a regardées comme l'arche sainte de l'extérieur du cheval, et nous démontrerons les erreurs de ce système.

avions besoin de le signaler pour appuyer nos opinions ; nous espérons qu'elles ne seront pas contestées pour le cheval.

Du reste, la conformation générale de la tête, qui dépend spécialement de la forme et de la structure des os qui en forment la charpente, varie suivant les races et chez les individus de même race. Le type de sa beauté, comme celle de toutes ses régions, se trouve dans le cheval oriental, et surtout l'arabe : chez lui elle est carrée, comme nous l'avons dit, c'est-à-dire qu'elle affecte en quelque sorte la forme d'un prisme quadrilatère, notamment vers ses parties supérieures. Toutes les régions de ces sortes de têtes sont généralement d'une bonne conformation. Le front alors est sur une ligne droite, avec un chanfrein large, bien développé ; les ganaches sont écartées et fortes, les naseaux bien ouverts ; les yeux sont grands ; les muscles sont bien accentués sous une peau fine, et tous ces caractères enfin indiquent la noblesse, la force, la vigueur, l'énergie.

La tête est appelée busquée, moutonnée, quand sa face antérieure est courbée en avant. Elle est alors ordinairement allongée, aplatie d'un côté à l'autre. Cette tête caractérise quelques races du nord à naseaux étroits, à poitrine resserrée, aux membres grêles et longs, aux muscles flasques, à la physionomie stupide, etc. On tend à combattre cet abâtardissement par les croisements avec les chevaux de sang.

La tête camuse offre une légère courbe, opposée à celle de la tête busquée ; cette conformation n'a pas d'inconvénient. Quelques chevaux bretons et même arabes nous en fournissent des exemples. Elle n'a rien de contraire aux bonnes conditions exigées par la science de la physiologie.

On a trouvé des têtes trop longues, trop courtes, trop grosses, trop grasses ou trop maigres, ou desséchées ; d'où sont venues les singulières dénominations de tête de vieille, décharnée, sèche, grosse, charnue, etc., etc. Ces définitions ne rendent pas l'idée que nous devons nous faire sur telle ou telle disposition de la tête, et nous ne les adopterons pas. Une tête est bien ou mal conformée , suivant les lois de l'anatomie et de la physiologie. Elle sera estimée si elle est conforme aux principes qu'elles ont posés ; elle sera dédaignée dans le cas contraire. Or, qu'une tête soit courte ou longue , grosse ou mince, etc., ses qualités ne dépendent pas rigoureusement de ces conditions. Il s'agit de savoir si chacune de ces parties est dans de bons rapports d'action. Partant de cette base, qui nous paraît la plus naturelle comme la plus conforme à la raison, il doit en résulter qu'il y a des têtes longues sans cependant cesser d'être dans de bonnes proportions de conformation, cela dépend des rapports du crâne avec la face ; d'autres paraissent courtes, et peuvent être défectueuses par les mêmes motifs. Nous en dirons autant des têtes dont la charpente est plus ou moins développée, ainsi que les muscles, le tissu cellulaire ou la peau qui les recouvre. Ceci rentre dans la question des races, ou dans le domaine du goût, de la mode ou du caprice. Nous n'avons pas à nous occuper de ces derniers cas ; nous les abandonnons au choix des amateurs. Nous renvoyons donc le lecteur qui veut faire une étude détaillée de la tête et fixer ses idées, aux descriptions que nous avons faites de ses diverses parties. Nous le prenons volontiers pour juge des principes que nous avons adoptés. Ils nous ont dirigé, en fait de beautés et de défectuosités, dans l'appréciation de l'intéressante partie du corps qui nous occupe.

Quant aux têtes grosses ou longues, que l'on dit être lourdes à la main du cavalier, parcequ'elles pèsent trop, nous n'y croyons pas. La nature a donné à l'encolure assez de puissance pour supporter leur poids sans le soutien d'une bride. Il y a là une autre cause, qui tient soit au dressage, soit à un vice de conformation de l'avant-main, soit à l'espèce de cheval. La preuve, c'est que vous chargeriez vainement une tête légère à la main d'un ou deux kilogrammes, elle n'en serait pas plus lourde pour le cavalier ; celle qui pèse, au contraire, pèsera toujours, surchargée ou non.

La position de la tête du cheval varie quand il est monté.

Bourgelat veut qu'elle soit verticale; les barres alors sont mieux disposées pour l'action du mors. Mais cette attitude est peu favorable aux allures rapides que nous demandons aujourd'hui. L'angle formé par la direction verticale de la tête avec la trachée-artère offre un obstacle à la colonne d'air qui se rend aux poumons. Il y a là une sorte de choc qui est contraire à la facilité de la respiration. Cet inconvénient est d'autant plus grand, que la tête se rapproche plus de l'encolure, que le cheval s'encapuchonne davantage. Une semblable disposition de tête ne sera jamais observée chez un animal de grande vitesse, ou pendant de grandes allures. Il y a pour cela plusieurs raisons. La première est celle dont nous venons de parler; la seconde est que l'encolure, se trouvant rouée dans ce cas et portée en haut, fait refluer le centre de gravité en arrière. Les chevaux qui sont conformés de manière à avoir la tête ainsi placée s'enlèvent au galop, et perdent inutilement à soulever le corps la force qu'ils devraient employer à le porter en avant. Tels sont, par exemple, les chevaux espagnols, et tous ceux qui sont construits comme eux. Ceux, au contraire, *qui portent au vent*, suivant l'expression reçue, forment pour ainsi dire une ligne droite avec leur encolure, portée horizontalement et leur tête tendue. Le canal aérien alors est sans courbure, et la colonne d'air y circule sans choc, sans obstacle. D'autre part, le centre de gravité est déplacé en avant, et l'arrière-main, ainsi soulagée au profit de la vitesse, chasse énergiquement le corps horizontalement.

Les animaux aux allures lentes ont la tête verticale, même quand ils veulent courir : tels sont le bœuf, l'éléphant, l'âne domestique, etc.; ceux de grande vitesse l'ont horizontale, surtout pendant la course : tels sont le cheval propre à la course, le cerf, le lévrier, etc.

La direction de la tête qui tient la moyenne entre l'horizontale et la verticale, c'est-à-dire qui forme un angle de 45 degrés avec l'horizon, est la plus favorable dans le cheval de selle. L'opinion adoptée à ce sujet nous paraît d'autant plus rationnelle que les chevaux, en général, disposent ainsi leur tête naturellement, quand ils ne sont pas forcés de faire autrement. Ce terme moyen permet assez de facilité de respiration pour les allures ordinaires, et le mors peut agir et produire convenablement l'effet désiré.

La position de la tête placée à l'extrémité de l'encolure est d'une grande importance pour l'art de l'équitation; elle joue un puissant rôle dans les mouvements qu'on veut faire exécuter au cheval. On conçoit, en effet, que, portée en avant ou en arrière, de gauche à droite ou de bas en haut, la tête modifie beaucoup le foyer du centre de gravité, qui doit rayonner, changer de siége, suivant la direction du déplacement de ce long balancier. Pour en être convaincu, on n'a qu'à observer avec attention un cheval en liberté, quand il joue et qu'il se livre à des mouvements variés : la tête et l'encolure sont toujours les premières à les accuser; pour peu qu'on ait d'esprit d'observation et d'habitude, on peut prévoir quelle sera l'action du corps, toujours précédée par celle de la tête et de l'encolure. Nous reviendrons sur ce sujet en parlant de l'encolure.

D'après ce que nous avons dit sur la tête en général et sur chacune de ses parties en particulier, on peut juger de l'importance de son étude : elle fournit seule les caractères qui peuvent guider sur l'appréciation des qualités morales du cheval; c'est sur elle que nous trouvons les principaux signes de noblesse ou de dégénérescence. Son expression, le développement ou les dispositions de certaines de ses parties, nous donnent presque la mesure de l'énergie des animaux; celle de la puissance de leurs poumons, de leur système musculaire, de leur tempérament, jusqu'aux moyens de juger de leur valeur commerciale par l'indication de l'âge, que nous étudierons plus tard. La tête enfin offre à elle seule à l'étude du naturaliste plus de sujets d'observation zoologique que les autres parties de son corps.

De l'Encolure.

Pour nous, l'encolure du cheval n'est pas seulement le cou qui sert à supporter la tête chez tous les animaux ; elle est, de plus, un puissant balancier qui concourt à l'exécution de tous les mouvements. Suivant qu'elle se déplace, l'encolure allège telle partie du corps pour charger telle autre, d'où résulte plus de facilité pour l'action, de quelque nature qu'elle soit. Aussi la direction que donne le cheval à ce balancier pour changer son centre de gravité est-elle différente, suivant qu'il veut ruer ou se cabrer, se porter à droite ou à gauche, se coucher ou se lever, suivant enfin qu'il est au galop de course ou à celui de manége.

Si le cheval avait l'encolure fixe et inflexible, comme quand il est atteint du tétanos, par exemple, s'il ne pouvait pas s'en servir pour modifier le centre de gravité de son corps suivant ses besoins, il perdrait au moins les dix-neuf vingtièmes de ses moyens d'action.

Quand on observe un cheval monté par un écuyer habile qui l'a bien dressé à tous les airs de manége, on peut voir, aux mouvements de la tête et de l'encolure, de quelle importance est ce long balancier. Son déplacement précède toujours le mouvement commandé ; c'est à le provoquer d'abord que l'écuyer s'attache, quand, au moyen de la bride, il communique sa volonté au cheval, qui la comprend toujours, s'il est bien dressé et bien conduit. C'est là, suivant nous, le véritable usage des rênes et du mors de la bride : ils ne doivent être que des instruments de communication de la pensée de l'homme au cheval.

C'est sur cette théorie qu'est basée la méthode dite d'*assouplissement de l'encolure*, tour à tour prônée et contestée. Ce n'est pas ici le lieu de la blâmer ou de la défendre ; nous nous bornerons donc à dire que l'écuyer qui dispose d'abord, par une sorte de gymnastique, l'encolure à exécuter avec facilité les mouvements qu'on en exigera, opère suivant les principes de la physiologie et de la raison. Pour faire un bon danseur, on commence par dresser les jambes par la gymnastique ; un artiste exerce ses doigts pour jouer d'un instrument, comme il exerce son larynx pour bien chanter. Il est donc naturel et raisonnable de ne pas négliger de dresser l'encolure d'un cheval, puisqu'elle joue un rôle si important dans l'usage qui en est fait. C'est principalement pour le cheval de guerre que cette méthode nous paraît d'une haute importance ; dans une mêlée surtout, le cheval et l'homme ne doivent faire qu'un dans tous les mouvements exigés pour l'attaque et la défense. Sans cela, que devient le cavalier !

Nous avons dit comment nous envisageons l'encolure chez le cheval ; voyons maintenant quelles sont les conditions qui la rendent le plus apte à remplir le but proposé, quels sont les véritables caractères de sa beauté.

L'encolure, dans le cheval comme dans tous les mammifères, a pour base ses vertèbres, les muscles qui la font mouvoir en tous sens, et le ligament cervical qui la soutient, en prenant son point fixe au garrot. Elle a un bord supérieur et l'autre inférieur, deux faces latérales, une extrémité antérieure et une postérieure.

C'est sur le bord supérieur que se trouve la crinière, dont les crins sont d'autant plus fins et rares que le cheval est de race plus noble. Chez les chevaux d'Orient, ces crins sont longs et lourds à la main. Quand le cheval animé agite vivement sa tête, la crinière qui l'ombrage, et qu'on ne saurait mieux comparer qu'à la chevelure d'une femme, lui donne un air de distinction et d'énergie qu'on ne voit jamais dans les races communes.

Le bord supérieur de l'encolure a le ligament cervical pour base. Ce bord doit être aminci ; s'il est épais et renversé d'un côté, comme cela s'observe quelquefois, il le doit à la présence d'un tissu graisseux inutile, qui surcharge l'encolure et la fatigue en pure perte.

On s'assurera que cette région de l'encolure est exempte de crevasses ou de maladies cutanées. Chez quelques vieux chevaux entiers, elles sont assez difficiles à faire disparaître.

Le bord inférieur est arrondi d'un côté à l'autre ; il a presque pour base la trachée-artère , canal qui conduit l'air aux poumons. Les chevaux à vaste poitrine, à naseaux grands, ont ce bord de l'encolure large, parce que chez eux la trachée-artère est grosse et en harmonie avec les organes de la respiration. Les chevaux à côtes plates, au contraire, à naseaux étroits, ont la trachée mince ; par conséquent la région qu'elle occupe est rétrécie.

On conçoit, d'après ce qui précède, que la largeur du bord inférieur de l'encolure doit être sa beauté.

Lorsque les voies aériennes sont obstruées vers la tête , et que l'animal est menacé d'être asphyxié, on pratique une ouverture dans le milieu de cette région de l'encolure ; cette opération se nomme *trachéotomie*. On s'assurera que les conséquences de l'affection qui l'a nécessitée n'ont rien de sérieux. Lorsque la cicatrisation de la trachée-artère s'est opérée dans de bonnes conditions pour la respiration, l'opération a été bien faite ; on doit être sans crainte.

Les faces latérales de l'encolure nous offrent peu de chose à dire quant à leur beauté. On examinera s'il n'y a pas des traces d'anciens sétons, et si la veine jugulaire logée dans la gouttière qui se trouve en arrière et sur chacun des côtés de la trachée-artère n'est point oblitérée, ce qui arrive quelquefois. Il est facile de s'en convaincre en faisant fluctuer le sang dans ce large vaisseau, par une pression saccadée, comme pour pratiquer une saignée. La jugulaire alors , remplie par le sang, est apparente ; ce qui n'a pas lieu quand ce liquide ne circule pas dans son intérieur.

L'oblitération de l'une des jugulaires, que nous avons eu occasion d'observer quelquefois, est toujours grave, surtout quand on doit se servir d'un cheval aux vives allures ; elle

peut causer une congestion cérébrale et une apoplexie. Lorsque la circulation est très activée, une seule jugulaire ne saurait suffire pour le transport du sang de la tête au cœur. Cette
oblitération est la conséquence de quelque maladie de la veine
à la suite d'une saignée ou de toute autre blessure, d'un *trom-
bus*, etc.

L'extrémité antérieure de l'encolure s'unit à la tête. Cette
attache doit être bien distincte, c'est-à-dire que la tête et
l'encolure doivent se souder de manière à bien reconnaître
leur point de réunion. La gouttière qu'on remarque en arrière de la glande parotide, située sous l'oreille, doit être
bien marquée, ce que l'on voit chez les chevaux de sang
qui ont la tête carrée, les ganaches fortes et bien écartées.
Cette ligne de démarcation entre la tête et l'encolure est
souvent peu tranchée dans les races communes; quelquefois
même elle n'existe pas du tout : il en résulte que ces deux
parties du corps semblent se confondre l'une avec l'autre.
Les têtes ainsi attachées sont dites plaquées; expression reçue, quoique insignifiante.

Cette disposition d'attache de la tête n'a pas de grands inconvénients par elle-même ; mais elle est ordinairement le caractère d'une race commune, à poitrine étroite : les ganaches
alors sont peu écartées ; les organes de la respiration sont
par conséquent peu développés. Une tête carrée dont les mâchoires sont bien disposées, bien accentuées, n'est jamais
plaquée. Ce fait est toujours la conséquence du principe
d'harmonie que nous avons reconnu généralement dans toutes
les parties de la tête, et qui n'existe point ailleurs.

L'extrémité postérieure de l'encolure se termine au garrot
à sa partie supérieure, aux épaules sur ses côtés, et au poitrail inférieurement. Elle doit s'ajuster à ces diverses parties
de manière à ce qu'il n'y ait pas de transition brusque et désagréable à l'œil. La ligne de démarcation qui doit faire distinguer sa naissance doit être presque insensible. Du reste,
il n'y a pas de raison physiologique qui le commande; ce n'est

qu'une question de goût, d'harmonie de fusion que l'on aime à voir dans l'étude des diverses parties des corps animés, quand des motifs bien fondés ne s'y opposent pas.

Quelle est maintenant la plus belle encolure suivant le principe que nous avons adopté ? Ce doit être nécessairement celle qui remplit le mieux son rôle de balancier. Mais la puissance de cet instrument sera en raison du poids du corps sur lequel il est appelé à agir ; il devra modifier son centre de gravité dans de bonnes conditions, pour les déplacements, pour les mouvements nécessités. Dans ce cas, qui pour nous est le seul conforme à la raison comme aux lois de la mécanique, nous nous trouvons bien embarrassé pour déterminer les proportions de la longueur ou de la grosseur de l'encolure. Bourgelat a arrêté comme règle, *que la longueur de l'encolure doit être graduée sur la longueur de la tête ;* c'est là une erreur matérielle que le raisonnement ne peut admettre.

Nous voyons tous les jours des chevaux de même poids avoir, l'un la tête très longue, et l'autre très courte ; il en résulterait que ces deux chevaux, d'ailleurs destinés au même usage, pourraient être, d'après le fondateur des écoles vétérinaires, dans de bonnes proportions d'encolure. Ce principe doit être erroné, puisqu'en bonnes lois mécaniques, la longueur d'un balancier est toujours subordonnée à la quantité du contrepoids qui en nécessite l'action. Nous dira-t-on qu'on peut retrouver le type de longueur de l'encolure dans la hauteur du cheval du garrot au sol ? Mais nous répondrons que le poids du cheval n'est pas toujours en raison de sa taille ; et comme la longueur du balancier doit essentiellement être en harmonie avec le poids du corps sur lequel il agit, la hauteur du cheval, pas plus que sa tête, ne peuvent nous fournir de base métrique pour déterminer la longueur du levier que nous étudions.

Le principe de Bourgelat est donc erroné ; il ne doit donc pas se perpétuer par l'enseignement officiel, comme il l'a été jusqu'à notre époque.

La longueur de l'encolure devra être en harmonie avec le reste du corps. L'œil exercé et le raisonnement peuvent seuls la déterminer ; nous ne connaissons aucune partie de l'animal qui puisse nous servir de base pour régler les dimensions de telle ou telle région du corps. Nous ne trouvons la vérité que dans l'étude des lois de dynamique qui gouvernent l'action, partielle ou générale, de toute la machine animale,

Nous n'avons jamais vu d'encolure trop longue, et s'il en existe, nous n'y trouvons pas grand inconvénient, si d'ailleurs elle est bien musclée, et si le garrot est bien sorti. Plus tard nous dirons pourquoi, en parlant du garrot. Une encolure allongée, en effet, quand elle est bien portée, n'a rien de disgracieux. Nous lui trouvons le double avantage de la souplesse, et d'une grande puissance comme balancier.

Les Arabes, qui font du cheval une étude de toute leur vie, rangent la longueur de l'encolure au nombre des beautés de ce noble animal, et ils n'ont pas tort. Ils ont sans doute remarqué que les chevaux de selle à encolure allongée avaient des qualités dont étaient dépourvus les sujets à encolure courte. L'encolure raide est pour eux un motif d'exclusion pour le cheval de guerre.

Les encolures courtes sont raides, parceque leurs vertèbres sont plus courtes et leurs muscles relativement plus forts en général, ce qui les fait paraître ordinairement plus grosses et moins flexibles. Ces encolures ont le double inconvénient d'avoir des mouvements moins étendus, et d'offrir moins de secours au cheval pour ses déplacements, parceque ce balancier est trop raccourci.

On trouve que les chevaux de selle qui ont l'encolure courte et grosse sont moins maniables, qu'ils ont moins de moyens au manége ; rien n'est plus vrai : notre théorie en donne la raison incontestable ; c'est une question de mécanique facile à comprendre.

Mais l'encolure courte ne peut avoir d'inconvénient que pour le cheval de selle, auquel on demande beaucoup de souplesse, de facilité de mouvement et de déplacement en tous sens, surtout dans l'armée et au manége. Pour le cheval de trait, dont les qualités ne résident que dans beaucoup de force de traction et de résistance, une encolure épaisse et courte ne saurait être un défaut sérieux.

Le cheval d'attelage de luxe, ne doit pas avoir l'encolure courte : il n'aurait pas l'élégance, le gracieux qu'on exige de son avant-main sous les harnais; le port de sa tête ne serait pas digne de tout le reste de l'équipage, et du but proposé.

Nous venons de dire que les Arabes aiment les encolures allongées. Voici leur opinion : « En allongeant l'encolure et la tête pour boire dans un ruisseau qui coule à fleur de terre, si le cheval est bien d'aplomb, sans replier l'un des membres antérieurs, soyez assuré qu'il a des qualités, et que toutes les parties de son corps sont en harmonie. » (E. Daumas.)

Les Arabes ont raison de faire cette judicieuse observation. Un cheval qui boit comme ils l'indiquent est près de terre et il a l'encolure convenablement disposée. Un animal à longues jambes, haut perché et à encolure courte, ne peut boire rez de terre qu'en fléchissant l'un des membres antérieurs, qu'il porte ordinairement en avant, tandis que l'autre est placé en arrière, sous le centre de gravité.

L'encolure varie de direction : elle est quelquefois droite du garrot à la nuque; souvent elle décrit une courbe plus ou moins marquée, ce qui lui fait donner le nom d'encolure rouée. Les chevaux andalous l'ont presque tous ainsi disposée, de même que quelques chevaux barbes; les chevaux de course anglais l'ont droite, comme presque toutes les races de sang de vitesse.

Au lieu d'être droite ou rouée, l'encolure offre quelquefois une dépression en avant du garrot : on l'a appelée *coup de hache*. L'encolure du cheval dans ce cas se rapproche un peu de la configuration de celle du cerf : on dit alors qu'elle est *renversée*. Cette dénomination des auteurs est due sans doute à ce que cette encolure paraît rouée en dessous, au lieu de l'être en dessus. Dans tout cas , l'encolure *de cerf* ne se remarque le plus souvent que chez les chevaux de sang et de vitesse.

On voit quelquefois des encolures renversées à leur base se rouer à leur partie supérieure. On les nomme encolures de cygne, parcequ'on a trouvé de l'analogie entre ses contours et ceux du cou de cet oiseau.

Les chevaux qui ont ce genre d'encolure se font souvent remarquer par leur énergie. Il est facile de l'expliquer : ils ont tous de la noblesse de sang, et sont ordinairement d'origine orientale plus ou moins éloignée. Nous n'avons jamais vu de cheval abâtardi, dégradé, avec l'encolure de cygne, qui, à nos yeux, est un caractère de distinction de race.

Nous ne voyons dans la partie du corps que nous étudions qu'un levier, qu'un balancier au moyen duquel le cheval exécute avec plus de facilité les mouvements qu'on lui commande. Nous dirons donc que la direction droite est celle qui lui convient le mieux, comme à tous les leviers possibles. Toute déviation dans un balancier est plus ou moins nuisible, parcequ'elle décompose son action directe. L'encolure devra être bien musclée , exempte de tissu graisseux, qui ne fait qu'en augmenter le poids sans rien ajouter aux bonnes conditions de son action. Si ses muscles sont bien disposés, elle formera une sorte de pyramide tronquée, qui aura pour base le garrot, les épaules et le poitrail, et se terminera à la tête. Celle-ci formera en quelque sorte l'extrémité renflée du balancier ; elle sera alors portée avec élégance et facilité, parceque les muscles formant la puissance qui agit à la base du levier seront dans de bons rapports d'action avec le poids de son extrémité, si d'ailleurs la disposition du garrot n'y porte obstacle. Cette partie du corps, en effet, exerce sur le port de l'encolure et de la tête une grande influence. Nous allons expliquer pourquoi.

Du Garrot.

Le garrot a pour base les apophyses épineuses des premières vertèbres dorsales. Il est borné par l'encolure en avant, et par le dos en arrière. Cette région du corps du cheval est une des plus importantes à étudier, tant sous le rapport de l'usage qui lui est spécial, que sous celui de l'influence qu'elle exerce sur le port de l'encolure et de la tête. Jetons un coup d'œil sur ce dernier point de vue.

Les muscles servent peu à supporter l'encolure ; seuls, ils n'y suffiraient pas. Leur but est surtout de lui faire opérer ses divers mouvements. C'est le ligament cervical qui est principalement chargé du soutien de l'encolure et de la tête (1). Il est facile d'en faire l'épreuve sur le cadavre. Nous avons disposé un cheval mort de manière à être placé sur le ventre, le garrot en haut, nous lui avons enlevé tous ses muscles de l'encolure, en laissant le ligament cervical in-

---

(1) On nous objectera peut-être que le ligament cervical n'a pas assez de puissance de rétractilité pour suffire, sans le secours des muscles, aux fonctions que nous lui assignons ; et la preuve, c'est que, dans le cadavre, la tête et l'encolure s'affaissent. Nous répondrons qu'en effet le ligament ne saurait soutenir le poids de la masse musculaire morte ajouté à celui de la charpente osseuse ; mais, pendant la vie, la masse musculaire se supporte au moins elle-même par sa contraction. Nous ne nions pas d'ailleurs l'action des muscles quand l'animal veut s'en servir pour lever la tête ; mais cela ne détruit pas notre principe, que seuls ils ne suffiraient pas, et que le rôle spécial du soutien de la tête appartient au ligament cervical. Le cheval, qui dort debout, porte sa tête à peu près horizontale ; la contraction musculaire doit être bien faible alors. Dans l'homme, qui a le cou si court en comparaison, mais qui n'a qu'un rudiment de ligament cervical, la tête n'est point soutenue ; les muscles la laissent incliner suivant le sens de sa pesanteur pendant le sommeil, quoiqu'elle soit placée verticalement sur le sommet de la colonne vertébrale, dont la direction est verticale, ce qui en facilite le port sans ligament spécial.

7

tact. Cet organe a suffi seul pour soutenir la charpente de la tête et de l'encolure à peu près dans son état normal. Sur un autre sujet, placé de la même manière, nous avons coupé le ligament cervical sans toucher aux muscles : alors la tête, privée de ce soutien spécial, a perdu sa position naturelle, ainsi que l'encolure. Nous avons vu, il y a long-temps déjà, une jument de bât qui avait subi au garrot une grave opération, une partie du ligament cervical avait été détruite : depuis cette époque, elle porta toujours la tête très basse ; il fut impossible de la lui faire relever comme avant l'opération.

Ce principe démontré et adopté, voyons comment le garrot peut concourir à la facilité et à l'élégance du port de l'encolure et de la tête, et les rendre légères à la main du cavalier.

Lorsqu'un muscle ou une corde tendineuse soutient et déplace une tige, une colonne qui lui est parallèle, on voit que ce parallélisme tend à être modifié par des poulies de renvoi ou des éminences osseuses. Ces moyens, dont la nature se sert, sont généralement dans des conditions d'autant plus avantageuses que les races sont plus distinguées : de là la hauteur du garrot, les formes anguleuses, l'écartement des tendons dans les races de sang. La nature tend donc à écarter les puissances agissant sur les résistances qui leur sont parallèles pour les rapprocher de la ligne qui est perpendiculaire au point où elles s'insèrent. Or nous savons, comme la dynamique nous l'apprend, que la perpendiculaire est, dans ces cas, la plus favorable à l'action.

D'après cette loi, voyons ce qui se passe :

Le ligament cervical, considéré comme puissance de soutien, agira avec d'autant plus d'avantage sur la tige formée par les vertèbres de l'encolure qu'il s'y insérera de manière à se rapprocher le plus de la ligne perpendiculaire, et s'éloignera davantage de la parallèle de cette tige articulée. Eh bien ! examinez la direction de l'encolure, de bas en haut et d'arrière en avant, puis élevez sur elle par la pensée, et su tel point que vous voudrez, une perpendiculaire; tirez une seconde ligne de ce même point au sommet du garrot, et vous verrez que celle-ci se rapprochera d'autant plus de celle-là que le garrot sera plus élevé, que les apophyses osseuses qui en forment la base seront plus longues. Le contraire aura lieu si le garrot est bas.

Un garrot élevé concourt donc à la facilité du support de la tête et de l'encolure et à l'élégance de leur attitude.

Mais ce n'est pas là l'unique avantage de la hauteur de la région qui nous occupe.

On sait qu'un levier est d'autant plus énergique que le bras qu'il offre à la puissance est plus long. Or, chaque apophyse épineuse des vertèbres qui concourent à former le garrot est un bras de levier sur lequel agissent des puissances (les ilio-spinaux) qui ont leur point fixe à la croupe, soit pour le cabrer, soit pour le saut ou le galop. Aussi les chevaux qui ont le garrot très proéminent exécutent-ils ces divers mouvements avec plus de facilité et moins d'effort. C'est à cause de cette heureuse disposition que le cheval de sang est un des animaux qui galopent avec le plus d'élégance et de légèreté. Voyez le galop de l'âne ou du mulet, qui ont le garrot plus bas; examinez cette allure chez le porc, vous la trouverez lourde et embarrassée. Cela s'explique d'après le principe de mécanique que nous avons signalé, joint à la disposition de la colonne vertébrale. Nous n'avons jamais vu d'âne, et surtout de porc, se cabrer et marcher avec ses seuls membres postérieurs comme le cheval. Le bœuf ne nous en fournit pas d'exemple non plus.

D'un autre côté, la hauteur du garrot concourt à la facilité des mouvements de l'épaule par les muscles qui s'y fixent (cervico et dorso-acromien et dorso-sous-scapulaire). On conçoit, en effet, que la longueur de ces puissances doit être en raison de celle des apophyses épineuses des vertèbres, et avoir par conséquent une plus grande étendue de contraction et de relâchement.

On a dit que le garrot devait être élevé, sec et tranchant, au lieu d'être charnu et arrondi. Nous n'avons jamais vu de garrot élevé être en même temps charnu et arrondi. Cette particularité ne peut s'observer que dans les garrots bas ; en voici la raison : que les apophyses épineuses du dos soient longues ou courtes, elles n'en servent pas moins d'origine ou d'insertion à la même quantité de muscles ou de ligaments ; or, plus ces apophyses sont courtes, et plus les muscles ou ligaments qui y aboutissent ou en partent sont groupés, amoncelés, en quelque sorte, ce qui détermine la grosseur, la forme arrondie du garrot. Un autre fait digne de remarque, c'est que les chevaux communs, qui sont d'ordinaire ceux qui ont le garrot bas, ont précisément les muscles et les ligaments plus gros. Cette particularité est due à une moins grande densité de texture de leurs fibres, à une plus grande quantité de tissu cellulaire interfibrillaire. On sait que tous les tissus des races communes sont infiniment moins denses que ceux des races nobles, et que leurs éminences osseuses sont moins accentuées. C'est à ces deux raisons que l'on doit attribuer chez elles la grosseur et l'affaissement du garrot mal conformé.

Ces deux conditions réunies expliquent les causes du garrot sec, tranchant et élevé, du cheval de sang, comme celles du garrot bas et charnu du cheval commun ; elles donnent de plus les raisons des beautés de l'un et des défectuosités de l'autre.

Outre la condition d'être bien tranchée, la hauteur du garrot doit se prolonger en diminuant insensiblement jusque vers le milieu du dos, au lieu de cesser brusquement, comme cela s'observe quelquefois. On en comprendra les motifs par la théorie des leviers, à laquelle nous avons déjà eu recours pour légitimer nos principes. On conçoit en effet que plus la longueur des apophyses des premières vertèbres dorsales se continue en arrière dans chacune d'elles, plus les bras de leviers offerts aux puissances sont allongés et leur sont favorables. Cet avantage disparaît quand ils se raccourcissent brusquement pour prendre le niveau des apophyses épineuses des dernières vertèbres dorsales ou des premières lombaires. Il est donc nécessaire que, du point le plus culminant du garrot jusqu'au milieu du dos, l'inclinaison soit bien graduée suivant une ligne à peu près droite ou peu incurvée.

On a avancé qu'un garrot élevé concourait à maintenir la selle dans sa position naturelle. C'est vrai pour tous les chevaux qui ne sont pas bas du devant; mais chez ceux qui offrent cette dernière disposition, peu favorable au cheval de manége et de cavalerie, il n'en est pas de même : la selle, qui se trouve sur un plan incliné par la trop grande élévation relative de l'arrière-main, tend sans cesse à se porter en avant sous le poids du cavalier, quelle que soit d'ailleurs la hauteur du garrot. Cette particularité existe surtout chez les chevaux de course; on la remarque ordinairement dans les chevaux anglais. Chez eux, elle favorise la vitesse par la longueur des membres postérieurs, qui, comme chez le lièvre, se portent fortement en avant, et outrepassent d'autant plus la piste des membres antérieurs qu'ils sont plus longs. Dans ce cas, ils embrassent une plus grande quantité de terrain, ce qui leur donne un grand avantage pour un tour d'hippodrome, sans pour cela leur donner plus d'énergie.

On s'est souvent bien abusé, en fait de vigueur, sur les conséquences d'une vitesse de quatre ou cinq minutes! Que de célébrités, que de vainqueurs auraient été battus par des vaincus, si, au lieu d'un ou deux tours d'hippodrome, on en avait fait quinze ou vingt avec une charge convenable et par de mauvais chemins!

Les courses de fond sont les seules qui puissent servir de base pour bien juger de la véritable valeur d'un coursier; autres ne sont qu'un jeu de hasard, où la bonne foi est loin d'avoir toujours gain de cause, quels que soient ses droits. La victoire de l'hippodrome, telle qu'elle est comprise aujourd'hui, dépend plus souvent de la loyauté des entraîneurs et des jockeys que de la valeur réelle du cheval et de sa supériorité sur ses concurrents.

La hauteur du garrot, qui dépend de l'allongement d'éminences osseuses, comme nous l'avons dit, se remarque le plus souvent chez les chevaux à formes anguleuses et fortement accusées. Cette disposition de la charpente osseuse des animaux est toujours favorable aux puissances musculaires. Les chevaux de race noble ainsi conformés ont beaucoup de moyens et des allures très étendues, ce que l'on ne voit pas chez les individus à formes potelées et arrondies. Ce fait est la conséquence essentielle du principe de dynamique que nous avons invoqué pour prouver les avantages de la hauteur du garrot. Il est applicable à toutes les éminences osseuses qui servent de point d'attache à des muscles ou à des ligaments.

La beauté du garrot, qui est généralement un indice de noblesse et de distinction, semble ainsi commander l'existence d'autres qualités. Cette région du corps a, sous ce rapport, quelque analogie avec la tête ; comme elle, en effet, le garrot peut, par l'étude de sa conformation, guider l'homme qui possède bien la science du cheval dans l'appréciation de son degré de noblesse, comme dans celle de sa valeur. Il est rare qu'un beau garrot ne soit pas accompagné d'une belle épaule, d'une poitrine profonde, de la finesse des crins et des poils, d'un bon pied, de tous les caractères enfin qui font distinguer les races de sang ; un garrot bas, charnu et arrondi, coexiste avec les formes lourdes et empâtées des races dégénérées ou massives. Les exceptions sont bien rares.

Les maladies du garrot, qui sont le plus souvent la conséquence de blessures faites par la selle ou des contusions, sont toujours plus ou moins sérieuses. L'importance du jeu de cette région, et la nature des tissus qui en forment la base, nous expliquent toute la gravité des conséquences d'un mal de garrot profond. On attachera donc à l'examen de cette partie du corps tout l'intérêt qu'elle mérite, tant sous le rapport de son intégrité que sous celui de sa conformation.

Du Dos.

En extérieur, le dos n'a pas de borne bien tranchée. En avant, il commence où finit le garrot ; mais ce point n'est pas caractérisé, il peut varier même, suivant que la hauteur du garrot se continue et se prolonge en arrière. Il se termine où commence le rein et où finissent les côtes.

Pour ceux qui ont étudié l'anatomie, il nous est facile de déterminer d'une manière absolue la base du dos. Puisqu'on a admis que les six premières vertèbres dorsales sont la base du garrot, et que le rein est formé par les six vertèbres lombaires, il en résulte nécessairement que les douze vertèbres qui précèdent ces dernières servent de base au dos. De l'encolure au sacrum on compte vingt-quatre vertèbres : le garrot et les reins ont donc chacun six vertèbres pour base, et le dos douze. C'est sur cette région du corps que la selle est placée ; c'est elle qui supporte le cavalier : elle doit donc réunir les conditions de résistance que commandent ses fonctions. Pour être bien conformé, le dos doit être droit, court, large et bien musclé.

C'est au moyen de la colonne vertébro-dorsale, composée, comme nous l'avons dit, de vingt-quatre pièces articulées ensemble, et par des muscles qui agissent sur cette tige flexible, que l'action des puissances de l'arrière-main se transmet à l'avant-main pour la progression. Si cette tige est droite, elle sera dans les meilleures conditions possibles pour remplir le but de transmission d'action ; si, au contraire, elle est déviée, il y aura décomposition de force, trouble dans le résultat de sa puissance. Les chevaux qui ont le dos creux, c'est-à-dire qui sont ensellés, ne sont donc pas dans de bonnes conditions mécaniques.

Une tige appuyée horizontalement sur deux points d'appui à ses extrémités, et chargée d'un poids donné, est d'autant plus flexible et plus faible qu'elle est plus longue. Le dos du cheval n'est pas autre chose qu'une tige dans ces conditions. Les colonnes angulaires formées par les membres antérieurs et postérieurs forment les points d'appui indirects en avant et en arrière de la tige vertébro-dorsale, et sa faiblesse sera en raison de sa longueur.

Le dos devra donc être droit et court pour être fort et dans de bonnes conditions d'action ; s'il est long, il sera flexible. Cette qualité est souvent recherchée par ceux qui ne demandent au cheval ni résistance ni force, et ne veulent que la souplesse, la douceur des réactions pour la promenade.

Au lieu d'être fléchi dans le sens de la pesanteur de sa charge, le dos est quelquefois voûté, c'est-à-dire qu'il est courbé en haut au lieu de l'être en bas. Cette conformation se remarque chez l'âne et chez le mulet, d'où vient le nom de *dos de mulet*. Cette disposition, vicieuse pour la vitesse, suivant notre théorie de transmission d'action de l'arrière-main, est une qualité pour les bêtes de somme : par sa disposition en voûte, il offre plus de résistance. Si le mulet ne peut lutter de vitesse avec le cheval, il est plus fort que lui pour transporter des fardeaux : aussi est-il très utilement employé à cet usage.

Le dos large indique une bonne disposition musculaire de cette région, et, de plus, une poitrine vaste par la direction et la courbure des côtes. Nous en parlerons plus tard en traitant des côtes.

Les qualités que nous venons d'examiner ne sont pas les seules qui concourent à un bon soutien de la ligne du dos. Il y a là, comme nous l'avons dit dans les *Généralités*, une disposition particulière à laquelle nous trouvons de l'analogie avec le système de suspension employé pour le soutien des ponts suspendus. En effet, le garrot, plus élevé que le milieu du dos, sert de point fixe à une des grandes digitations des muscles grands ilio-spinaux situés de chaque côté de toute la colonne vertébro-dorsale ; l'autre point fixe est au bord qui s'étend d'un angle à l'autre des iliums ; ils anticipent même un peu sur les fosses iliales, ce qui sert à consolider leur insertion. On conçoit dès lors que ces longs muscles, ayant des points fixes au garrot et au coxal, points plus élevés que le centre de la colonne vertébrale, surtout pour les chevaux ensellés, soutiennent le dos par leur tension, qui a toujours lieu pendant que le cheval est en action. Singulière coïncidence ! Cette dispostion est d'autant plus efficace que le dos est plus ensellé, et que, par conséquent, il en a plus besoin, parcequ'il est plus faible ; elle n'est d'aucune utilité quand le dos est voûté comme celui du mulet ou de l'âne, et que son milieu est plus élevé que le point d'insertion musculaire dont nous avons parlé ; elle n'existe même pas alors. Le dos voûté, comme nous l'avons dit, est plus fort par sa disposition en voûte, et n'a pas besoin d'agent accessoire pour être soutenu.

Le milieu de la ligne du dos est quelquefois noyé dans les muscles qui font saillie sur les côtés ; d'autres fois cette ligne est saillante, ce qui rend le dos tranchant. Les races de sang offrent cette dernière disposition, parcequ'elles ont les apophyses épineuses des vertèbres plus longues. Le cheval qui a le garrot élevé et les formes anguleuses a toujours le dos plus ou moins tranchant, suivant son état d'embonpoint. Les races communes, à garrot bas et à formes arrondies, n'offrent pas les mêmes caractères.

Le dos devra donc être droit. Il sera alors dans les meilleures conditions pour transmettre au corps et à l'avant-main l'action des puissances musculaires de l'arrière-main. Il sera court, large et bien musclé, pour avoir plus de force et soutenir plus facilement le poids dont il est chargé.

Tels sont les véritables caractères de beauté de la région dont nous venons de nous occuper. Des considérations ex-

ceptionnelles seules pourront faire rechercher de préférence
d'autres conditions. La souplesse, par exemple, la douceur
des réactions, exige un dos allongé pour le cheval de promenade; pour les bêtes de somme, on désire un dos de mulet. L'expérience a démontré que le dos voûté est plus résistant à la charge; s'il est long et un peu ensellé, il est plus
faible, mais plus flexible, et par conséquent moins dur pour
le cavalier.

Du Rein et des Flancs.

Nous décrirons le rein et les flancs en même temps, parceque la beauté du premier commande celle des seconds, *et
vice versa.*

Les conditions de bonne conformation du rein du cheval
sont absolument les mêmes que celles de la beauté de son dos.
Il est facile de l'expliquer.

Nous avons dit que l'action des puissances de l'arrière-
main se transmettait au corps et à l'avant-main par les muscles qui agissent sur la tige vertébro-dorsale. Nous avons démontré aussi que ce résultat était d'autant plus satisfaisant que
cette colonne était plus droite et dans les meilleures conditions de force, conséquence de sa brièveté et du développement des apophyses osseuses qu'on y remarque. Suivant notre théorie, le rein, pour être bien conformé, devra donc
être droit, court et large : s'il est droit, l'action des muscles de
la croupe sera plus directe ; s'il est court et large, il sera plus
fort pour supporter le poids dont il peut être chargé.

Les six vertèbres qui forment la charpente des reins diffèrent de celles du dos. Au lieu de recevoir les côtes, comme
ces dernières, elles ont, sur les côtés, des prolongements
dont la longueur détermine la largeur du rein : on les nomme
apophyses transverses.

Le rein commence où finit le dos ; il se termine à la croupe,
avec laquelle il s'unit au moyen de la forte articulation de **sa**

dernière vertèbre avec le sacrum et les coxaux. La fusion de
ces deux régions du corps doit être inapercevable à l'œil;
elles seront confondues ensemble de manière à paraître n'en
former qu'une seule, et c'est ce que l'on remarque toujours
quand le rein est court, large et bien musclé. S'il est long,
étroit et maigre, on aperçoit une sorte de ligne de démarcation où finit l'un et où commence l'autre; la croupe paraît
quelquefois un peu plus élevée que le rein, ce qui indique
que celui-ci est mal attaché. Presque tous les reins longs,
étroits et faibles, offrent cette particularité.

La supériorité du rein court n'a pas échappé à l'esprit observateur des Arabes : aussi rangent-ils cette région parmi
les choses courtes dans les différentes régions du corps du
cheval.

Le rein long, étroit, flexible, et par conséquent faible, est
sujet à la maladie qu'on nomme vulgairement *tour de bateau*
ou *effort de rein*. Elle est, en effet, la conséquence d'un effort qui réagit sur les ligaments articulaires de cette région,
et y cause une douleur plus ou moins aiguë, toujours lente à
disparaître, alors même qu'elle est combattue avec succès.
La démarche de l'animal est pénible ; sa croupe se berce d'un
côté à l'autre ; à chaque pas elle *flageole;* le rein est faible,
douloureux, et l'animal est toujours impropre à un bon service ; il ne peut ni traîner un fardeau ni le porter. On se défiera donc de tout cheval dont la croupe se bercera, soit au
pas, soit au trot, et de celui qui a des traces du feu employé
comme moyen curatif sur le rein. Nous n'avons jamais vu de
cheval bien guéri de l'affection dont nous parlons : il en résulte toujours une prédisposition qui détermine des rechutes
à la moindre occasion. Un cheval dans ce cas est sans valeur;
une jument peut être employée sans grave inconvénient à la
reproduction, si d'ailleurs elle réunit les conditions de bonne
poulinière.

La sensibilité et la souplesse du rein, dont il ne faut pas
négliger de s'assurer en le pinçant, servent quelquefois à in-

diquer l'état de santé ou de maladie du cheval. Un rein inflexible peut caractériser un état de maladie plus ou moins grave, une ankylose partielle ou complète des os de cette partie. Dans l'un comme dans l'autre cas, on fera bien de prendre conseil d'un homme instruit sur la question pour statuer.

Nous bornons ici ce que nous avions à dire sur les conditions de beauté ou de défectuosité du rein ; comme elles sont à peu près les mêmes que celles du dos, dont il partage les fonctions, nous y renvoyons le lecteur.

Les flancs sont situés à chaque côté du rein, en arrière des côtes et en avant des hanches ; ils ont pour base un muscle qui, partant de l'angle externe de la croupe, se prolonge sous le ventre, et concourt ainsi à former le suspensoir général qui supporte la masse intestinale. Une de leurs qualités principales est d'être courts. Si, au fond, ils ne remplissent pas mieux leurs fonctions avec cette condition, ils indiquent une des plus importantes raisons de beauté du rein, toujours court avec des flancs courts. D'un autre côté, ils concourent à caractériser une forte poitrine, comme nous le verrons.

Les flancs doivent être uniformément cylindrés de haut en bas, sans irrégularité, sans enfoncement ni bosselure. Le flanc est dit creux quand, à sa partie supérieure, il est concave comme celui d'une vache à jeun. Presque toujours, dans ce cas, le cheval a le ventre volumineux ; il a *le ventre de vache* (expression reçue). Ce vice de conformation indique nécessairement que le flanc est *cordé*, c'est-à-dire que la corde du muscle dont nous avons parlé, et qui lui sert de base, semble tiraillée ; sa tension alors détermine, sous la peau, cette proéminence que l'on voit s'étendre de l'angle de la croupe au bas de la dernière côte. Si le flanc *cordé* n'est pas une conséquence de l'état de sa conformation naturelle, il peut être celle de quelque ancienne maladie du cheval. Presque tous les chevaux qui ont long-temps souffert offrent cette mauvaise disposition du flanc : ils sont *efflanqués* ; mais il ne faut pas confondre un flanc naturellement cordé avec un autre qui l'est par suite d'un état maladif. Dans le premier cas, observé chez les races communes, l'animal a d'ailleurs l'apparence d'une bonne santé ; dans le deuxième, au contraire, il est ordinairement amaigri ; son poil est sec et terne, sa peau manque de souplesse, son état général indique le résultat d'une longue souffrance, de travaux excessifs, de privations, de toutes les misères enfin. C'est surtout à Paris ou dans ses environs, et principalement aux voitures qu'on nomme *coucous*, qu'on observe ces pauvres animaux.

Les flancs sont dits retroussés ou levrettés quand ils se rapprochent de la conformation de ceux du lévrier ; presque toujours ces flancs sont cordés. Souvent ce vice de structure est naturel chez des chevaux qui se nourrissent mal, qui ne digèrent pas bien leurs aliments. Ces animaux peuvent avoir beaucoup d'ardeur, mais ils n'ont pas de fond : ils ne soutiennent pas long-temps l'action dont ils font preuve au début du travail, et qui n'est qu'*un feu de paille*.

Sauf les cas de maladie ou de souffrance, il est rare que les vices de conformation dont nous venons de parler s'observent chez les chevaux à flancs courts ; ils coexistent presque toujours, au contraire, avec les flancs longs, ce qui indique le plus souvent la faiblesse et une constitution délicate.

Nous avons dit plus haut que la bonne conformation des flancs concourt à caractériser une forte poitrine. La physiologie et l'anatomie nous l'expliquent. Le développement des poumons est en raison de la capacité de la poitrine, représentée par la dimension et l'étendue des côtes ; il en résulte que, plus celles-ci se prolongent en arrière et gagnent de l'espace sur les flancs, plus elles tendent à étendre la capacité de la cage pectorale. D'un autre côté, plus elles sont arrondies en forme de cylindre, plus elles offrent d'espace aux poumons ; c'est le contraire quand elles sont aplaties, ce qui caractérise une poitrine serrée d'un côté à l'autre. Eh bien ! les côtes plates en général s'étendent peu en arrière, et coexistent, par conséquent, avec des flancs et un rein longs, ce qui indique la faiblesse de l'animal. Presque toujours, au contraire, les côtes bien cylindrées, se prolongeant fortement en arrière, se remarquent avec des flancs et un rein courts, indices de force et de vigueur. Nous n'avons jamais vu des côtes plates avec des flancs courts et d'une bonne conformation, et non seulement l'observation journalière nous le prouve, mais encore l'étude anatomique des parties nous le démontre évidemment. Un flanc est court en raison du peu de distance de la dernière côte à l'angle externe de l'ilium ; or, la dernière côte tend d'autant plus à s'éloigner de ce point, toutes choses égales d'ailleurs, qu'elle s'affaisse davantage, et que, par conséquent, elle est plus aplatie, moins contournée. Le contraire a lieu quand elle a une bonne direction, et qu'elle s'élève à la hauteur des apophyses transverses des vertèbres lombaires ; elle se courbe ensuite régulièrement, et concourt à former le beau cylindre de la partie postérieure de la poitrine. Alors les flancs suivent la même direction, et sont dans les conditions de beauté exigées.

On voit encore ici que souvent les beautés d'une région commandent celles d'une autre, et que leurs conséquences sont rigoureusement liées les unes aux autres. Nous voyons une forte poitrine exister avec un flanc court et un rein ayant nécessairement la même qualité, trois conditions de force et de vigueur. Une poitrine étroite et faible, au contraire, accompagne des flancs longs, cordés, mal conformés, et un rein long, trois conditions de faiblesse.

Avec un peu d'esprit d'observation et beaucoup de réflexion et d'étude, on trouverait cette coïncidence dans presque tout le règne animal. On peut pour ainsi dire considérer les exceptions comme des anomalies. Les bonnes conditions d'une partie commandent, ou plutôt entraînent les bonnes dispositions de l'autre. Sans cela, la nature n'aurait pas été conséquente avec elle-même. Le squelette du lion, depuis sa tête jusqu'à ses ongles, est partout une expression de force et de puissance musculaire ; celui du mouton offrira à l'observa-

teur un contraste frappant; l'aigle, comparé à la cigogne,
nous fournira les mêmes preuves. Tout se lie dans la nature :
on n'a qu'à l'étudier dans ses détails, on n'a qu'à méditer sur
leurs combinaisons, pour découvrir le nœud auquel tout se
rattache pour la fin commune.

Si l'étude des flancs nous a conduits à découvrir les qualités de la poitrine à l'état normal, elle offre des ressources bien
autrement importantes pour s'assurer de l'intégrité ou des maladies des organes essentiels contenus dans cette cavité. Ce
n'est pas sans vérité qu'on a dit que *les flancs sont le miroir
de la poitrine*. La régularité de leur mouvement est un signe
de santé ; le défaut contraire est un caractère de maladie ou
de trouble plus ou moins grave dans l'acte de la respiration,
quelle que soit la cause qui le provoque. Mais ce n'est point
ici le lieu de traiter cette question : elle est du ressort de la
pathologie, et non de l'extérieur du cheval, que nous étudions.
Du reste, l'appréciation des mouvements des flancs ne peut
se faire que par suite de l'observation pratique des maladies
qui les altèrent, et qui varient de manière à exiger beaucoup
d'attention et d'esprit d'observation. Ce ne sera jamais dans
les livres seulement que l'on pourra donner une juste idée
des ressources que les flancs offrent à la médecine pour porter un diagnostic; un médecin ne pourra jamais le baser,
quoi qu'il fasse, sans l'étude soutenue des faits.

Des Côtes et de la Poitrine.

Les côtes forment la cage qui contient et protège tous les
organes renfermés dans la cavité de la poitrine. Leur étude
est d'un grand intérêt. Ce sont elles qui nous donnent la mesure de la capacité des poumons, premier foyer de force et de
santé. Les bonnes conditions et l'intégrité de la poitrine du
cheval sont les éléments les plus essentiels de sa valeur. Tous
les ressorts de la machine animale leur sont subordonnés :
ils fonctionnent toujours mal, quelles que soient d'ailleurs

leurs perfections, quand le foyer manque de puissance. Ce foyer est la véritable chaudière de la locomotive, qui laisse languir tout l'appareil locomoteur s'il *brûle* mal, si la *combustion* ne se fait pas suivant les lois de la force exigée.

Les côtes du cheval, étudiées individuellement, varient de forme : elles varient donc, par conséquent, d'usage. Ici, nous sommes obligé d'entrer dans le domaine de l'anatomie comparée pour développer notre idée et l'appuyer sur l'étude de la mécanique.

L'homme, dont la station verticale n'exige pas l'appui des membres thorachiques sur le sol pour la progression, a toutes ses côtes plus ou moins contournées, depuis la première jusqu'à la dernière. Chez lui, elles n'ont pas d'autre fonction que de concourir à la respiration par leurs mouvements, et de protéger les organes qu'elles renferment par leur disposition. Chez le cheval, comme chez tous les mammifères, qui se servent de leurs quatre membres pour la progression, au contraire, les premières côtes surtout ont une troisième fonction : celle de servir de colonne de support, comme nous l'avons vu dans les généralités sur les appareils de la vie des animaux. En effet, prenant leur point d'appui sur le sternum, soutenu lui-même par des muscles qui lui servent de véritables suspensoirs, les côtes supportent tout le poids de la colonne vertébrale. Aussi les deux premières côtes, uniquement réservées à l'usage dont nous parlons, sont-elles presque droites, courtes et très fortes ; leur mouvement est pour ainsi dire nul ; leur tête n'est pas séparée du corps de l'os par un col plus ou moins allongé, comme on l'observe dans les dernières côtes ; tout, en un mot, indique les fonctions de colonne de support dans les deux os qui nous occupent.

Les deux côtes qui suivent commencent à s'éloigner de ce type ; elles tendent à se courber, et leur mode d'articulation annonce plus d'étendue de mouvement. Ces caractères sont plus tranchés dans les troisièmes côtes, plus encore dans les quatrièmes, etc. C'est ainsi que graduellement, jusqu'aux dernières, le type de colonne de support s'efface complètement pour être remplacé par celui des côtes de l'homme, qui, depuis la première jusqu'à la dernière, ne servent que d'instrument de protection et de respiration.

Ces détails, que nous avons développés avec plus d'étendue dans les généralités, nous étaient indispensables pour parler des poumons et combattre des erreurs accréditées sur la conformation et les qualités d'une bonne poitrine.

Le développement des poumons est en raison de celui de la cavité formée par les côtes. Examinons à quels caractères nous en reconnaîtrons les bonnes conditions.

Si, comme nous venons de le dire, les premières côtes sont droites chez le cheval, elles doivent laisser et laissent en effet entre elles peu d'intervalle : elles ne sont guère séparées l'une de l'autre que de six à huit centimètres environ ; elles forment l'extrémité aplatie du cône qu'affecte la cage pectorale. Aussi cette partie de la poitrine offre-t-elle peu d'espace aux poumons : elle ne loge que leurs lobes antérieurs, très peu développés, comme on le sait, et la partie du tube qui conduit l'air aux poumons. Le développement en largeur de cette partie du thorax est, à très peu de chose près, le même dans tous les chevaux d'une même taille ; on n'y trouve de différence bien marquée que dans la hauteur, ce qui dépend du plus ou moins de longueur des premières côtes. Que devient donc alors l'idée, généralement reçue, qu'un large poitrail indique une large poitrine? Rien n'est pourtant plus erroné ! Disséquez deux chevaux, l'un à large poitrail, l'autre à poitrail étroit : vous ne trouverez pas plus d'écartement dans les premières côtes de l'un que de l'autre, ou la différence sera bien peu sensible. Cette largeur de poitrail, que l'on a pris à tort pour mesure de capacité de la poitrine, n'est due qu'au développement des muscles pectoraux ; elle n'a rien de commun avec celui des poumons.

Le même principe nous servira à combattre une autre erreur. On croit vulgairement que la hauteur de la poitrine indique le développement des poumons ; on se trompe : la hauteur de la poitrine, comme on l'entend, n'est due qu'à la longueur des premières côtes et à la hauteur du garrot. Or, ces deux conditions peuvent exister avec un thorax très peu développé. Les premières côtes, dont les mouvements de dilatation sont d'ailleurs très bornés, ne renferment, nous le répétons, que les lobes antérieurs des poumons, et ces lobes ne sont qu'un petit fragment de ces organes. Ce n'est donc pas à la largeur du poitrail, pas plus qu'à la longueur des premières côtes, qu'on peut juger de la capacité des poumons.

Le corps des poumons, la masse pulmonaire, est dans les lobes postérieurs, logés dans l'espace formé par les côtes postérieures, en arrière des épaules, en avant des flancs. C'est là que se trouve la base du cône formé par la poitrine, comme aussi celle des poumons ; et c'est surtout du développement de cette région que dépend celui de ces viscères importants. Or, la capacité de cette région dépend de la courbure des côtes : plus elles sont courbes, arrondies, plus l'espace intercostal est grand, plus, par conséquent, la poitrine est développée ; plus, au contraire, elles sont droites, aplaties, moins les côtes de droite sont écartées de celles de gauche, plus la poitrine est serrée et étroite.

On voit donc que la largeur du poitrail, pas plus que la hauteur de la partie antérieure de la poitrine, n'ont rien de commun avec la véritable capacité du thorax. Les poumons, au contraire, peuvent être très développés sans ces conditions.

On peut donc voir un poitrail large et une poitrine haute, avec de petits poumons ; une vaste poitrine, au contraire, avec le peu de hauteur de sa région antérieure, et un poitrail étroit.

Cependant, si nous n'attachons aucune importance à la disposition du poitrail au point de vue de l'étude du thorax, il n'en est pas de même pour ce qui regarde la hauteur de la partie antérieure de cette région du corps, bien que la capacité de la poitrine en soit, à la rigueur, indépendante. Si les premières côtes sont longues, celles qui les suivent auront en général le même caractère ; et si alors, au lieu d'être droites, elles se courbent postérieurement de manière à bien former le cylindre, la poitrine réunira les plus belles conditions de beauté qu'on puisse exiger : hauteur et largeur, qualités qu'on ne trouve guère réunies que dans les races de choix de sang noble.

Nous pouvons conclure, d'après ce qui précède, que, si les côtes sont aplaties, serrées en arrière des épaules, la poitrine sera étroite, les poumons seront peu développés. Un cheval dans ce cas ne sera jamais capable de faire un bon service ; il ne sera jamais un cheval de fonds, quels que soient son sang et sa conformation : il manquera par le foyer, par le principe qui préside à toutes les fonctions de sa vie ; il ne sera, d'un autre côté, qu'un mauvais reproducteur, malgré la noblesse de son origine.

Pour qu'une poitrine soit bien conformée et forte, il faudra donc qu'elle soit arrondie et qu'elle se prolonge en arrière de manière à empiéter le plus possible sur les flancs. Si cette heureuse disposition de la cavité pectorale s'allie à sa hauteur dépendante de la longueur des côtes, elle ne laissera rien à désirer à l'observateur.

Du Ventre.

Le ventre fait suite aux flancs et à la poitrine ; il commence où finissent ces régions. Il a pour base les muscles, dont l'admirable disposition forme le suspensoir qui contient et supporte la masse intestinale. Le cheval, quoique herbivore comme les ruminants, diffère cependant de ces animaux par la disposition de son système dentaire et celle de son estomac. D'après l'étude de ces organes et celle de leurs fonctions, on voit qu'il est destiné à consommer des végétaux très riches en principes nutritifs avec le moins de volume possible. S'il est essentiellement herbivore dans les contrées qui lui fournissent une herbe fine et très substantielle, on voit qu'il doit être nécessairement granivore dans les pays où les végétaux sont aqueux, grossiers et peu nutritifs. Aussi, si dans les régions qui ont le plus d'analogie avec sa patrie originaire, on peut l'élever sans grain avec quelque avantage, cela devient impossible dans les pays froids et humides. Sous cette dernière condition il faut de l'avoine, et le cheval n'est bon qu'à ce prix. Sans cet aliment, il devient une rosse, quelle que soit d'ailleurs la noblesse de son origine.

Partant de ce principe, il nous sera facile de juger de la bonne ou mauvaise conformation du ventre.

En effet, si, par l'étude de son appareil digestif et celle des faits, il nous est démontré que le cheval est organisé pour se nourrir de végétaux très nutritifs sous le plus petit volume possible, la raison nous oblige à conclure qu'il ne doit pas avoir le ventre volumineux, comme le bœuf, par exemple. Quand on examine ce dernier dans tous les détails de son organisation, on voit qu'il peut se nourrir de toutes sortes de végétaux, fins ou grossiers, sans trop dégénérer. La nature l'a pourvu d'instruments perfectionnés, propres à porphyriser en quelque sorte tous les aliments de quelque genre qu'ils soient, et à en extraire ce qu'ils ont d'assimilable. Nourrissez un bœuf et un cheval avec les mêmes végétaux ; comparez ensuite leurs excréments, et vous verrez la différence du travail digestif qui a eu lieu. Si vous êtes chimiste, analysez ces matières, et vous serez convaincu que le ruminant trouverait encore de la nourriture dans les déjections du cheval, s'il était possible de les lui faire consommer (1).

---

(1) Ne trouverions-nous pas là une des raisons pour lesquelles les éleveurs de cent endroits divers trouvent que le bœuf leur paie mieux la nourriture que le cheval, et préfèrent l'élevage de l'espèce bovine ?

Pour être dans de bonnes conditions de conformation , le ventre du cheval ne sera donc point volumineux comme celui du bœuf. Les races communes , élevées dans des pâturages où les végétaux sont grossiers et peu nutritifs relativement au volume, ont un ventre gros et lourd , ce qui indique ou une mauvaise origine, ou un mauvais mode d'élevage. « Le ven- « tre de vache », dit avec raison M. Lecoq dans son excellent *Traité de l'extérieur du cheval*, « indique un cheval mou, « grand mangeur, et peu propre aux allures rapides , à cause « de sa masse et de son peu d'haleine. En effet, les côtes, « s'élevant à chaque mouvement respiratoire, doivent sou- « lever la masse intestinale qu'elles supportent par leurs ex- « trémités, et le mouvement d'élévation devient d'autant plus « pénible à exécuter que le ventre, plus développé , oppose « une grande résistance. »

Rien n'est plus judicieux que cette observation du direc- teur de l'école vétérinaire de Lyon ; rien n'est plus juste que ce qu'il dit à ce sujet sur l'entraînement qui a pour but non seulement le développement de la puissance musculaire des individus , mais la diminution de tout poids inutile. Un en- traînement raisonné doit développer le plus possible le sys- tème locomoteur d'une organisation donnée , et diminuer le poids de tout ce qui tend à la surcharger. Aussi les chevaux en condition de course ont-ils le ventre levretté, sans parler des autres caractères qui leur sont particuliers , et que nous ne décrirons pas ici.

Mais si , d'après les raisons que nous avons données , le ventre du cheval ne doit pas être volumineux, il ne doit pas non plus être déprimé, *levretté* : il pourrait caractériser sou-

---

Par l'heureuse organisation de ses appareils de digestion, cette espèce peut, en effet, non seulement consommer les végétaux les plus gros- siers, mais s'assimiler les plus minimes parcelles de leurs éléments nutritifs , faculté que le cheval est loin d'avoir à un si haut degré.

vent un sujet qui se nourrit mal, ou qui souffre de quelque vieille maladie. Du reste, nous renvoyons le lecteur à ce que nous avons dit à ce sujet en parlant des flancs retroussés.

Il faut donc chercher pour les proportions du ventre une moyenne qui se traduit en pratique par la forme cylindrique qu'il doit présenter avec les côtes et les flancs. Sans avoir une base de mesure absolue, l'expérience paraît avoir démontré que le cheval dont la région postérieure de la poitrine et le ventre offrent la forme d'un cylindre est celui qui réunit les meilleures conditions de bonté. C'est un fait acquis à l'esprit d'observation et qui n'est point contesté.

La région du ventre peut être le siége de maladies plus ou moins graves ; elles résultent souvent de la déchirure de la peau ou des muscles abdominaux : telles sont les éventrations, les hernies, etc. Ces maladies étant du ressort de la chirurgie ou de la médecine, nous ne les signalons ici que pour mémoire. On consultera les hommes spéciaux ou leurs ouvrages pour des détails que ne comporte pas notre publication.

<h3 style="text-align:center">Du Poitrail.</h3>

Le poitrail, borné supérieurement par l'encolure, et latéralement par la pointe des épaules et les bras, a pour base la partie antérieure du sternum et les muscles qui en partent pour se rendre aux bras et aux épaules. C'est donc au développement de ces muscles ou à leur amaigrissement qu'on doit attribuer la largeur ou le rétrécissement de cette partie du corps. Elle n'a rien de commun avec la capacité des poumons, comme nous l'avons démontré en traitant de la poitrine. Les chevaux de gros trait, pourvus de grosses masses musculaires, ont le poitrail large ; ceux qui sont chétifs et amaigris, au contraire, ont cette région étroite. Ces sortes de chevaux à muscles grêles et émaciés, sont généralement faibles, sans fonds et sans énergie. On a pu en conclure qu'un poitrail étroit indique la faiblesse de la poitrine, mais cette opinion est erronée.

Il est impossible de déterminer d'une manière absolue quelles doivent être les dimensions du poitrail ; elles sont toujours en raison de l'état du système musculaire des sujets. Dans tous les cas, cette région devra être bien musclée ; sa largeur sera subordonnée à la nature des individus et à leur taille.

L'œil du praticien ne s'y trompera pas. Le poitrail est de toutes les parties du corps une des moins difficiles à juger, même pour le vulgaire : aussi bornons-nous à ces quelques lignes ce que nous avons à dire sur sa conformation.

Les Arabes aiment un poitrail bien musclé, et par conséquent large. Un poitrail étroit, suivant eux, et des épaules droites, sont le caractère d'un mauvais cheval de guerre (E. Daumas). Nous comprenons facilement la raison des Arabes : des épaules droites sont contraires au développement des allures, et un poitrail amaigri et serré exprime la faiblesse du système musculaire en général.

Quant à la rapidité des allures, les Arabes la regardent comme une condition essentielle du cheval de bataille. Cela s'explique par leur manière de faire la guerre : un cheval d'une grande vitesse d'allures permet à son cavalier d'atteindre rapidement l'ennemi s'enfuyant, ou de se sauver avec le même avantage quand il est obligé lui-même de prendre la fuite.

Ars et Inter-Ars, et passage des sangles.

L'ars et l'inter-ars, que nous confondons ensemble pour plus de simplicité, est la partie qui s'étend d'un bras à l'autre en arrière du poitrail ; c'est dans cet espace, situé entre les deux membres antérieurs, que l'on place des sétons ou des cautères pour combattre certaines maladies. Cette partie du corps n'offre rien de remarquable à signaler.

Le passage des sangles, qui se remarque en arrière des inter-ars, nous présente plus d'intérêt. Ses parties latérales devront être arrondies, bien cylindrées en arrière des coudes, au lieu d'être aplaties ou déprimées, comme on le voit assez souvent. Cette dernière conformation indiquerait l'aplatissement des côtes ou leur retrait, ce qui prouverait un rétrécissement de la poitrine à cette région. Ce vice de conformation du passage des sangles se remarque assez ordinairement avec les côtes plates et les poumons délicats ; on trouve souvent à cette région des traces de vésicatoires ou de sétons, par suite de maladies de poitrine : on devra donc y porter son attention.

Des Parties génitales du mâle.

Les parties génitales du mâle se composent des testicules, du fourreau et de la verge.

Les premiers descendent dans les bourses qui les contiennent de six mois à un an ; ils devront être libres de toute adhérence, égaux entre eux et exempts d'engorgements ou de tuméfaction partielle ou générale. On trouve des chevaux qui n'ont qu'un testicule apparent ; le second peut n'être pas sorti de l'abdomen, par suite de rétrécissement de l'anneau inguinal, ce qui n'empêche pas les sujets de se reproduire. Dans ce cas, la castration devient impossible : un cheval qui conserve un testicule dans l'abdomen sera toujours entier. Il paraît même qu'on a remarqué des chevaux dont les testicules ne sont jamais descendus dans les bourses. Nous n'avons pas eu occasion d'observer ce fait.

Les bourses doivent être souples, minces et sans adhérences aux testicules. Des tuméfactions dans cette région peuvent être la conséquence de sarcocèles ou d'hydrocèles.

Ces affections, plus ou moins graves, nécessitent toujours les soins de la médecine ou de la chirurgie.

Le fourreau enveloppe et protége la verge. Ce dernier organe doit entrer et sortir librement pour uriner. Le rétrécissement du fourreau, qui ne s'observe que chez les chevaux hongres, peut avoir des inconvénients plus ou moins graves. Ce cas est cependant assez rare.

La verge des étalons devra être lisse, unie, exempte de verrues plus ou moins volumineuses.

Les mamelles de la jument se trouvent dans la région des organes génitaux du mâle ; elles n'offrent rien de grave à examiner. Elles ne sont apercevables que chez les poulinières ; on n'y fait aucune attention chez les juments qui n'ont jamais produit.

Des Membres en général.

Les membres des animaux sont exclusivement destinés à la progression et au support du tronc ; ils servent aussi quelquefois d'instruments de défense. Ce sont des colonnes formées de leviers différents, articulés les uns aux autres, à angles plus ou moins ouverts, suivant les besoins. Cette disposition facilite admirablement la progression et la vitesse.

Si les membres sont formés de leviers, il est facile de concevoir que leur beauté doit dépendre des bonnes conditions mécaniques de ces instruments, comme de la disposition et de la force des puissances qui les font mouvoir. Nous consulterons donc les lois de mécanique et de dynamique, pour bien nous rendre compte des beautés de ces parties du corps.

Nous avons eu occasion de dire que le cheval était le seul animal qui fût exclusivement employé comme moteur ; sa valeur dépend, par conséquent, de la bonne confection des appareils de sa machine. Parmi ces appareils nous n'hésiterons pas à mettre les membres au premier rang, parceque c'est par eux seuls que s'exerce la locomotion ; c'est par eux que la locomotive se déplace et peut bien fonctionner. On comprend donc de quelle importance doit être pour nous leur étude. Nous commencerons par celle de l'épaule.

De l'Epaule.

Cette partie des membres est une des plus intéressantes à étudier par le rôle qu'elle joue dans la rapidité des allures. Sa position, ses dimensions et son jeu, ont la plus grande influence sur la vitesse, condition si justement appréciée aujourd'hui.

Les épaules, qui ont pour base les os plats qu'on nomme *scapulums*, sont placées obliquement sur les côtés de la région antérieure de la poitrine ; elles y sont fixées par de fort muscles qui leur permettent les mouvements nécessaires pour la progression. C'est par elles que les membres antérieurs sont attachés au tronc : elles contribuent donc puissamment à la liberté d'action et à l'étendue de déplacement de ces colonnes, par les bonnes conditions de leur conformation et de leur direction.

La beauté de l'épaule exige deux conditions indispensables : la longueur et l'obliquité. La longueur nous donnera naturellement la mesure de l'étendue de ses muscles, qui agissent sur le bras, soit pour l'étendre, soit pour le fléchir. Or, comme la quantité d'extension ou de rétraction d'un muscle se traduit par celle de sa longueur, on conçoit que le jeu du bras sur l'épaule sera d'autant plus grand que les muscles qui le font mouvoir et l'épaule elle-même seront plus longs. Donc l'angle formé par l'épaule et le bras se fermera et s'ouvrira davantage, condition *sine qua non* de grande liberté du membre antérieur.

Mais la bonne direction de l'épaule ajoute singulièrement à l'heureuse condition que nous venons de signaler. En effet, si l'épaule est oblique, si sa pointe est dirigée en avant, on comprend que l'angle qu'elle forme avec le bras a plus de facilité pour s'ouvrir largement. Le membre a donc plus de latitude pour s'étendre dans la direction de l'épaule, et il embrasse plus de terrain. Voyez les animaux de grande vitesse, le lévrier, le lièvre, le cheval de course : leurs membres antérieurs, pendant l'action, touchent presque à leur encolure horizontale. Cet avantage, si favorable à la vitesse, est en raison de l'obliquité de l'épaule ; la nature de son articulation avec le bras ne pourrait le permettre si elle était droite : les bornes de son action en avant s'y opposeraient. Nous pouvons donc tirer cette conséquence que, plus une épaule s'approche de l'horizontale, plus elle permet au membre de se porter en avant; plus, au contraire, elle se rapproche de la verticale, plus le jeu du membre est borné, raccourci.

Du reste, si la théorie explique mathématiquement ce que nous venons de dire, l'esprit d'observation le confirme : on peut s'en convaincre tous les jours.

L'épaule longue et oblique réunira donc les conditions de beauté exigées; l'épaule courte et droite sera défectueuse pour le cheval de vitesse.

Cependant cette beauté ne convient pas à tous les services ; elle peut devenir inutile, sinon nuisible, au cheval de gros trait, auquel on ne demande que de la force sans vitesse. En effet, la plus belle épaule, dans ce dernier cas, doit être celle qui offre la plus grande surface possible à l'appui du collier. Or, plus l'épaule sera oblique, plus sa pointe sera portée en avant, moins sa surface d'appui au collier sera grande. Cet appui se fera surtout sur l'articulation anguleuse de l'épaule et du bras, ce qui est un grand défaut, avec la méthode vicieuse de placer le crochet d'attelage vers le niveau de cette partie. Non seulement alors le cheval peut être blessé, mais la douleur qu'il éprouve nécessairement par cette pression sur un point aussi sensible l'empêche de faire usage de toute sa force.

On voit donc ici, ce que nous n'avons pas eu souvent l'occasion de signaler, que deux services distincts exigent du cheval deux conformations différentes d'une même région : ce qui est une beauté dans un cas est presque un défaut dans l'autre. Cette circonstance, du reste, est fort rare dans l'étude générale que nous faisons de la conformation du cheval.

L'épaule, longue et oblique, devra être bien musclée pour être puissante, et jouir de la plus grande somme possible de force et de mouvement. Quand son jeu est borné, l'allure du cheval doit naturellement être moins rapide, puisque ses membres antérieurs n'ont pas toute la liberté d'action exigée pour embrasser la plus grande étendue de terrain. D'un autre côté, ses réactions doivent être plus dures ; les sommets de ses colonnes antérieures de support n'ont pas et ne peuvent pas avoir l'élasticité désirable, à défaut d'étendue de mouvements suffisants de bas en haut.

Du reste, nous croyons que l'exercice bien dirigé est le seul comme le meilleur moyen de développer le jeu des épaules et celui de toutes les articulations, de toutes les parties du corps. Outre les raisons physiologique qui viennent à l'appui des notre opinion, nous en trouvons la preuve incontestable dans la souplesse, l'agilité et l'étendue d'action de toutes les articulations de l'homme exercé à la gymnastique. Mazurier le *phthisique*, comme le nomme Dugès, Auriol et tous ces hommes qui nous étonnent par leur agilité et leurs tours de force, ne doivent la souplesse extraordinaire de leur squelette qu'à l'exercice continuel auquel ils se livrent. Jamais les hommes qui ne s'exercent pas à leurs jeux ne pourront les égaler. Un cheval brut n'aura pas le liant, la souplesse et l'étendue de jeu des articulations de celui qui aura été bien

assoupli , bien dressé aux exercices qu'on en exige. L'entraînement pour la vitesse, les travaux du manége , les tours de
force faits par Franconi au Cirque avec ses chevaux, n'en
sont-ils pas une preuve incontestable (1) ?

La longueur et l'obliquité de l'épaule non seulement sont
une condition de beauté pour le cheval de vitesse , mais encore elles caractérisent la noblesse du sang. La hauteur de la
poitrine , la bonne conformation du garrot que l'on remarque
chez les chevaux de bonne origine , coexistent presque toujours avec une belle épaule. Du reste , comme nous avons
déjà eu occasion de le dire , il est rare que la distinction d'u-
ne partie du corps du cheval ne commande pas la distinction
de l'autre , sauf pour les races mal croisées, *manquées* , ou
pour les espèces abâtardies.

Du Bras.

Le bras s'articule avec l'épaule de manière à opérer des
mouvements dans tous les sens, comme celui de l'homme.
La seule différence est dans l'étendue du jeu de l'articulation,
infiniment plus grand chez ce dernier que dans le cheval.
L'usage que nous faisons de nos bras l'explique facilement,
si nous établissons une comparaison entre l'un et l'autre cas.

La direction du bras du cheval est opposée à celle de son
épaule, de manière à former un angle qui s'ouvre ou se ferme pendant l'action de progression. L'ouverture de cet angle
est d'autant plus petite que l'épaule est plus inclinée; elle est

---

(1) On peut voir, d'après ces principes, que l'élevage en liberté est
le plus conforme aux lois de la physiologie comme à celles de la raison ; l'expérience d'ailleurs le prouve chaque jour. Ceux qui prétendent
qu'on peut élever avec succès les animaux de service entre quatre
planches, et les rendre forts, souples, vigoureux et bien portants
sont dans l'erreur sur tous points. Ce moyen est tout au plus bon pour
les porcs et les oies l'engrais.

d'autant plus grande qu'elle est plus droite. Comme le coude est placé à peu près vers le même point du corps du cheval dans l'un et l'autre cas, il en résulte que, dans le premier, le jeu du bras est plus étendu, puisque nous avons prouvé qu'il se porte plus en avant, quoique plus incliné en arrière. Cette disposition, heureuse pour la vitesse, rend le cheval plus bas du devant. Le bras est fortement incliné vers l'épaule, le compas que forment ces deux régions est plus fermé, ce qui explique le raccourcissement du membre, quoique les rayons qui le composent ne soient pas plus courts. Aussi, chez les chevaux dont l'épaule est très oblique, les coudes semblent-ils placés plus haut et la poitrine plus descendue au passage des sangles. Nous avons eu plus d'une fois occasion d'observer ce fait dans les chevaux de sang, comparés à ceux des races communes (1).

---

(1) On pourrait nous objecter que, si le compas formé par le scapulum et l'humérus est plus favorable à la vitesse et à la douceur des réactions, il doit l'être moins à la force et fléchir plus facilement sous le poids qu'il supporte. On le voit, par exemple, aux paturons longs et anguleux, qui sont très souples, très doux aux réactions, mais bientôt fatigués et usés. Leur élasticité, comme leur faiblesse, est en raison de leur longueur et de leur degré d'inclinaison. Nous répondrons que, s'il y a en effet similitude de disposition entre ces parties sous le rapport de l'élasticité et de la souplesse, la construction anatomique en est bien différente. La nature a pourvu le compas scapulo—huméral d'un organe d'une puissance telle, que son jeu ne saurait le fatiguer, quelle que soit son étendue. Nous en appelons aux anatomistes qui ont étudié le *scapulo-huméral* et son action : en examinant la force que doit avoir ce muscle d'après sa structure, on est convaincu que, quelles que soient la longueur et l'inclinaison des rayons qui nous occupent, la faiblesse et l'usure ne sont point à craindre. Modifiez la nature de cette puissance, amoindrissez ou détruisez ses forces, et l'objection sera dans toute sa valeur. Les régions supérieures du membre, alors, comme les régions inférieures, soumises aux mêmes causes, subiront les mêmes effets ; mais ces conséquences ne sont point à craindre pour l'épaule. Que de paturons ruinés on voit avec les épaules les plus belles et les mieux conservées! On peut facilement s'en rendre compte d'après ce que nous venons de dire.

La beauté du bras résultera donc de son inclinaison, qui indiquera l'étendue de son jeu. Du reste, en partie caché dans les muscles qui l'entourent, il est presque confondu avec l'épaule, et les auteurs les plus recommandables n'ont même pas cru devoir en faire une description particulière.

De l'Avant-bras.

Nous avons vu que l'épaule et le bras, articulés ensemble, ont une inclinaison opposée, d'où résulte un angle, un véritable compas destiné à s'ouvrir et à se fermer pendant la progression. Nous avons pu nous convaincre que le jeu de cet angle est d'autant plus favorable à la vitesse qu'il est plus étendu, que les branches du compas s'ouvrent et se ferment davantage, conséquence de leur plus grande inclinaison normale.

Examinons maintenant l'avant-bras.

Cette région du corps est verticale, au lieu d'être inclinée comme les précédentes : son inclinaison ne saurait donc être un indice de beauté. Quand elle existe, si minime qu'elle soit, en avant ou en arrière, elle est la conséquence d'un vice de conformation naturel ou accidentel, comme nous le verrons en traitant du genou. Un bel avant-bras devra être long et bien musclé ; sa longueur sera favorable à la vitesse en général. Examinez, en effet, l'avant-bras au moment où il est fléchi sur le bras pendant le trot : son extrémité inférieure sera portée d'autant plus en avant qu'il sera plus long. Le genou aura le même avantage : il sera plus éloigné du coude, et le pied gagnera naturellement du terrain en raison de la longueur du rayon qui en aura mesuré l'étendue. Voyez maintenant un avant-bras court dans les mêmes conditons d'action : le genou sera plus près du coude ; l'espace mesuré, soit au pas, soit au trot, sera plus court, et quand le pied posera sur le sol, il perdra nécessairement le terrain qui n'aura point été gagné par le radius.

Cependant cette considération disparaît dans le cheval au galop. Dans ce cas, tout le membre est tendu en avant, avec force, dans la progression, et le résultat n'est pas le même qu'au trot et au pas. C'est ce qui a fait dire que des animaux pouvaient être rapides au galop avec des canons longs et des avant-bras courts. Cette observation a été faite à M. le général Daumas par M. le général Marey-Monge dans une lettre qu'il écrivit à ce sujet à l'auteur des *Chevaux du Sahara*. L'opinion de M. Marey n'est nullement en désacord ici avec les lois de la mécanique animale.

On nous dira peut-être que la différence de la longueur des avant-bras de deux individus est souvent si peu de chose, que notre théorie n'est pas d'une grande importance dans beaucoup de cas. Nous l'avouons, mais elle n'en est pas moins vraie. D'ailleurs, si petite que soit la différence de longueur d'un avant-bras, ne ferait-elle gagner qu'un centimètre par foulée, ce n'est pas moins d'un mètre environ par cent pas du cheval. Il nous est bien permis d'en tenir compte quand sur un hippodrome une demi-longueur de tête peut décider de la célérité d'un cheval qui a parcouru une distance de deux ou quatre kilomètres.

L'avant-bras, avons-nous dit, sera bien musclé. Deux hautes considérations se rattachent à cette condition : la première, c'est qu'en thèse générale une région pourvue de puissances musculaires bien développées et énergiques remplit toujours convenablement le but désiré ; la seconde est aussi facile à comprendre. On sait que la nature est toujours conséquente avec elle-même : les exceptions sont très rares. Or, suivant ce principe, un fort muscle comporte toujours un fort tendon. Les cordes tendineuses jouent un rôle si important dans les membres, que leur force et leur résistance sont de la plus haute importance ; elles doivent résister non seuement au poids du corps, mais aux violents efforts musculaires des animaux pendant la progression, la traction, etc. (1).

Un avant-bras bien musclé offre donc la double garantie de bien remplir ses fonctions d'abord ; il fournit ensuite des tendons bien développés et puissants, capables de supporter les tiraillements de toute nature auxquels ils sont sans cesse soumis. Ils résistent mieux à l'usure : aussi voit-on toujours les tendons d'un cheval dont l'avant-bras est grêle et maigre bientôt fatigués et douloureux par suite d'un travail qu'ils ne peuvent supporter. On remarque tous les jours des animaux, d'une conformation d'ailleurs admirable et pleins de force et d'énergie, usés des membres antérieurs seulement, par suite du défaut que nous venons de signaler. La nature des fonctions des tendons fléchisseurs de ces parties l'explique facilement.

Du Coude.

Le coude a pour base le cubitus, qui est soudé à l'os de l'avant-bras, et forme corps avec lui ; il sert en même temps de levier puissant. Comme tel, il a la plus haute influence sur la force d'action du membre, et il en règle en quelque sorte la direction.

Examinons quelles sont les conditions les plus favorables à ce double but ; les conclusions sur sa beauté et sa bonne conformation seront ensuite faciles à déduire.

---

(1) La puissance musculaire, qui est en raison du nombre des fibres composant les muscles, et par conséquent en raison du développement des muscles eux-mêmes, est énorme dans certains cas de contraction. On est souvent surpris de la force employée par des hommes en colère, ou par des animaux excités par un sentiment de fureur ou toute autre cause. On a vu dans ces cas des tendons rompus, des os brisés par des contractions musculaires, ce qui indique un emploi de force dont la somme est difficile à déterminer comme à prévoir.

8.

Nous disons que le coude est une sorte de régulateur de la direction du membre. En effet, il se trouve placé au sommet de l'avant-bras et en dehors de son axe. Il forme ainsi un levier qui complète à sa base l'articulation par charnière du bras et de l'avant-bras, et concourt au jeu de cette articulation par l'action des puissances qui agissent sur son sommet. Si sa direction s'éloigne de celle de l'axe du corps, en dedans ou en dehors, le membre sera tourné vers l'un ou l'autre de ces sens. En effet, tournez le coude en dehors, et vous faites pivoter le membre en dedans, et *vice versa*. Si donc le coude est en dehors, le cheval sera cagneux ; il sera panard si cette partie est en dedans et trop rapprochée des côtes. Pour que la progression se fasse avec le plus d'avantage possible, il faut que les membres, sans déviations dans leur action, se portent en avant suivant un plan parallèle à l'axe du corps. La direction du coude en arrière doit donc suivre la même ligne. Ce fait est trop clair pour être contesté.

Voyons maintenant comment le coude peut avoir une si grande influence sur l'action du membre.

L'action d'un levier est toujours d'autant plus énergique, la somme de sa force est d'autant plus grande, que le bras de sa puissance est plus long. Or, comme l'olécrane, qui forme le coude, est un véritable levier qui sert à étendre l'avant-bras sur le bras, il en résultera naturellement que plus il sera allongé, proéminent, plus il offrira d'avantage aux puissants muscles qui agissent sur lui. Il ne suffira donc pas que le coude soit dans la direction la plus favorable au but proposé, il faudra encore qu'il soit le plus proéminent possible. L'olécrane le plus long sera toujours le plus beau, parcequ'il formera le coude le plus saillant.

Les coudes remplissent exactement, et d'après les mêmes théories de mécanique, les mêmes fonctions aux membres antérieurs que les jarrets aux membres postérieurs. C'est sur eux que se fixent les plus puissants muscles des membres antérieurs, comme aux jarrets les plus forts des membres postérieurs. Nous ajouterons de plus que , si la longueur des calcanéums détermine la largeur des jarrets , ce qui est une condition de leur beauté , celle des olécranes concourt à régler la largeur des avant-bras par des muscles qui s'y attachent.

Le rôle du coude est si puissant et d'une si haute importance pour la progression , que la nature a disposé le radius de manière à résister le mieux possible à ce levier qui tend à le fléchir en arrière par son action.

Examinez le radius, en effet, et vous verrez qu'il est légèrement courbé en avant pour mieux résister aux efforts des puissances qui tendent naturellement à le courber en arrière. Il sera facile à l'anatomiste de se rendre compte de notre théorie par l'étude des conditions et du jeu du levier qui nous occupe, et celle de la résistance qu'il doit nécessairement avoir.

Le coude, qui est chez l'homme d'une importance comparative si minime, parcequ'il ne sert qu'à étendre l'avantbras, est un des principaux instruments de locomotion chez le cheval. Sa disposition devait donc être bien différente. Réduisez par la pensée l'olécrane du cheval aux proportions de celui de l'homme et même du singe , et vous lui supprimez toute sa force : la locomotive perd le plus puissant agent de progression de son avant-train. Détruisez ensuite le calcanéum , qui est le levier, *la cheville ouvrière* du train postérieur, et la locomotive s'arrête ; elle ne peut plus marcher : c'est un oiseau auquel on a coupé les ailes et les pattes.

L'étude du coude, sur laquelle les auteurs ne se sont point assez arrêtés, mérite donc toute l'attention du physiologiste.

Du Genou.

Le genou correspond au poignet de l'homme ; il est formé

de deux rangées d'osselets superposés et étroitement liés ensemble par de forts ligaments. Cette articulation exige une grande solidité à cause de sa complication. Pour juger de sa beauté, examinons d'abord quelles sont ses fonctions.

Quand une articulation d'un membre résulte de la rencontre de deux os plus ou moins inclinés l'un sur l'autre, son travail est allégé par l'élasticité qui en est la conséquence. Les réactions sont infiniment moins dures. Aussi, lorsque le cheval trotte ou galope, par exemple, la pression qui s'exerce sur l'articulation de l'épaule avec le bras, et sur celle du bras avec l'avant-bras, est modifiée, adoucie, par les angles mobiles qu'elles forment. La ligne brisée amortit le choc, et prévient par conséquent les accidents qui pourraient altérer les abouts osseux contigus.

Examinons ce qui se passe chez l'homme dans des cas analogues.

Quand nous sautons d'une certaine hauteur, nous sommes toujours instinctivement déterminés à fléchir les genoux et à étendre les pieds. Nous prévenons ainsi les violentes secousses des organes contenus dans les grandes cavités splanchniques ; nous modifions le choc qui résulterait de notre chute sur le sol pour les articulations de la cuisse, du genou et du pied , si nos jambes conservaient leur ligne droite ordinaire ; nous faisons enfin de notre corps, qui forme une ligne droite, une ligne brisée , partout où cela est possible, au coude-pied, au genou, au bassin, et dans le haut du corps incliné en arc en avant. Par ce moyen nous prévenons les accidents aux organes splanchniques, comme aux articulations.

Le cheval ne peut pas fléchir le genou pour le rendre élastique ; s'il le courbait, il tomberait toujours. Les appareils musculaires et osseux de cette partie nous l'expliquent clairement. Il faut donc que l'articulation du genou soit tendue, au contraire, et que la ligne droite formée par la jambe se redresse toujours, quand le pied pose sur le sol, si elle se courbe quand il est en l'air. Là, point d'élasticité par angle : le genou doit recevoir et reçoit brusquement l'effet de toutes les réactions musculaires et de tout le poids du corps. Il fallait donc que l'articulation qu'il forme fût d'abord d'une extrême solidité ; il était essentiel aussi qu'elle fût organisée de manière à ce que le choc reçu fût supporté par la plus grande quantité de surface possible, pour être moins fatiguée.

Voyons si la nature y a pourvu.

Toutes les articulations du corps, à l'exception de celles qui ont un coussinet fibro-cartilagineux intermédiaire, dont nous ne devons pas nous occuper ici, n'ont que deux surfaces articulaires. Le jarret et le genou seuls sont exceptés. Ce dernier offre, au moyen de deux rangées d'osselets superposés, six surfaces articulaires (1), quatre de plus que les autres. Chacune de ces surfaces a naturellement ses cartilages d'incrustation d'une élasticité bien remarquable, ses membranes synoviales et sa synovie. Comme chaque cartilage d'incrustation a son élasticité qui tend à amortir les chocs, quelles que soient ses bornes, il en résulte que le genou a six surfaces élastiques, au lieu de deux, pour mieux résister à son rude travail.

Cette théorie ne concourt-elle pas à expliquer la nécessité de la complication de l'articulation du genou ?

D'un autre côté, on conçoit que plus une surface est grande, plus elle doit avoir de résistance pour supporter un poids donné, toutes choses égales d'ailleurs. Eh bien ! le ge-

---

(1) La double rangée des osselets du genou rend la flexion du genou complète par la multiplicité de l'action. Quand l'animal se couche, le canon peut toucher à l'avant-bras et lui devenir parallèle dans toute sa longueur. Il en est de même du bœuf et de tous les animaux auxquels les membres antérieurs servent de colonne de support et de progression. L'homme n'offre pas la même particularité : aussi sa main ne peut-elle pas se fléchir sur l'avant-bras, comme le canon des animaux sur le radius.

nou du cheval est renflé, comme refoulé en quelque sorte, pour que les nombreuses surfaces articulaires soient plus étendues, plus aptes à leurs importantes fonctions. Il en résulte que plus cette articulation sera développée, régulièrement grossie en olive, plus elle réunira les bonnes conditions d'action, plus le genou sera beau.

Le genou devra être disposé de manière à réunir l'avant-bras et le bras en ligne droite. En voici la raison.

Une colonne est d'autant plus apte à supporter le poids dont elle est chargée qu'elle est plus droite et sans déviation. Or, si l'avant-bras et le canon ne forment pas une ligne droite, si elle est brisée à quelque degré que ce soit, elle remplira plus ou moins mal son but. Tout genou qui, sortant de la ligne d'aplomb, sera porté en avant, en arrière, en dedans ou en dehors, sera donc mal articulé, et par conséquent défectueux.

Il est cependant des distinctions à établir dans les cas de déviation dont nous parlons. Si le genou est porté en avant par suite de conformation naturelle, ce qui arrive quelquefois, le défaut est moins grave. Le cheval est dit alors *brassicourt*. Le membre, dans ce cas, n'a aucune apparence de fatigue ou d'usure. Si, au contraire, la déviation qui nous occupe est la conséquence d'excès de travail et du raccourcissement des tendons ou ligaments malades, elle est plus ou moins dangereuse. Le cheval sera sujet à s'abattre, et il en aura probablement les marques aux genoux, qui seront souvent tuméfiés dans ce cas, blessés, *couronnés* ou cicatrisés, et chancelants. Le membre alors est dit *arqué*.

Le défaut opposé, c'est-à-dire le genou *creux*, est toujours la conséquence d'une mauvaise conformation. On voit que ce vice est un contre-sens de la nature, quand on étudie les dispositions du *radius*, organisé de manière à résister aux efforts qui tendent à le courber en arrière. Nous avons signalé ce fait en traitant de l'avant-bras. La courbure naturelle du genou en avant peut ne pas être un grand défaut, si nous nous

en rapportons aux lois de mécanique auxquelles le membre
doit obéir ; mais la courbure en arrière est toujours plus ou
moins grave, suivant le même principe. Une pareille conformation est contraire aux bonnes conditions mécaniques du
membre, et par conséquent vicieuse. Toutes conditions égales
d'ailleurs, il est impossible qu'un cheval qui a le genou *creux*
ou effacé résiste à la fatigue comme s'il l'avait bien placé,
ou même naturellement porté en avant.

Outre le vice d'affaiblir la résistance de la colonne, les déviations du genou en dedans ou en dehors sont nuisibles à la
progression. Le membre n'étant pas droit, sa flexion et le
jeu de ses extrémités ne peuvent pas s'exécuter dans la ligne
d'aplomb exigée. Il flageole alors. Il y a décomposition de
force et perte de puissance musculaire, effet d'autant plus
nuisible que ses causes sont plus intenses.

Le genou dans de bonnes conditions d'organisation devra
être exempt de blessures, de tumeurs dures ou molles ; il sera
sec, légèrement arrondi d'un côté à l'autre ; sa surface antérieure sera lisse, unie et sans inégalités ; il devra être placé
bas, ce qui est un caractère de vitesse. Les forts trotteurs
ont le genou près de terre ; *ils rasent le tapis*, comme on dit,
et ils emploient leurs moyens à gagner du terrain en avant.
Tout cheval qui a l'avant-bras court, et par conséquent le genou haut et le canon long, est nécessairement un mauvais
trotteur. Si cette allure est rapide dans ce cas, c'est par
exception ou par compensation d'autres avantages moraux ou
physiques. Ce genre de conformation fait perdre, pour trous-
ser le membre, une partie de la puissance qui doit être uniquement employée à le porter en avant.

Maintenant que nous connaissons les fonctions du genou,
il nous est facile de conclure : 1° qu'il doit être dans la ligne
d'aplomb du membre ; 2° qu'il doit être fort, bien développé
et sans tares qui puissent borner son jeu ; 3° qu'il doit être
exempt de blessures ou cicatrices, qui sont quelquefois un

caractère de faiblesse ; 4° qu'il doit être enfin près de terre, suivant la théorie que nous avons développée en traitant l'avant-bras.

Du Canon, des Tendons et des Ligaments suspenseurs des boulets.

Le canon suit le genou ; le métacarpien principal et les deux autres petits métacarpiens, nommés péronés, lui servent de base. Ces deux derniers petits os, soudés en arrière et sur les côtés du canon, sont renflés à leur partie supérieure de manière à agrandir la surface articulaire sur laquelle reposent les osselets du genou : ils ne sont donc point inutiles.

Suivant ce que nous avons dit en parlant de l'avant-bras, le canon sera court pour être beau ; nous ne trouvons aucun inconvénient à ce qu'il soit mince. Nous sommes loin d'être sur ce point de l'opinion de Bourgelat et des autres auteurs qui l'ont partagée avec lui (1) ; nous pensons au contraire qu'il n'en sera que plus compacte. Les chevaux de sang ont le canon, comme les autres os, fins et très durs ; leur pesanteur spécifique est plus grande et leur résistance plus forte. Les chevaux communs ont les os plus volumineux sans en être plus solides. Ils sont plus poreux, plus légers ; leurs canons sont gros, signe de manque de sang et de distinction.

Les canons devront être lisses et exempts des bosselures irrégulières qu'on nomme *suros*. Ces tumeurs osseuses, arrondies ou allongées, peuvent n'avoir aucun inconvénient quand elles ne sont pas sur le passage des tendons ; dans le cas contraire, elles sont souvent une cause de boiterie, par

---

(1) Nous n'avons jamais vu de canon manquer par ce prétendu défaut. Nous ne croyons même pas que jamais on ait été fondé à le signaler comme un vice réel par la pratique, pas plus que par une théorie sagement comprise. Si jamais ce cas s'était présenté, il serait bien exceptionnel.

l'irritation plus ou moins grave que cause le frottement des cordes tendineuses contre ces inégalités.

Les tendons des muscles de l'avant-bras passent en avant des canons pour étendre la jambe, et en arrière pour la fléchir et concourir à supporter le poids du corps. L'importance du rôle des tendons de la région postérieure du membre mérite une étude toute particulière que nous devons faire.

La corde tendineuse que l'on remarque en arrière du canon, et dont le développement est en raison de celui des muscles dont elle émane, devra être forte et dure, ce qui dépend de sa densité ; elle sera exempte de tumeurs partielles ou d'engorgements généraux ; elle devra être écartée le plus possible du rayon qui lui est parallèle.

En traitant du garrot, nous avons vu que le parallélisme des muscles ou de leurs tendons avec les leviers sur lesquels ils agissent tend à diminuer la puissance de leur action. La nature emploie dans ce cas des éminences osseuses (poulies de renvoi) pour les écarter et les rapprocher de la ligne perpendiculaire à l'organe à déplacer, ligne qui est la plus favorable au but proposé. Ce cas se présente ici de la manière la mieux tranchée. La nature a placé au point où le tendon se courbe, pour se rendre sous le paturon et ensuite sous le pied, deux os sésamoïdes qui, par leur réunion, forment une poulie de renvoi. Les fonctions de cette poulie sont d'autant plus avantageuses que celle-ci est plus développée, qu'elle écarte mieux la corde tendineuse, et que, par conséquent, elle rapproche plus cette corde de la ligne perpendiculaire à son insertion.

Voilà pour les avantages fournis par la poulie de renvoi que nous examinons.

Mais l'action de cette poulie ne se borne pas là. Considérant la corde tendineuse comme concourant à supporter le poids du corps avec les ligaments suspenseurs du boulet, les sésamoïdes sont un véritable levier de puissance d'autant plus favorable qu'il est plus long. Or, comme la longueur de ce levier dépend du développement de ces os, de cette poulie de renvoi, il résulte de ce développement un double avantage favorable à une double action (1).

Partant de ce principe, la corde tendineuse du canon ne saurait donc jamais être assez écartée de cet os, et laisser un assez grand espace entre elle et lui.

Quand cet écartement est peu sensible, l'action du tendon est d'autant moins favorisée que ce défaut est plus marqué. Dans ce cas, la nature nous a paru avoir cherché à y remédier, autant que possible, par un développement plus grand des ligaments suspenseurs des boulets. Nous avons cru remarquer, en effet, que ces organes sont plus apparents et plus forts quand la corde tendineuse est faible et rapprochée du canon. Nous tâcherons de bien vérifier ce fait pour pouvoir l'assurer plus tard, s'il mérite confirmation.

Mais, pour être dans les bonnes conditions d'action, il ne suffit pas que le tendon soit fortement écarté du canon à sa partie inférieure ; il faut encore qu'il le soit à sa sortie du pli du genou. Il arrive en effet assez souvent que le tendon, au lieu de descendre perpendiculairement de l'avant-bras au boulet, se courbe derrière le genou ; il en part obliquement pour reprendre l'écartement commandé par le développement des sésamoïdes en bas du canon. Cette disposition vicieuse lui fait donner le nom de *tendon failli*. La corde, dans ce cas, déviée de la ligne droite, est privée de l'action directe qu'elle doit avoir en partant des muscles. Sa courbure détermine une décomposition de force, une perte de puissance musculaire,

---

(1) Les sésamoïdes, fixés par de forts ligaments au premier phalangien et au canon, sont, outre leurs fonctions de poulie de renvoi, un levier qui sert à supporter le poids du corps. Ce poids agit sur l'articulation métacarpo-phalangienne, et tend sans cesse à fléchir en avant le paturon sur la jambe. Ce levier concourt à prévenir cet accident.

par le frottement de l'obstacle qui commande sa déviation anormale. Il y a donc vice de conformation (1).

La corde tendineuse devra donc être sans courbure et agir directement pour avoir toute sa force ; elle devra être fortement écartée du canon par sa poulie de renvoi du boulet ; de plus, elle sera bien développée, dure et sans inégalités ni engorgements. Avec toutes ces conditions, cette corde supportera facilement les efforts de toute nature qui tendent à altérer son tissu. Dans le cas contraire, si elle est courbée derrière le genou, si elle est peu détachée du canon, mince, d'un tissu mou, peu dense, elle ne pourra résister à son travail ; elle sera sujette aux distensions (nerf-ferrure), aux engorgements douloureux, à l'usure enfin. Le cheval alors, quelle que soit la supériorité de ses qualités, de son origine, quelles que soient sa santé et sa bonne organisation, sera sans valeur : il ne pourra rendre aucun service. Ce sera un beau vaisseau avec de mauvais cordages mal disposés pour favoriser leur action.

Entre le canon et le tendon dont nous venons de parler on voit de chaque côté une petite baguette plus ou moins distincte sous la peau. Cette baguette part du haut du canon à sa partie postérieure, suit la direction de cet os, et se rend au boulet, où elle se perd : c'est le ligament suspenseur du boulet. Sa fonction est de prévenir la flexion anormale des phalanges, et de concourir ainsi au support du poids du corps avec les tendons fléchisseurs. Ces ligaments sont très distincts chez les chevaux de sang ; ils sont souvent noyés et inappréciables dans les races communes.

On remarque souvent, au voisinage du tendon et du liga-

---

(1) Une corde tendue est toujours droite quand la loi de sa pesanteur ne s'y oppose pas. Si elle est déviée par un obstacle quelconque, sa force de traction est décomposée, et la quantité de puissance qu'elle perd peut se calculer par celle de sa déviation.

ment suspenseur, de petites tumeurs molles plus ou moins volumineuses. Elles prennent le nom de molettes, et peuvent être la conséquence de la fatigue ou de l'usure. On fera bien de consulter un homme éclairé pour juger de leur nature. Il n'est pas toujours facile de s'assurer si ces tumeurs sont la conséquence d'une surabondance simple de synovie, ou d'une affection réelle (1).

Du Boulet et du Fanon.

Le boulet est formé par les renflements articulaires des os qui le composent, par les sésamoïdes et les ligaments ou tendons qui servent à solidifier cette importante articulation. Quoiqu'elle supporte naturellement le même poids que le genou, on peut remarquer qu'elle est moins volumineuse ; elle a besoin de moins de résistance, en effet, par rapport à la flexion dont elle jouit. L'action du poids qu'elle soutient, au lieu d'être directe et saccadée comme au genou, est décomposée par la ligne brisée que forme la direction du paturon. Le choc se trouve adouci par l'élasticité qui en résulte au boulet et dans toutes les articulations jouissant du même avantage, par les angles qu'elles forment, dans l'homme comme dans les animaux.

On remarque, de plus, qu'au lieu d'être aplati d'avant en arrière comme le genou à sa face antérieure, le boulet est au contraire légèrement déprimé d'un côté à l'autre ; son diamètre latéral est plus petit que l'antéro-postérieur. Cette disposition est d'autant plus tranchée que la poulie de renvoi des tendons est plus développée. Nous avons signalé les avantages offerts par cette heureuse condition. Plus les ten-

____

(1) On voit souvent de jeunes chevaux avoir des molettes qui n'ont aucun inconvénient. Elles finissent par disparaître sans laisser la moindre trace, ce qui est bien différent pour les animaux fatigués.

dons sont détachés , plus le boulet semble aplati d'un côté à l'autre ; plus, au contraire , ces cordes sont près du canon , plus le boulet est arrondi , moins il est proéminent en arrière.

Il est facile, d'après cela, de conclure sur la beauté du boulet : elle consiste surtout dans le plus grand développement possible de la région des sésamoïdes. L'articulation est alors plus solide, et la poulie de renvoi des cordes tendineuses est dans de meilleures conditions (1).

Du reste , le boulet devra être exempt de. molettes , de tumeurs osseuses, qui peuvent gêner son jeu, borner l'étendue de ses mouvements. On devra s'assurer si sa face interne n'offre pas de traces de blessures qui seraient la conséquence d'un vice de conformation des membres, du défaut d'aplomb ou de toute autre cause souvent difficile à combattre.

La position du boulet est très importante à étudier. Comme elle dépend toujours de la direction du paturon, nous nous en occuperons en traitant de cette dernière partie.

La région postérieure du boulet est pourvue d'un fanon , touffe de poils plus ou moins longs et nombreux. Quand cette touffe est très développée, elle caractérise toujours les races communes. Les chevaux de trait, élevés dans des prés marécageux, ont le fanon très poilu ; il se prolonge même quelquefois sur les côtes du boulet et tout le long du canon jusqu'au genou. Dans les races de sang , au contraire , il se ré-

---

(1) Nous devons signaler ici une disposition toute particulière qui rend l'articulation du boulet d'une grande solidité. Protégée en avant par la disposition oblique de l'os du paturon, en arrière par les sésamoïdes, ses déviations d'un côté à l'autre sont rendues impossibles par un tenon ménagé à la facette articulaire du canon. Ce tenon est reçu par une mortaise de la facette correspondante du premier phalangien. Cet admirable engrènement, en permettant toute l'étendue des mouvements d'avant en arrière, empêche tout glissement d'un côté à l'autre.

duit à un très léger bouquet de poils rares, courts et soyeux ;
à peine cachent-ils l'*ergot*, petite production cornée qui se
trouve dans son centre, et qui est de la nature de la châtai-
gne. Comme elle, ce bouton est d'une texture molle, et
d'autant plus volumineux que le système pileux est lui-même plus développé et plus grossier. On peut s'en convaincre dans les chevaux communs.

Du Paturon.

Le paturon a pour base le premier phalangien. Ce rayon
oblique se rend du boulet à la couronne et brise la ligne
droite formée par l'avant-bras et le canon. L'étude de sa
longueur et de sa direction, dépendant souvent l'une de l'autre, est très importante. Cette étude fournit les moyens de
juger avec certitude non seulement de la force ou de la douceur des réactions, mais encore du degré d'usure des membres du cheval, de la durée de cet animal en service, et par
conséquent de sa valeur.

Pour appuyer cette opinion, examinons d'abord quelles
sont les fonctions de cette région.

Nous avons vu que les sésamoïdes forment un bras de levier de puissance. Le paturon est le bras du levier qui lui est
opposé, c'est-à-dire celui de la résistance : il sera donc d'autant plus défavorable aux puissances qu'il sera plus long ;
d'autant plus favorable, au contraire, qu'il sera plus court (1).

---

(1) Le poids à supporter ou la résistance, comme on voudra, peu
nous importe ici, sont représentés par l'extrémité du canon. Or, le
centre d'action du poids soutenu se trouve placé entre le bras du levier
sésamoïdien, qui sert à suspendre d'un côté, et le paturon, qui supporte de l'autre, en formant son point d'appui sur le sabot. Les avantages de chacun de ces leviers étant en raison de leur longueur respective, on comprendra facilement que plus le paturon sera long, plus
il servira à fatiguer les puissances auxquelles son action est opposée.

Nous pouvons donc conclure avec certitude que plus le paturon sera court et les sésamoïdes développés en proportion, plus les puissances seront favorisées et plus le cheval aura de force. Les conditions opposées produiront l'effet tout contraire. Dans ce dernier cas, le paturon *long-jointé*, comme on dit, fléchira davantage sous le poids du corps ; il sera plus élastique, plus souple ; les réactions seront plus douces. Dans le premier cas, au contraire, les puissances résisteront avec plus d'énergie, elles céderont moins sous le poids ; les réactions seront plus dures ; mais alors le cheval *court-jointé* durera long-temps ; ses membres pourront être parfaitement sains, quand le *long-jointé* sera fatigué, ruiné.

Il nous sera facile d'expliquer maintenant comment le degré d'inclinaison naturelle du paturon peut varier suivant sa longueur, suivant la flexibilité qui en dépend. On voit des paturons longs, tellement inclinés, que le boulet touche presque le sol au moment de l'appui, tant les puissances qui le soutiennent sont affaiblies par son excès de longueur.

Nous avons vu des poulains qu'on a été obligé d'abattre parcequ'ils marchaient sur le boulet, par suite de l'étendue démesurée des phalangiens. Quand ces os sont courts, au contraire, leur obliquité est infiniment moins marquée et plus favorable au soutien du corps. Mais, entre les deux extrêmes, on doit désirer une moyenne qui permette à l'animal d'avoir assez de résistance sans perdre l'élasticité convenable au cheval de selle. Nous pensons que le paturon dont l'inclinaison marque un angle de 45 degrés environ avec l'horizon, réunit les conditions propres au but désiré pour le cheval léger. Pour le cheval de trait, le paturon

---

Le corps de l'animal, en définitive, est ici un poids inerte qui ne se lasse pas par son action. La puissance au contraire représentée par le ligament suspenseur du boulet et la corde tendineuse se fatigue, s'use d'autant plus vite que son travail est plus soutenu et plus intense.

court, peu incliné, est toujours une qualité ; le cas contraire est toujours un défaut.

Les ligaments suspenseurs et les tendons tiraillés, distendus outre mesure par suite de la mauvaise disposition des paturons longs et trop faibles, s'irritent ; ils deviennent le siége d'une véritable maladie inflammatoire ; ils se tuméfient alors, une douleur plus ou moins intense s'y développe, et une boiterie longue et difficile à combattre en est la conséquence. Les ligaments et les tendons jouissent généralement de peu de vitalité ; leurs maladies sont toujours très lentes dans leur marche, souvent obscure. Ceux des membres sont d'autant plus difficiles à guérir que leur repos absolu est impossible. Ils sont toujours tendus de manière à supporter plus ou moins long-temps le poids du corps. Aussi ces affections chroniques ont-elles le plus souvent pour conséquence le raccourcissement général ou partiel du système tendineux ou ligamenteux malade, d'où résulte la déviation du paturon en avant. Cette déviation anormale détruit l'élasticité du boulet. La ligne brisée du rayon devient droite, les aplombs réguliers et normaux sont faussés, et l'animal, qui ne peut plus avoir la force nécessaire pour se soutenir, est susceptible non seulement de butter, mais de s'abattre, surtout sous le poids du cavalier.

On a cherché à remédier à l'inconvénient du cheval bouleté à l'excès par la section du tendon le plus important de la corde tendineuse raccourcie. Cette opération semble même quelquefois, sinon rétablir les aplombs parfaits, du moins les rendre moins défectueux ; mais ce ne peut être qu'un palliatif bien faible et de courte durée : on n'a pu combattre qu'un effet qui ne manque pas d'être bientôt reproduit par la permanence de la cause et par la maladie générale des tissus sur lesquels elle agit.

Le paturon, comme le boulet et le canon, devra être exempt de tumeurs osseuses ou *suros*. Ces vices ont les mêmes inconvénients que ceux que nous avons déjà signalés, quand ils se trouvent sur le passage des tendons ou au voisinage des ligaments.

La peau du pli du paturon est quelquefois le siége de cicatrices ou blessures résultant d'eaux aux jambes, de crevasses pendant le temps pluvieux, ou d'*enchevêtrures*. Il n'est pas inutile de s'assurer de l'existence de ces accidents, surtout quand le fanon est très développé et cache ces traces de lésions, dont il est toujours bon de connaître l'origine.

De la Couronne.

On nomme couronne toute la partie circulaire qui entoure le paturon à sa base, au dessus du bord du sabot du cheval. Cette région n'offre d'intérêt que par les tares ou traces de maladies dont elle peut être le siége. On veillera à ce qu'elle soit régulièrement unie, exempte de bosselures, d'inégalités de toute espèce, appelées formes. Il est facile de les reconnaître : elles sont causées par des exostoses des os du paturon ou de la couronne, et, sur les côtés, par l'ossification des cartilages qui se trouvent sous la peau. Ces tumeurs osseuses occasionnent quelquefois des boiteries incurables, soit par leur compression contre la muraille du pied, soit par leurs frottements contre des tendons ou des ligaments de cette région.

D'un autre côté, la couronne étant le foyer de sécrétion de la muraille du sabot, il est nécessaire qu'elle soit saine, exempte de maladies, de blessures ou de tuméfactions. La sécrétion de l'ongle, qui joue un rôle si important dans la composition des parties constituantes du pied, et celle de son action, pourraient en être troublées.

Des tuméfactions ou des fistules aux parties latérales de la couronne accusent quelquefois l'existence d'une maladie assez grave, due à une altération plus ou moins profonde des cartilages dont nous avons parlé. Du reste, dans ces divers cas pathologiques, on fera toujours bien de consulter un homme spécial, qui seul peut conclure avec quelque certitude.

Du Pied (1).

L'admirable combinaison de toutes les parties qui composent le pied du cheval, bien étudiée dans tous ses détails et dans tout son mécanisme, est un des sujets qui peuvent le plus intéresser le naturaliste. Le savant vétérinaire anglais Bracy-Klarc a publié sur cette matière un des travaux les plus ingénieux et les plus remarquables que nous ayons en histoire naturelle et en physiologie. Ce petit livre, traduit en français, devrait être entre les mains de tout homme qui aime à méditer sur l'organisation animale et à approfondir tout ce que le pied du cheval en particulier peut offrir à nos recherches (2).

Les pieds sont les extrémités sur lesquelles réagissent tous les efforts musculaires effectués pour la progression. Aussi, avant qu'on imaginât de protéger la surface plantaire de cette boîte cornée par une bande de fer circulaire, regardait-on avec raison la bonne disposition du sabot comme une des meilleures qualités du cheval. *Incerta basis, instabile œdifi-*

---

(1) On est convenu d'appeler *pied* dans le cheval les parties contenues dans le sabot. On sait que, dans l'homme comme dans les individus pourvus de plusieurs doigts, le pied comprend toutes les parties qui composent les extrémités à partir du tarse ou du carpe inclusivement.

(2) Vers 1823 et 1824, mon ancien maître, Girard fils, professeur à l'école d'Alfort, fit aussi sur la structure du pied et sur les divers modes de sécrétion de l'ongle du cheval des expériences. très importantes. Elles lui avaient fourni le sujet d'une thèse qu'il était sur le point de soutenir pour obtenir le grade de docteur en médecine; mais en 1825, victime de son zèle et de son dévoûment pour les sciences, il mourut des suites d'une maladie qu'il s'inocula en faisant l'autopsie du cadavre d'un de ses élèves. Une partie de son travail, qui nous avait été confié, a été publiée par nous dans le journal de l'école d'Alfort en 1843.

cium, est à juste titre la maxime qui a servi d'épigraphe au livre de l'auteur anglais que nous venons de citer. Pour que l'édifice fût solide, il fallait donc que sa base fût pourvue de toutes les bonnes conditions exigées par ses fonctions. Nous allons tâcher d'en donner une idée, suivant les savantes recherches des naturalistes modernes.

Quand on examine avec attention le sabot du cheval, on trouve qu'il est composé par la réunion de trois espèces de corne, différentes par leur forme, leur texture, et par conséquent par leurs usages. Nous savons que dans l'organisation animale chaque destination commande toujours la forme propre à l'instrument qui doit la remplir. La plus importante de ces trois pièces de l'ongle que nous étudions se nomme muraille, ainsi appelée, sans doute, parcequ'elle sert à protéger le pied comme un mur protége une enceinte ; celle qui vient après prend le nom de sole, et la troisième celui de fourchette. Chacune de ces parties remplit un rôle spécial. Examinons si leur forme peut bien répondre au but.

Pour bien fonctionner, le sabot devait d'abord être solidement fixé, pour ne pas se détacher de l'extrémité qu'il protége ; il devait être élastique pour permettre aux parties molles qu'il contient de s'écarter au moment de l'appui, afin de n'être pas comprimées ; de plus, il devait croître, pour se renouveler et réparer l'usure. Nous trouverons dans le bon pied ces conditions réunies avec le plus d'avantage possible.

De la Muraille ou Paroi.

La muraille ou paroi est la partie de l'ongle qui se continue avec la peau et enveloppe circulairement toute la surface du pied qui ne pose pas sur le sol. Cette pièce du sabot est non seulement la plus grande, mais celle dont les fonctions sont les plus importantes. Quand on la détache des autres et qu'on l'étudie individuellement, on voit qu'elle peut remplir trois fonctions bien distinctes : elle sert d'abord d'instrument protecteur ; elle fournit ensuite des moyens de grande adhésion avec les tissus sous-jacents ; enfin son admirable disposition en ressort favorise non seulement l'écartement des pieds au moment de l'appui, mais encore la force d'impulsion donnée au corps par les muscles, ce qui, dans l'ordre des mammifères, ne se remarque que dans le genre cheval.

La muraille sert d'instrument protecteur, avons-nous dit ; il est facile de le voir, puisqu'elle contribue à envelopper le pied. Quant aux moyens d'adhésion dont la nature a pourvu sa face interne, ils sont trop ingénieux pour que nous ne les fassions pas connaître.

Quand on détache l'ongle du pied, par la macération ou tout autre moyen, on voit que toute l'étendue de sa paroi est munie à sa face interne d'une infinité de petits feuillets parallèles placés de champ de haut en bas ; ils correspondent à d'autres feuillets exactement semblables par leur forme et fournis par le tissu qui recouvre l'os du pied. Ces petites lames ressemblent exactement à celles qu'on remarque sous le chapeau de certains champignons. On a calculé leur nombre, qui est d'environ cinq cents. Nous avons nous-même vérifié ce compte : il nous a toujours paru à peu près exact. Ces feuillets de l'ongle et du pied s'engrènent, s'enchâssent les uns dans les autres, au moyen de petits intervalles qui les séparent entre eux ; ils adhèrent ensemble, et l'on conçoit alors quelle force de cohésion ils doivent avoir. On a calculé qu'ainsi disposés, ces feuillets augmentent douze fois environ la surface d'adhésion de l'ongle au pied. Il est facile de s'en faire une juste idée par l'exemple suivant :

Prenons un livre d'une certaine épaisseur ; essayons de coller par leur surface libre les feuillets serrés les uns contre les autres : l'étendue de cohésion ne pourra être que celle de l'épaisseur du livre, et il nous sera facile de séparer deux volumes ainsi collés l'un à l'autre. Opérons maintenant pour ces deux livres comme la nature a opéré pour le pied du cheval. Écartons les feuillets que nous avions présentés d'abord serrés les uns contre les autres, enchâssons-les individuellement dans leurs intervalles, et collons-les ensemble. Ainsi réunis, la séparation des deux livres deviendra impossible par la multiplication des surfaces collées ; ils se déchireront plutôt que de se désunir.

Les dispositions qui fixent la muraille aux tissus sous-jacents sont exactement les mêmes. Nous ne pensons pas avoir besoin d'autre explication pour faire comprendre que cette corne possède, au plus haut degré imaginable, les moyens d'adhésion aux tissus qu'elle recouvre.

Voyons maintenant si elle peut être élastique.

Toute production cornée est flexible : la baleine, la corne, les poils, etc., en sont une preuve irrécusable ; mais, comme la flexibilité ne suffisait pas au sabot, et que, pour bien remplir son but, il fallait qu'il y eût effet de détente du ressort tendu, il fallait par conséquent une disposition spéciale pour cette fin. Nous prouverons qu'elle existe. Mais continuons l'étude qui nous occupe.

Quand on étend la corne de la muraille isolée de manière à la redresser en la faisant chauffer, on a une bande dont la plus grande largeur et la plus grande épaisseur sont au milieu. A partir de ce point, cette bande s'amincit et se rétrécit graduellement et sans interruption jusqu'à ses extrémités, où elle se termine en pointes assez aiguës. Cette disposition est exactement la même que celle d'un arc de flèche ou d'un ressort formé de plusieurs lames de longueur et d'épaisseur différentes, pour être plus flexible aux extrémités qu'au centre. Tels sont les ressorts de voiture à double action, par exemple, et tous les ressorts qui ont la même destination. Le ressort corné dont nous parlons, recourbé de manière à contourner le pied, cède pendant l'écartement forcé des parties molles au moment de l'appui, et revient sur lui-même. Il se détend quand la cause qui l'a tendu cesse son action.

La muraille, disposée comme un ressort et fonctionnant

de la même manière, concourt donc à l'élasticité du pied. Nous devons lui reconnaître par conséquent les trois usages : 1° de protéger le pied, 2° de servir à fixer solidement le sabot, 3° enfin de contribuer à rendre élastique cette boîte de corne.

De la Sole.

La sole, encadrée par le bord inférieur de la muraille, recouvre et protége toute la surface plantaire du pied qui n'est pas occupée par la fourchette ; elle concourt en même temps avec la muraille à soutenir l'os du pied pressé vers le sol par le poids du corps qu'il supporte. La plus grande surface inférieure de cet os pose donc sur ce plancher du sabot et y adhère d'une manière assez intime. Cependant, comme ce genre d'adhésion ne nécessitait pas une aussi grande force que celle de la muraille, on n'y remarque pas les feuillets interposés que nous avons signalés en parlant de cette corne. Loin d'offrir une disposition feuilletée, la surface d'adhésion de la sole est persillée d'une infinité de porosités qui reçoivent les villosités des tissus sous-jacents. Ce mode suffit pour la fixer à la surface de l'os du pied.

Nous avons dit que toutes les parties qui forment le sabot concourent, chacune pour sa part, à l'élasticité de cette boîte cornée. La sole est donc flexible aussi : la nature de sa surface nous l'expliquera clairement. En effet, en examinant la face plantaire du pied, on voit qu'elle est creuse, disposée en voûte, pour résister avec le plus d'avantage possible au poids qui tend à la fouler vers le sol. Elle fléchit en effet au moment de l'appui, puisqu'elle adhère par ses bords à la muraille, formant un ressort qui, comme nous l'avons vu, s'écarte et revient sur lui-même. Si la voûte de la sole restait immobile, si elle ne revenait plus à son état normal par son élasticité naturelle quand elle s'est affaissée par le poids qu'elle supporte, l'action du ressort serait impossible ; celui qui l'a fabriqué se serait étrangement trompé dans son plan, ce qui ne lui arrive guère.

La sole, comme la muraille, concourt donc à protéger le pied, à fixer le sabot et à le rendre élastique. Étudions maintenant la dernière partie de cette boîte.

De la Fourchette.

La partie postérieure de la sole est échancrée en forme de V. Elle reçoit dans cet espace la fourchette, comme un coin, dont elle a la forme, et quelquefois aussi les usages d'une manière toute spéciale. Cet organe joue un rôle très important dans le pied, quoique le mécanisme de son action soit différent de celui des autres parties du sabot.

La fourchette a aussi trois fonctions distinctes ; nous lui en trouvons même une quatrième, que sa disposition nous démontre clairement.

La texture de la fourchette diffère essentiellement de celle de la muraille et de la sole ; sa substance, molle et flexible, a une grande analogie d'action avec la gomme élastique. Elle cède à la pression, et reprend sa forme naturelle quand elle n'est plus comprimée. Il arrive souvent que ce coin, écrasé par le poids qu'il supporte lorsqu'il pose sur un sol dur, s'élargit et force la région qu'il occupe à s'écarter (1). Il

---

(1) Les extrémités contournées du ressort formées par la muraille sont fixées à la fourchette, qui les oblige essentiellement à s'écarter quand elle est forcée de s'élargir elle-même par son appui sur un sol dur. Bracy-Klarc ne partage pas cette opinion, qu'il considère comme une erreur. Suivant lui, la fourchette est une véritable corde d'arc pour la muraille. Nous admettons volontiers cette théorie en général ; mais est-il possible de nier l'écartement forcé de la fourchette et du coussinet plantaire, quand leur appui se fait sur un corps dur surtout ? Et si nous sommes forcés d'admettre cette expansion, pouvons-nous nier son influence sur l'éloignement des talons l'un de l'autre ? Nous posons cette question aux physiologistes.

revient sur lui-même et reprend son état habituel quand le pied quitte le sol. Il favorise donc ainsi, à sa manière, l'élasticité du sabot dans certains cas. Il agit ici comme les parties molles contenues dans la boîte cornée, au lieu d'opérer comme un ressort, tel que la muraille ou la sole.

Considérée comme protectrice, l'action de la fourchette n'est pas moins importante que celle des autres parties du sabot. En effet, l'extrémité du tendon le plus important, celui qui concourt à former la corde tendineuse de la région du canon, s'implante en arrière de la surface plantaire de l'os du pied, sous de la fourchette. Par son élasticité et celle d'un coussinet fibro-graisseux *matelassé* sur lequel elle repose, elle concourt à protéger cette partie délicate contre les causes de blessures ou de contusions auxquelles elle est exposée par sa position.

En examinant la surface adhérente de la fourchette détachée, on remarque une particularité qui ne manque pas d'importance ; nous ne devons pas oublier de la signaler, pour démontrer combien l'étude de cette nature de corne offre d'intérêt et mérite d'être appréciée. Cette surface est pourvue d'une rainure conique dont la pointe est vers le centre du pied. Sa base, beaucoup plus élargie aux talons, est surmontée d'une éminence qui s'enfonce dans la substance du coussinet lui-même, pour le bien fixer. Cet arrêtoir, appelé arrête-fourchette, doit concourir aussi à empêcher le coussinet plantaire de se porter trop avant dans le sabot, au moment d'une violente secousse surtout.

La fourchette sert donc à l'élasticité du pied ; elle concourt à le fixer au sabot, et à protéger l'insertion de la division la plus importante de la corde tendineuse. Voyons maintenant la quatrième fonction dont nous avons parlé.

Quand on fait macérer le sabot pour que toutes ses parties se détachent bien les unes des autres, on remarque qu'une bande circulaire, partant de la fourchette, entoure le bord supérieur de la muraille. Si on met le pied d'un cheval vivant dans un bain, on aperçoit bien distinctement cette bande, large de quinze millimètres environ, imbibée d'eau et gonflée en forme de petit bourrelet. Elle prévient le dessèchement de la muraille à sa réunion avec la peau, à laquelle elle adhère fortement elle-même, et concourt ainsi avec succès à fixer le sabot. Cette bande a quelque analogie avec les brides qu'on attache à certaines chaussures pour bien les fixer en passant sur le coude-pied.

D'après l'étude que nous venons de faire des diverses parties de l'ongle du cheval, nous pouvons conclure que leur élasticité individuelle concourt nécessairement à l'élasticité générale du sabot qu'elles composent. Voyons les conséquences qui doivent en résulter.

Quand on examine le pied de tous les animaux, on ne manque jamais d'observer que la partie qui pose sur le sol se dilate au moment de l'appui, et reprend sa forme ordinaire quand elle quitte la terre. Cela devait être : la plante du pied des animaux est pourvue de tissus mous, qui cèdent sous la pression. Ils sont *matelassés* et très propres à protéger les os des pieds, leurs articulations et les tendons fléchisseurs des phalanges. Sans cette admirable prévoyance de la nature, les contusions contre le sol, ou les blessures, auraient rendu la progression difficile, sinon impossible. On conçoit que cette expansion du pied est aussi facile que naturelle chez tous les individus qui ont les extrémités libres. Mais quand elles sont emboîtées dans un sabot comme celui du cheval, comment admettre la conséquence des principes observés chez tous les animaux, si cette enveloppe n'est point élastique ? Le sabot du cheval permet non seulement la dilatation observée aux pieds de tous les animaux, mais encore il favorise la rapidité des allures par sa détente comme ressort, et en affermissant les tissus qu'il enveloppe sans les blesser (1).

_____

(1 Il nous est facile de nous expliquer ce double résultat. Le res-

On nous dira peut-être que toute l'étendue de l'élasticité du sabot n'est pas rigoureusement indispensable, puisqu'on peut la borner, sans trop d'inconvénient, par une bande de fer clouée au bord inférieur de la muraille. Cette objection spécieuse pourrait paraître juste aux personnes étrangères à la question ; mais elle est sans fondement. L'expérience a prouvé que la ferrure est un mal nécessaire. En bornant le jeu d'élasticité du sabot, elle nuit aux fonctions naturelles du pied ; elle provoque le rétrécissement des talons (l'encastellure), la compression des tissus, et des boiteries presque toujours incurables. Jamais, ou bien rarement, un cheval qui n'a pas été ferré ne sera encastellé ; jamais son pied ne sera déformé, amaigri, douloureux, comme on le remarque souvent par suite de l'action du fer. Aussi a-t-on imaginé une infinité de moyens pour préserver l'ongle de l'usure sans nuire à son jeu, et cherche-t-on toujours à résoudre ce problème. Les nombreuses expériences tentées jusqu'à ce jour ont été sans résultat satisfaisant (1).

---

sort ormé par le sabot est tendu au moment de l'appui, il se détend quand le pied quitte le sol : il concourt par conséquent à enlever le corps et à favoriser la force de projection. Donnez à un danseur une chaussure élastique qui imite le sabot du cheval, et il gambadera à merveille ; privez-le de cet auxiliaire, et vous verrez la différence. Quant à ce que nous disons, que les tissus du pied sont affermis par leur enveloppe, rien n'est plus vrai. Souvenons-nous avec quelle facilité nous marchons avec une bonne chaussure qui contient bien notre pied sans le blesser, et comparons son effet avec celui d'un soulier large dans lequel le pied, mal à l'aise, n'est point affermi ni bien emboîté, et il nous sera facile de conclure.

(1) Si, comme l'arc ou les ressorts à double action, la muraille fléchit peu au centre, c'est-à-dire au point que l'on nomme *la pince* en terme de l'art, son jeu doit être très étendu vers ses extrémités, graduellement amincies ; la grande élasticité du pied doit s'opérer vers ses parties postérieures. Cette disposition si bien combinée explique pourquoi, en ferrant un cheval, les clous doivent être placés vers la pince pour laisser aux quartiers et aux talons toute l'étendue d'élasticité que

Maintenant que nous avons étudié les différentes parties qui composent le sabot du cheval et leurs usages particuliers et généraux, il nous sera plus facile de juger des bonnes conditions de sa conformation.

La muraille adhère à l'os du pied, qu'elle tient solidement suspendu par sa disposition en voûte oblique ; elle le protége et lui sert de ressort. Pour bien fonctionner, elle devra être régulièrement inclinée de haut en bas, dans le sens des fibres qui la composent ; elle sera contournée d'un côté à l'autre, sans inégalités, sans cercles ni crevasses, ce qui indiquerait que le mode de sa sécrétion est vicieux. Toute fente ou fissure (seime), particlle ou générale , sera toujours un défaut, plus ou moins grave. Une muraille fendue est un ressort rompu, qui exige pour être réparé une opération souvent assez sérieuse, suivant le point où elle est nécessitée. Le bord de cette partie de l'ongle qui s'attache à la peau devra être uni, régulier, sans bosselure ni excroissance anormale. Si elle en avait , il pourrait en résulter des boiteries souvent graves et difficiles à combattre.

Le bord supérieur, comme l'inférieur, sera bien contourné en forme de cercle ; si, quittant cette figure, il prend l'ovale, surtout vers les talons, il y aura vice de conformation. L'encastellure pourra en résulter, si elle n'existe déjà.

La muraille sera forte et élevée au point où elle se contourne pour former les talons , obligés par leur position de supporter un grand poids. Ces angles doivent être résistants. Des talons bas et faibles sont toujours mauvais ; ils causent des boiteries, par suite de contusions, de bleimes, etc.

Pour être bien conformée, la sole sera disposée en voûte ; elle sera *creuse*, suivant l'expression des Arabes, afin de bien fonctionner. Elle aidera ainsi la muraille à mieux supporter l'os du pied et tout le poids dont il est chargé ; elle aura la

---

doit permettre la fixité du fer. C'est le seul moyen d'alléger, autant qu'on peut le faire, le mal incontestable causé par la ferrure.

faculté de mieux concourir à l'élasticité du pied en s'affaissant et en forçant le ressort qui l'entoure à s'écarter. On ne devra remarquer sur sa surface ni bosselures (oignons), ni éminences anormales, causes essentielles de boiteries souvent incurables.

La sole aplatie ou bombée est mal conformée ; un pied plat est toujours un mauvais pied ; un pied comble rend le cheval impropre au service. Il est facile de comprendre ce fait d'après l'étude que nous avons faite des fonctions du plancher du sabot. La sole d'ailleurs ne réunit jamais, dans ces cas, de bonnes conditions d'action. Les Arabes ont parfaitement observé les avantages d'une sole disposée en voûte et exempte des difformités que nous venons de signaler. En parlant de chevaux de noble race, ils disent : « Nous sommes « arrivés à la pointe du jour avec des chevaux aux sabots « *creux* comme des *coupes*. » (E. Daumas.)

La fourchette sera bien nourrie, bien développée, surtout à sa base. Les talons alors, bien écartés l'un de l'autre, jouiront de toute leur élasticité naturelle. Si elle est amaigrie, resserrée, sèche, non seulement elle fonctionnera mal, mais les tissus qu'elle recouvre seront exposés à des maladies plus ou moins graves et difficiles à combattre.

Quand chacune des parties de l'ongle que nous étudions réunit les conditions de bonne conformation que nous venons de signaler, le pied est convenablement organisé et peut bien remplir ses fonctions ; mais leur mauvaise disposition individuelle ou générale entraîne des vices de construction du sabot toujours sérieux. Les difformités qui en résultent diminuent la valeur du cheval en raison de leur gravité. Ainsi un pied plat, ou comble par déviation de la sole, encastellé par le rétrécissement des talons et l'altération de la fourchette ; la mauvaise nature de la muraille, etc., sont autant de défauts dont il est important de calculer les conséquences. On ne négligera pas également l'examen du volume du pied : ordinairement petit et d'une corne dure dans les chevaux de sang élevés dans les pays secs et montagneux, il est développé, au contraire, quand les races sont communes et pâturent dans des lieux marécageux. Ces faits sont constatés par l'observation pratique.

La nature du sol surtout paraît être la principale cause qui agit sur le volume du pied. Quelle que soit sa noblesse d'origine, un cheval de montagne aura toujours le sabot plus petit, plus dur, que celui de la plaine. En Afrique, le cheval né sur les frontières du désert a le pied plus grand que celui de l'Atlas, quoiqu'il n'y ait pas de différence dans leur degré de sang et qu'ils soient élevés l'un et l'autre de la même manière et dans un pays sec et chaud. J'ai eu occasion de me convaincre de cette vérité sur les lieux.

La nature semble avoir donné aux animaux destinés à marcher sur un sol mouvant des extrémités plus propres à favoriser leur marche. Un pied large, en effet, est moins susceptible de s'enfoncer dans un terrain qui cède, qu'un autre d'une plus petite dimension et chargé du même poids. Cette considération doit-elle être négligée pour l'achat d'un cheval que l'on destine à être employé dans telle ou telle nature de sol? Pour servir dans un pays où les chevaux sont pourvus d'un grand pied, et pour cause, préférera-t-on un petit pied? Nous croyons que, pour toutes les parties du corps, le choix doit toujours être relatif et déterminé par l'usage et la fin proposés. Si chaque service nécessite une organisation particulière des individus, pourquoi les pieds qui les supportent seraient-ils soustraits à cette règle générale? Pourquoi ne pas tenir compte des lois de la nature en toute occasion?

Les difformités naturelles ou accidentelles du pied, comme ses maladies, sont une question de chirurgie vétérinaire ou de maréchalerie. Les hommes spéciaux seuls pourront bien juger de leur gravité, du moyen d'en alléger les effets par la ferrure, ou de les guérir. Nous ne croyons donc point devoir donner ici des détails tout à fait étrangers à la nature des études que nous nous sommes proposé de faire; on consultera les ouvrages d'art vétérinaire, de ferrure, spécialement destinés à traiter de ces matières, si on veut les approfondir.

Toutefois, un sabot cerclé mal conformé, aplati d'un côté à l'autre, allongé et serré vers les talons, sera d'une mauvaise conformation. Le pied doit être *arrondi*, disent les Arabes. Cette forme, en effet, est celle du sabot des animaux que la ferrure n'a point altéré, comme on le voit chez les sujets qui n'ont jamais été ferrés.

Les altérations du pied par la ferrure ont été étudiées avec assez de soin au point de vue pathologique ; mais cette étude laisse encore à désirer au point de vue prophylactique. La meilleure monographie que nous connaissions sur les claudications a été publiée par M. le général Jacquemin (Maxime), dans son excellent Cours d'hippiatrique (4ᵉ édition) à l'usage des officiers et sous-officiers de cavalerie. Nous regrettons que l'étendue de ce travail, aussi judicieusement présenté que bien écrit, ne nous permette pas de le reproduire ici dans tout son entier : nous y renvoyons le lecteur qui voudra être bien éclairé sur la matière ; toutefois, nous transcrivons le passage suivant, pour donner une idée de la manière dont M. Jacquemin·envisage la question.

« Le cheval, dit l'auteur dans les préliminaires de son tra-
« vail, est, de tous les animaux, celui qui est le plus exposé
« aux boiteries. Les causes prédisposantes aux maladies des
« membres l'entourent souvent même avant qu'il soit né. En
« effet, on voit fréquemment consacrer à la reproduction des
« juments boiteuses par suite de défectuosité des pieds ou
« d'autres affections héréditaires des agents locomoteurs.

« Après la naissance, et jusqu'à l'âge adulte, le sabot du
« poulain n'est presque jamais l'objet de soins entendus : de
« là un allongement anormal de l'ongle, des déviations, et
« l'origine d'un grand nombre de boiteries (1).

---

(1) « Il est question ici des poulains qui chaque jour ne sont mis que quelques heures dans les parcours ; quant à ceux qui vivent presque

« Un travail prématuré, excessif, vient quelquefois tarer,
« ruiner le cheval, avant son complet développement.

« Les percussions trop vives sur le pavé, l'alternative
« également funeste d'un excès de repos et d'un excès de
« travail, les effets de la ferrure compliqués par l'impéritie
« de la plupart des maréchaux, le déplorable usage de ne re-
« nouveler la ferrure qu'alors que les fers sont usés, telles
« sont les causes qui ont pour premiers résultats de fatiguer
« les tendons, de tirailler les ligaments capsulaires, d'irriter
« les surfaces articulaires. Bientôt, sous leur influence per-
« sistante, le mal s'aggrave, la nutrition du sabot s'altère, de
« graves perturbations se manifestent, les talons se resser-
« rent, la corne se dessèche, le pied devient douloureux, le
« cheval boite.

« Enfin, des vices de conformation, des dispositions mala-
« dives, des habitations humides, où se contractent tant d'af-
« fections rhumatismales, la brutalité des hommes, les nom-
« breux accidents, conséquence inévitable du service, vien-
« nent multiplier indéfiniment les chances de claudication.

« Ce tableau très sommaire dit assez le grand intérêt qui
« se rattache à la question des boiteries, à l'étude de leurs
« causes, de leurs symptômes, de leur gravité relative, des
« moyens de les prévenir, etc., etc. Cependant rien de com-
« plet n'a été écrit sur cet important sujet. »

Le général supplée avec beaucoup de sagacité à cette lacune regrettable, après avoir consulté les fragments isolés de
divers auteurs qui ont écrit sur cette question. Ces auteurs
se contredisent, pour la plupart, sur des symptômes cependant bien faciles à saisir, et que M. Jacquemin rend parfaitement lucides pour tous ceux qui liront son traité.

Les claudications, bien étudiées dans les causes qui les déterminent, pourraient être prévenues dans bien des cas. Nous

---

constamment abandonnés dans les prairies, l'usure et l'accroissement
de la corne se compensent habituellement chez eux. » *(Note de l'auteur.)*

allons rapporter, à cette occasion, un fait observé sur les chevaux de M. le maréchal Bosquet pendant les campagnes d'Afrique :

Le maréchal eut d'abord des chevaux dont les pieds étaient endoloris. Soumis à de grandes fatigues, il en avait toujours de boiteux. Les hommes spéciaux et les auteurs sur les moyens de prévenir les claudications de ses chevaux, dont le maréchal ne pouvait pas se passer pendant l'activité de la campagne, furent consultés. Aucun moyen curatif ou préservatif ne fut indiqué. Enfin M. le maréchal se décida à observer, à étudier lui-même la question, pour tâcher de découvrir un remède au mal. Voici quelle fut sa manière de procéder, quel fut son raisonnement.

Lorsqu'un homme marche long-temps sur un terrain dur, la plante de ses pieds s'endolorit d'abord, et il ne tarde pas à boiter s'il est obligé de continuer sa route. Que faut-il faire pour arrêter ce mal commençant? Il faut délivrer les pieds de leur chaussure, qui les gêne, les placer ensuite dans des conditions opposées à celles qui ont occasionné la douleur : voilà ce qu'indique naturellement une hygiène bien ordonnée.

Quand les chevaux ont les pieds endoloris, procède-t-on de la même manière pour prévenir les claudications? Non, certes! et voilà une cause essentielle de boiterie future; ce ne peut être qu'une question de temps.

M. le maréchal Bosquet comprit parfaitement alors ce qu'il devait ordonner de faire pour n'avoir plus de chevaux boiteux. Or, voici comment le mal fut prévenu et guéri.

Lorsque le maréchal s'était servi d'un cheval après une expédition, ce cheval était mis dans des conditions propres à lui assurer un repos convenable... Il était déferré d'abord, et il était placé ensuite sur un sol doux, afin que les pieds, surtout ceux de devant, qui en ont le plus de besoin, pussent se dilater à l'aise et se reposer. Pour mieux réussir, on faisait mettre sous les pieds des chevaux de la terre glaise humide, ou des raquettes de cactus écrasées. Ainsi traités, les pieds de ces animaux fatigués se reposaient, reprenaient leur état normal, et toute claudication était prévenue.

Quand le maréchal avait besoin de ses chevaux, il ordonnait de les referrer, en surveillant avec attention leur ferrure, pour qu'elle fût pratiquée d'une manière convenable. Dès ce moment, plus de boiteries, plus de maladies des pieds, comme précédemment.

Suivant l'opinion de M. le maréchal Bosquet, la ferrure française n'est pas en bonne harmonie avec les lois de la nature. Lorsqu'on ferre un cheval, on place autour de sa sole un cercle de fer épais et lourd fixé par une couronne de clous qui empêchent tout écartement, toute élasticité, au moment de l'appui. Or, comme au moment où l'on applique ce cercle de fer, le pied est levé et dans tout son retrait, il en résulte nécessairement que, quand il pose sur le sol, la dilatation ne pouvant s'effectuer en vertu de la pression du corps de l'animal, il doit y avoir compression des tissus contenus dans les sabots, comme dans une chaussure étroite, puis douleur sourde d'abord, et enfin boiterie quand il y a fatigue prolongée.

Lorsque nous voulons avoir une chaussure qui ne nous fatigue pas à la marche, nous posons le pied sur une feuille de papier par terre, nous nous appuyons sur lui du poids de notre corps, et c'est pendant qu'il est ainsi dilaté, que le bottier prend bien la mesure qui convient. Si cette mesure est prise le pied n'étant pas posé par terre, la chaussure pourra être trop juste et nous comprimer les pieds pendant la marche jusqu'à nous faire boiter. Il est peu d'hommes marcheurs qui n'aient éprouvé cet effet.

La ferrure arabe est moins nuisible que la ferrure française, parceque les étampures des fers minces et légers permettent un jeu qui, quoique borné, facilite cependant un peu l'écartement des sabots.

Tel a été le fait observé sur les chevaux de M. le maréchal Bosquet. Nous comprenons facilement que le moyen qui a été employé si judicieusement, et qui n'a pas été indiqué

par les auteurs, que nous sachions du moins, a pu préserver
ses chevaux des claudications et des maladies des pieds auxquelles ils étaient sujets avant l'application de ce procédé
hygiénique.

De la Croupe.

La croupe, dont la charpente est formée par de grands os
plats, est pourvue de larges surfaces pour recevoir l'insertion
de ses muscles nombreux et forts. Elle est la plus développée
de toutes les régions musculaires de l'animal, comme aussi
elle en est une des plus importantes. C'est par elle que les efforts des membres postérieurs sont transmis à la masse du
corps, au moyen des leviers variés qu'elle offre aux puissances musculaires. Sa beauté devra donc dépendre des bonnes
dispositions de ces leviers et des muscles qui président à leur
action.

Nous allons examiner les uns et les autres.

Quand on étudie les coxaux sur le squelette, on voit que
ces deux os, qui forment la base de la croupe, ont deux parties bien distinctes : les deux extrémités antérieures fixées à
la colonne vertébrale sont nommées *iliums*, et les deux postérieures, libres, *ischiums*. Ces derniers sont soudés l'un à
l'autre, et par conséquent solidement unis. Les premiers
sont assujettis au moyen d'une très forte articulation qui les
lie au sacrum, de manière à faire presque corps avec lui. On
trouve, au point du coxal où ces deux extrémités se réunissent, une cavité articulaire pour recevoir le premier rayon de
colonne des membres postérieurs. Ce rayon sert en même
temps de point d'appui au levier du premier genre que forment les coxaux. C'est au moyen de cet appui que s'exécute
le mouvement de bascule qui doit s'opérer. Le coxal est donc
un véritable levier, qui a son point d'appui entre ses extrémités antérieure et postérieure.

Voyons maintenant quelles sont les fonctions de ce levier,

.et quelles peuvent être les conditions qui doivent favoriser son action.

Pour rendre notre étude plus facile d'abord , examinons l e cheval au galop. Que se passe-t-il pendant cette allure ? La partie antérieure du corps est soulevée par l'action de la postérieure. Or, quelle est cette action , si ce n'est celle du bras de levier formé par l'extrémité postérieure du coxal, sur le-quel agissent les forts muscles ischio-tibiaux ? Les ischiums, qui forment la pointe des fesses , sont là un bras de levier du premier genre , d'autant plus favorable qu'il est plus long. Ce fait est mathématique, incontestable. Toute la partie anté-rieure du corps, qui, sous le rapport mécanique, ne doit être considérée que comme le prolongement des iliums, ne peut être soulevée que par le mouvement de bascule des coxaux. Ce mouvement est provoqué par les puissances du bras de levier ischium , au moyen des points d'appui fournis par les colonnes des membres.

Le galop du cheval est donc, au fond, la conséquence du mouvement de bascule opéré par le levier qui nous occupe. Cette allure est impossible sans son action. Or, comme la force d'un levier se traduit par la longueur du bras de sa puissance , il en résulte que plus les ischiums seront allongés, plus ils seront favorables à l'allure du galop.

La longueur des ischiums , d'après les observations que nous avons pu faire chez le cheval, est à celle de l'ilium comme 3 est à 5 environ ; sa longueur relative dépend naturellement de la longueur totale des coxaux. Il en résulte que plus la charpente de la croupe sera longue, plus le bras du levier qui nous occupe sera lui-même allongé, et plus il sera favorable à l'action exigée (1).

---

(1) Le lièvre, dont la vitesse et la force de projection des membres postérieurs nous sont connus, au lieu d'avoir le coxal courbe comme le cheval, a ce levier droit, ce qui favorise beaucoup son action. De plus,

« Le cheval dont la croupe est aussi longue que le dos et le
« rein réunis, disent les Arabes, prends-le les yeux fermés :
« *c'est une bénédiction.* » (E. Daumas.)

Pour être favorable à la vitesse, la croupe, considérée
comme levier, sera le plus longue possible ; elle aura , de
plus, l'avantage d'avoir des muscles plus longs, et par conséquent d'une plus grande étendue de contraction , ce qui est
aussi une condition de vitesse. D'un autre côté , si l'ischium
est très allongé, les puissances qui agissent sur lui seront plus
éloignées du parallélisme qu'elles tendent à former avec la
colonne des membres , et par conséquent elles se trouveront
dans des circonstances plus favorables à leur action.

La croupe longue a donc le triple avantage 1° d'offrir un
bras de levier plus grand à la puissance , 2° de rapprocher
celle-ci de la ligne perpendiculaire à son insertion aux membres , 3° d'avoir des muscles plus longs pour une plus grande
étendue de contraction.

Si un développement convenable des muscles accompagne
la longueur de la croupe, elle réunira les conditions de beauté
qu'on doit en exiger, parcequ'elle sera longue et bien musclée.

Les amateurs qui s'intitulent *praticiens*, mais qui ne raisonnent pas, savent par ouï-dire qu'une croupe courte est mauvaise. Ils ignorent pourquoi, mais ils s'en préoccupent peu.
Nous avons entendu des entraîneurs répéter que tel cheval ne
peut pas courir parcequ'il n'est pas assez long. Ils étaient
dans l'erreur : le corps d'un cheval est toujours assez long
quand il a une grande longueur de croupe et un grand déve-

---

le point d'appui du fémur est au centre du coxal même, ce qui donne
un énorme bras de levier à la puissance représentée par les muscles
fessiers. Chez ce rongeur, la longueur de l'ischium est à celle de l'i-
lium :: 1 : 1 à peu près, au lieu d'être :: 3 : 5 comme dans le cheval.
Aussi, quelle différence dans l'action du bras de levier formé par l'ischium!

loppement d'épaule joint à son obliquité. N'oublions pas cette dernière qualité. Avec ces deux beautés, le cheval sera coureur, s'il a du sang, de l'âme ; si, au contraire, son épaule est courte, si sa croupe est courte, il sera impropre à une grande vitesse, son corps serait-il aussi long qu'on puisse le supposer. Fitz-Emilius avait la croupe aussi longue que son rein et son dos réunis, d'ailleurs très courts, ce qui faisait sa puissance. On sait que ce petit cheval a déployé de grands moyens en toute circonstance. Eylau avait aussi les reins et le dos courts ; il avait la croupe très longue en comparaison. Corisandre, Frétillon, Agar, etc., avaient la même conformation. Tous les animaux de vitesse au galop doivent être construits de la même manière. Si un cheval brille sur un hippodrome avec une croupe courte, ce ne peut être qu'une rare exception et par compensation de qualités d'un autre ordre.

On nous avait beaucoup vanté un étalon pur sang comme type remarquable ; son éloge nous avait été fait par une personne dont le nom fait autorité à juste titre : nous voulions être fixé sur son opinion. Nous avons examiné le cheval dans le temps ; il avait le dos et les reins longs et la croupe courte : il ne sera jamais qu'un mauvais cheval de vitesse, quel que soit son sang. Il pourra avoir autant d'âme qu'on voudra, ses rouages sont mauvais : donc la locomotive ne fonctionnera jamais comme on l'a supposé, quelle que soit la force de sa vapeur. L'expérience nous le prouva plus tard.

On a beaucoup discuté sur les croupes droites, horizontales et inclinées. La préférence à donner à l'une ou à l'autre n'est pas encore arrêtée ; le choix, du reste, paraît assez difficile lorsque, dans un cas comme dans l'autre, on trouve les conditions de bonne conformation. Les uns soutiennent que les croupes horizontales sont plus favorables à la vitesse, parcequ'elles sont disposées pour mieux chasser le corps en avant ; d'autres contestent ce fait avec quelque raison. Examinons l'un et l'autre cas suivant les principes puisés dans les lois de la mécanique

La croupe horizontale, disent ses partisans, est plus apte à chasser le corps horizontalement en avant ; elle concourt à faire employer à cette fin toute sa puissance, au lieu d'en perdre une quantité à agir de bas en haut, comme cela se voit dans les chevaux à croupe oblique. Cette opinion, d'ailleurs bien fondée, est celle de mon digne ami le professeur Lecoq, comme celle de bien d'autres. La croupe horizontale, formant une ligne droite avec le rein, a nécessairement sa partie postérieure élevée ; les angles formés par les rayons des membres postérieurs sont plus ouverts, le jarret est plus droit, les pieds sont moins engagés sous le centre de gravité. Cette disposition d'ouverture des angles, et d'élévation de la région postérieure de la croupe, nécessite des muscles plus allongés et par conséquent d'une plus grande étendue d'action. Tout cela est incontestable ; l'ouverture des angles permet une plus grande étendue de leur détente, favorisée par de longs muscles ; les membres s'engagent moins sous le centre de gravité du corps, et sont plus aptes à le chasser en avant, au lieu de le soulever, comme on l'a dit.

Mais il ne faut pas confondre ici les différentes organisations des chevaux. Les partisans de la croupe horizontale ont raison avec les chevaux hauts du devant. Prenons ici un exemple exagéré, mais juste. Si la girafe était un animal de vitesse au galop, avec la disposition de la partie antérieure de son corps, il n'est pas douteux que les membres postérieurs, fortement engagés sous le centre de gravité, le projetteraient en haut, au lieu de le pousser en avant. Mais raccourcissons ses membres antérieurs de manière à ce que la croupe soit plus élevée que le garrot, et que l'encolure et la tête soient disposées en ligne horizontale : tout alors sera changé dans l'individu ; par suite du simple déplacement du centre de gravité, la projection aura lieu en avant, au lieu de s'opérer en haut.

L'exemple que nous citons est rigoureusement applicable aux chevaux de vitesse. Les chevaux anglais, qui sont très forts coureurs dans un temps donné, sont bas du devant, ce qui favorise la projection du corps horizontalement, quelle que soit d'ailleurs la direction de la croupe. Si ceux qui l'ont oblique perdent par l'étendue de la détente, ils gagnent par l'avantage qu'ils ont d'engager plus avant leurs membres postérieurs ; ils embrassent plus de terrain, comme le font les lièvres, dont les foulées postérieures dépassent de beaucoup les antérieures. Les chevaux hauts du devant, avec une encolure rouée, comme le type de Bourgelat, et à croupe oblique, galopent naturellement, comme les chevaux andalous ; au lieu de raser le tapis, ils s'enlèvent en pure perte pour la progression. Cette manière de galoper est commandée par leur organisation ; l'attitude de leur tête et de leur encolure, portées en haut, déplace le centre de gravité en arrière. Les coureurs bas du devant, au contraire, tendent horizontalement l'encolure et la tête de manière à en faire une ligne droite, un long balancier qui déplace le centre de gravité en avant. Voilà la source, la véritable cause de la facilité avec laquelle le corps est projeté en avant, au lieu de l'être en haut, par la détente des membres postérieurs, même par les chevaux à croupes obliques.

L'inconvénient de ces croupes peut donc être modifié par les dispositions de l'avant-main, suivant que cette partie du corps est basse ou élevée, et que la tête et l'encolure favorisent leur action. Les faits observés sur les hippodromes sont en faveur de cette opinion dans ce cas. On sait qu'on ne fait aucune différence, pour la vitesse, entre un cheval à croupe horizontale et son concurrent à croupe oblique. Si le premier a des avantages d'un côté, le second en a de l'autre, et il en résulte une compensation qui peut niveler leurs conditions de vitesse comme structure, sinon comme sang.

La longueur de la croupe sera donc toujours une grande qualité, mais elle n'est pas la seule que l'on doive désirer ; il ne suffit pas qu'un levier réunisse les bonnes conditions d'action en lui-même, il faut encore que la puissance qui agit sur lui soit apte à en tirer bon parti. Quelle que soit la longueur d'un muscle et celle de son étendue de contraction, s'il est grêle, mal nourri, il sera faible et peu énergique. La croupe qui offre les plus belles lignes de puissance, les meilleures conditions d'étendue de mouvement, remplira mal ses fonctions si ses muscles sont peu développés en grosseur : elle pourra faire déployer une immense vitesse à un cheval chargé d'un poids très léger pendant trois ou quatre minutes ; mais augmentez la charge, allongez la carrière, et la victoire de trois minutes sera une déception. Ce fait est plus important qu'on ne le croit pour l'amélioration des races. Que de mauvais chevaux, vainqueurs d'hippodromes ; et considérés à tort comme reproducteurs types après une épreuve aussi incomplète, ont contribué à dégrader nos races ! Si nous voulions citer des noms et des faits, l'opinion que nous avançons ne manquerait pas d'appui sur tous les points de la France, et dans toutes les espèces de chevaux. Mait ce n'est pas ici le lieu de traiter ces matières ; nous aurons occasion d'y revenir plus tard au sujet des courses.

Il faut donc à la croupe, outre de belles lignes, de forts muscles, des puissances énergiques à ses leviers. Elle ne sera réellement belle qu'avec ces deux conditions essentielles réunies.

Le mécanisme de la croupe est, comme on le voit, facile à expliquer par son mouvement de bascule sur ses points d'appui. Sa réaction se transmet au corps par son union à la colonne vertébrale, et surtout par les deux muscles (ilio-spinaux) qui partent de son sommet. Ces puissances se fixent à chacune des vertèbres des reins et du dos, et soutiennent ainsi toute la ligne dorsale. Quand leur point fixe est à la croupe, ils contribuent à enlever l'avant-main. Ils concourent aux mêmes fonctions pour l'arrière-main, quand ce point change, et qu'il est aux régions antérieures de la colonne vertébrale. Le galop est-il autre chose que l'action alternative des muscles dont nous parlons à l'avant et à l'arrière-main ?

Est-il autre chose que l'effet des mouvements de bascule des coxaux provoqué par l'action des puissances qui font mouvoir ces os ?

La croupe est quelquefois anguleuse, ce qui est dû à la nature de ses éminences osseuses. Cette particularité est toujours une beauté, parcequ'elle indique la longueur des bras de leviers de puissances, ou des éminences osseuses qui éloignent ces puissances du parallélisme défavorable à leur action. Telles sont les croupes cornues, tranchantes, celles qui ont les fesses fortement accusées.

Cependant, il ne faudrait pas confondre les croupes anguleuses par suite de l'amaigrissement des muscles avec celles qui le sont naturellement et par conformation; les coxaux sont toujours anguleux quand le système musculaire qui les recouvre est émacié. Nous ne voulons parler que des croupes d'ailleurs bien nourries, comme le sont, par exemple, celles des chevaux bien entraînés.

Quand les muscles croupiens sont gros et les éminences osseuses peu prononcées, la croupe est arrondie, potelée; son milieu offre même une dépression, une gouttière qui lui fait donner le nom de *croupe double*. Ce genre de croupe caractérise les chevaux de trait et beaucoup de races communes; elle ne se remarque pas dans les chevaux de sang, parceque leurs muscles sont plus denses, par conséquent plus forts, quoique moins gros; les éminences osseuses de leur charpente sont toujours mieux accusées. Bourgelat, qui trouve que les croupes tranchantes sont *défectueuses, parcequ'elles déplaisent à la vue*, dit que *cette imperfection est très souvent réparée par la vigueur, la force des reins et la beauté de l'action du jeu de l'arrière-main.* Il eût mieux fait de dire que c'était parcequ'une croupe anguleuse bien musclée et très longue est le modèle des croupes. De pareilles croupes ne doivent jamais déplaire, parcequ'elles réunissent toutes les conditions physiologiques et mécaniques propres à un bon résultat.

De la Hanche.

La hanche a pour base l'angle externe de l'ilium. Cette région, nécessairement confondue avec la croupe, n'a pas de bornes tranchées. Nous ne comprenons pas ce que les auteurs ont voulu dire par hanche courte et hanche longue. Ont-ils voulu parler de la longueur de l'ilium depuis son angle externe jusqu'à la crête sucotyloïdienne? S'il en est ainsi, la hanche la plus longue sera toujours la plus belle, suivant notre théorie sur la longueur de la croupe.

Bourgelat, qui blâme les hanches courtes, comme les hanches longues, ne signale pas de base pour appuyer son opinion. « Sont-elles courtes, sont-elles trop longues, dit-il, « elles sont évidemment défectueuses (1). » Quel en est le motif? Nous avouons en toute humilité que nous ne comprenons pas cette théorie, pas plus que les raisonnements donnés par son auteur pour la soutenir. Malgré toute l'admiration que nous avons pour les œuvres du grand maître et tout le respect dû à sa mémoire, nous sommes obligé d'avouer qu'on ne trouve rien de satisfaisant dans ce qu'il a dit sur la hanche, comme sur bien d'autres parties du corps du cheval; du reste, nous y renvoyons le lecteur, pour qu'il puisse juger lui même et se convaincre.

Pour nous, la hanche est la partie de la croupe qui a l'angle externe de l'ilium pour base. Elle est donc tout simplement une des régions de cette partie du corps, comme les fesses en sont une autre. Nous ne reconnaissons pas plus de longueur que de brièveté à la hanche qu'à la fesse; mais ces deux régions peuvent être plus ou moins saillantes, et c'est de cette condition que dépend leur beauté, suivant notre théorie sur toutes les éminences osseuses.

---

(1) *Traité de la conformation extérieure du cheval.*

Il arrive souvent que la pointe de la hanche se déplace dans les jeunes animaux , par suite de la luxation de l'épiphyse de la pointe de l'ilium. Cet accident, facile à découvrir en comparant les deux hanches , change naturellement le point d'attache des muscles dont l'action doit différer de celle des muscles opposés ; quelque légère que soit la différence , ce défaut doit donc nuire à la régularité absolue du mouvement. Il est facile de se convaincre qu'un cheval est éhanché, par un examen attentif de l'action des hanches au pas, au trot, ou au galop.

Les hanches n'étant qu'une dépendance de la croupe, nous renvoyons le lecteur à l'étude de cette partie importante du corps du cheval, pour juger des conditions de leur beauté.

De la Queue.

La queue a pour base les coxigiens. Sa finesse vers sa pointe, ses crins soyeux , caractérisent les chevaux de race noble ; ils la portent bien détachée des fesses pendant l'action. Une grosse queue dans toute sa longueur, chargée de crins grossiers et nombreux, appartient aux races communes. Le cheval s'en sert pour chasser les mouches. S'il l'avait coupée, comme cela se voit quelquefois, il lui serait difficile de rester dans les pâturages pendant les chaleurs de l'été. Une poulinière privée de sa queue serait difficilement bonne nourrice. Sans cesse tracassée par les insectes, la sécrétion du lait en souffrirait.

Presque'tous les chevaux de sang portent la queue horizontalement à sa base, surtout quand ils ont la croupe droite. Les Arabes affirment qu'une queue grosse à sa base, et fine vers son extrémité, est une signe de noblesse de sang. Cette opinion des Arabes nous paraît être fondée. On conçoit en effet qu'une queue bien musclée à sa base a un port horizontal plus facile, parce qu'elle est plus légère d'abord, et que ses muscles ont plus de force à sa racine pour la soulever et la tenir droite, ce qui est toujours un caractère de distinction de race.

On a cherché à déterminer ce caractère, quand il n'existe pas, par la section des muscles coxigiens abaisseurs. Cette opération, imitée des Anglais, n'est pas toujours judicieusement pratiquée. Une queue portée horizontalement, avec une croupe avalée, par exemple, et chez un cheval commun, est ridicule, c'est un contre-sens, c'est un objet de toilette recherchée jeté au milieu d'un accoutrement grossier.

La queue est quelquefois en partie dépourvue de crins. On a vu des marchands de chevaux cacher ce défaut disgracieux par une fausse queue. Nous ne signalons ce fait, observé rarement d'ailleurs, que pour attirer l'attention de l'acheteur.

De l'Anus.

L'anus est protégé, chez tous les mammifères, soit par la queue, soit par la proéminence des fesses. Quand un animal est frappé ou menacé de l'être, il serre rapidement et par instinct la queue contre cette ouverture naturelle. Est-ce pour la préserver? est-ce pour tout autre motif? Nous soumettons cette question aux esprits observateurs.

Tous les chevaux de sang et d'énergie ont en général l'anus petit, bien fermé. Son bourrelet circulaire est chez eux bien roulé, peu volumineux et dur. Il s'ensuit qu'à la seule inspection de l'anus, on peut être conduit à conclure sur les qualités du sang du cheval. Un animal commun, d'une constitution molle, lymphatique, un mauvais cheval enfin, aura ordinairement l'anus volumineux, quelquefois béant ou mal fermé. Son bourrelet est gros et flasque, et il ballotte pendant la marche. Ces caractères ne se remarquent jamais chez le cheval de sang et d'énergie, à moins qu'il ne soit ruiné par les mauvais traitements, l'excès de travail ou les maladies.

Ces détails, qui, pris isolément, peuvent être peu significatifs, le sont beaucoup quand ils sont unis à d'autres. Il est donc utile de ne pas les négliger.

« Méfie-toi, disent les Arabes, du cheval dont l'anus est « béant ou venteux, ou dont les crottins ne sont pas égaux. » (E. Daumas.)

Ce n'est pas sans raison que les Arabes ont cette opinion, dont nous avons donné les motifs.

Des Fesses.

Les fesses ont pour base les os ischiums. Nous avons prouvé, en parlant de la croupe, que ces os sont un bras de levier de puissance d'autant plus favorable qu'il est plus long. Les fesses les plus proéminentes, les plus éloignées du point d'appui offert par les colonnes des membres, seront donc les plus belles.

Cependant, la longueur d'un bras de levier n'est pas toujours la seule bonne condition de son action ; l'intensité de celle-ci dépend encore de la somme de la puissance qui la détermine, et de sa nature. On conçoit donc que les muscles fessiers doivent être forts, énergiques et longs. S'ils réunissent ces qualités, ils auront l'avantage de la force par leur développement, et celui de la vitesse par l'étendue et l'énergie de leur contraction : le cheval sera donc bien culotté ; les muscles de ses fesses, bien fournies, descendront très bas vers le jarret. S'ils sont courts et gros, ils seront forts, mais peu favorables à la rapidité des allures, par leur peu d'étendue de contraction. S'ils sont longs et grêles, ils seront très favorables à la vitesse ; mais ils manqueront de force et de résistance. Les hippodromes fourmillent d'exemples de cette nature.

Pour être belles, les fesses seront donc bien accentuées ; leurs muscles, bien nourris et compactes, devront se prolonger le plus possible vers les jarrets.

De la Cuisse et de la Rotule.

La cuisse a pour base le fémur, dirigé obliquement d'arrière en avant, comme l'épaule. Cette analogie de direction commande naturellement une analogie d'action entre ces deux régions du corps, pour la progression. Dans l'une comme dans l'autre, la longueur et le plus grand degré d'inclinaison naturelle favorisent essentiellement la vitesse, en permettant au rayon qui les suit une plus grande étendue de jeu, en avant surtout. Nous en avons donné les raisons en traitant de l'épaule et du bras. Si le fémur était droit, son mode d'articulation avec le tibia bornerait l'étendue de la jambe en avant, et perdrait du terrain qu'elle doit embrasser. Les chevaux à croupe oblique ont la cuisse et tous les autres rayons des membres plus inclinés que les chevaux à croupe horizontale : aussi, pendant l'action, les premiers engagent-ils les membres postérieurs plus avant sous le centre de gravité, comme nous l'avons fait remarquer en traitant de la croupe. Cet avantage, nous l'avons vu, est favorable à la vitesse.

L'extrémité inférieure de la cuisse se termine par la rotule, qui correspond au genou de l'homme. On veillera à ce que cette poulie de renvoi ne soit pas luxée, déviée de la place qu'elle doit occuper pour bien fonctionner. Elle joue le plus grand rôle dans le mouvement d'extension de la jambe sur la cuisse, puisque c'est par elle que les efforts des puissants muscles extenseurs qui partent du fémur se transmettent au tibia. Il est donc essentiel que cette région réunisse les conditions propres à l'importance de ses fonctions, et qu'elle soit exempte de blessures ou maladies de tout ordre.

Quelles que soient la direction et la longueur de la cuisse, elle devra être toujours bien musclée, et se confondre régulièrement avec la croupe qu'elle supporte et la jambe qui la suit.

Le mode d'articulation de la cuisse lui permet, comme

celui du bras à l'épaule, les mouvements dans tous les sens ; il n'y a de différence que dans leur étendue. Ceux du fémur sont plus bornés que ceux de l'humérus, ce qui est dû à une disposition de solidité nécessaire à la cuisse et à ses fonctions.

De la Jambe.

La jambe a la plus grande analogie avec le bras par ses fonctions pour la progression, sa direction, et le mode d'action des puissances qui le font mouvoir. Comme lui, elle est inclinée en arrière, et forme avec le fémur un angle plus ou moins ouvert. Le tibia long et bien incliné favorisera la vitesse par une plus grande ouverture du compas dont il forme une branche, de la même manière qu'au bras. Nous ne reviendrons pas sur cette théorie, qui est absolument la même que celle que nous avons développée en parlant du bras et de l'épaule. Ce sont toujours mêmes conséquences, résultant des conditions plus ou moins favorables de longueur et d'inclinaison des rayons, et d'étendue des muscles qui en provoquent l'action.

Une jambe bien musclée, longue, et bien inclinée en raison de la direction du fémur, sera favorable à la vitesse ; si elle est courte, elle sera plus apte à la force. Tous les animaux de vitesse ont les membres longs, pour embrasser beaucoup de terrain. Ceux, au contraire, qui ont beaucoup de force et les allures moins rapides, ont les membres courts. Ce fait s'observe non seulement dans les animaux d'une même espèce, mais dans tout le règne animal. Cela s'explique facilement. On sait que les leviers du troisième genre dominent dans les membres. Ce sont ces leviers, en effet, qui sont les plus favorables à l'étendue de déplacement de leurs rayons. Mais cette étendue, d'autant plus grande que le rayon qui la parcourt est plus long, n'est acquise qu'aux dépens de la force qui la détermine, puisque l'intensité de la résistance est ici en raison de la longueur de ce rayon. Il en résulte que, plus l'espace parcouru par le rayon mis en mouvement sera grand, plus la puissance perdra de son intensité. Le contraire aura lieu avec des conditions opposées. La force reconnue aux muscles courts n'a et ne peut avoir pour cause que les conditions mécaniques qui favorisent les puissances aux dépens de la vitesse, n'importe la nature des leviers ; comme la rapidité des allures ne peut être acquise qu'aux dépens de la force, à égalité de conditions de sang, de taille, etc., un cheval à longues jambes l'emportera toujours en vitesse de quelques instants, avec un poids léger, sur son concurrent aux membres plus courts, mais vigoureux et bien conformés. Il s'ensuit que tel vainqueur d'hippodrome peut être un fort mauvais étalon, malgré ses prouesses, quand le vaincu, méprisé par le vulgaire, est un excellent type de race, comme sang et comme conformation. Nous en avons assez de preuves dans nos dépôts d'étalons.

Les animaux des montagnes, comme les hommes de ces pays, ont les membres courts et forts, pour gravir les mauvais chemins et le pics escarpés ; ceux des plaines les ont allongés, mais quelle différence dans le fonds ! Les chasseurs des plaines reconnaissent les lièvres descendus des montagnes au peu de longueur de leurs jambes, en comparaison des indigènes, et à leur résistance au courre : les chiens forceront deux lièvres de la plaine avant de fatiguer un seul montagnard. Un grand échassier de cheval, quelle que soit sa vitesse à accomplir un tour d'hippodrome, sera toujours forcé par un concurrent près de terre, en augmentant le poids de charge et en allongeant la carrière pour une épreuve sérieuse.

La cuisse et la jambe, quoique bien distinctes pour l'anatomiste, forment une partie du corps que l'on nomme vulgairement la cuisse, le *gigot*. Cette région joue le plus grand rôle, dans les allures du galop surtout. C'est elle qui avec la croupe est chargée de chasser le corps des animaux en avant. Plus ces deux parties réunies sont fortement musclées et longues, plus leur force de propulsion est étendue et intense. Si la grosseur du *gigot* indique un grand développement musculaire pour la force, sa longueur est le caractère essentiel de son étendue d'action. L'un de ces caractères indique la puissance, l'autre la vitesse : on doit donc les trouver réunis tous deux dans le cheval, et surtout dans le cheval de selle. Le jarret dans ce cas doit toujours être placé très bas, le plus bas possible, comme on l'observe dans le levrier, dont la vitesse est si grande.

Ces caractères de beauté ont été remarqués par les Arabes ; et si Bourgelat avait connu leur opinion à ce sujet et qu'il y eût réfléchi, il se serait gardé de limiter par des moyens purement arbitraires, et contraires aux lois de la mécanique et de la physiologie, la longueur de ces parties. *Les rayons supérieurs des membres*, disent les Arabes, *doivent être longs, les rayons inférieurs courts*. C'est là toujours une des conditions essentielles de vitesse : on peut s'en convaincre dans tous les animaux à allures rapides.

Dans son *Traité des chevaux du Sahara*, le général Daumas reproduit un passage contenu dans une lettre d'Abd-el-Kader, et qui prouve combien d'importance les Arabes ont de tout temps attaché à la longueur de la cuisse du cheval. Un roi arabe qui vivait avant la naissance du prophète Mahomet adressait à un empereur de Constantinople la description d'un bon cheval, et il disait, après avoir signalé d'autres qualités des types du nord de l'Afrique :... « Et lorsque je dis : Repo- « sons-nous, le cavalier s'arrête comme par enchantement et « se met à chanter, restant en selle sur le cheval vigoureux « *dont les muscles des cuisses sont allongés* et les tendons « secs et bien séparés. »

Cette citation du passage de la lettre d'Abd-el-Kader au général Daumas est faite pour prouver que le cheval berbère que nous possédons en Algérie est supérieur au cheval arabe, que l'on a dit être préférable. On sait d'ailleurs que la cavalerie numide passait, du temps des Romains, pour la première du monde.

10.

Des Jarrets.

Quand nous avons traité du coude, nous avons dit que son jeu était exactement le même que celui du jarret. Ce sont les mêmes mouvements, exécutés sous l'influence des mêmes lois mécaniques. Mais, comme le travail de l'articulation, que nous allons étudier, est d'une importance relative infiniment plus grande, la différence qui existe entre ces deux régions du corps ne peut s'établir qu'entre leurs conditions de solidité, de force et de résistance.

Les jarrets, qui ont pour base les os tarsiens avec leurs ligaments et les tendons qui y aboutissent, sont, de toutes les articulations des membres, celles qui jouent le rôle le plus important. Non seulement ils supportent le poids dont ils sont chargés, mais encore ils doivent résister aux efforts des muscles énormes de l'arrière-main, quand ils se contractent ensemble pour chasser le corps en avant, à toutes les allures. C'est donc aux jarrets à soutenir, par la puissance de leurs ressorts, l'action des muscles d'une part, et de l'autre la réaction opérée par la résistance du sol, résistance qui favorise le résultat de leur détente pour la progression, avec d'autant plus d'avantage qu'elle est plus solide.

L'articulation que nous étudions se trouve donc placée entre les puissances qui déterminent sa détente, et la résistance du sol, qui la fait transmettre au corps. Ce cas demande des conditions spéciales d'organisation mécanique que nous allons examiner.

Comme aux genoux, l'articulation des jarrets, la plus compliquée de toutes celles du corps, est formée par deux couches d'osselets qui multiplient ses surfaces articulaires, et modifient la dureté des réactions. Ces osselets n'auraient pas donné, tels qu'ils sont et quelle que soit l'intimité de leur union, une surface articulaire assez solide pour recevoir l'os de la jambe : la nature a donc placé sur leurs assises un os

court et gros (astragale) qui lui sert d'intermédiaire avec le tibia. Cet os est pourvu d'une gorge profonde, demi-circulaire, de manière à former une véritable poulie, qui reçoit les reliefs de l'os, qui fait charnière avec elle, et rend leur articulation de la plus grande solidité.

Qu'on se figure une demi-poulie qui reçoit un corps s'adaptant parfaitement à sa gorge et à ses lèvres, avec de forts ligaments latéraux, pour empêcher le désengrenage ; on aura une juste idée de la nature et de la solidité de l'articulation du tarse avec la jambe.

Mais ce n'est pas tout : un autre os allongé (*calcaneum*) se trouve placé en arrière de l'astragale, s'adapte parfaitement avec lui, et concourt à le fixer. Cet os forme de plus le bras de levier des puissances qui provoquent le jeu du jarret, et en détermine la largeur par sa longueur. C'est de cette dernière condition que dépendent les avantages de son action, suivant la règle générale établie pour tous les bras de leviers des puissances.

La longueur du calcanéum, qui règle la largeur du jarret, sera donc sa beauté, puisqu'elle favorisera la puissance des muscles qui le font agir pour la projection du corps.

On peut conclure, d'après ce que nous venons de dire, que l'articulation du jarret est d'une grande solidité par l'engrenage du tibia et de l'astragale. Quels que soient les violents efforts qu'elle doit soutenir, sa luxation est impossible, s'il n'y a pas fracture ou déchirement des ligaments, et nous ne pensons pas qu'on en ait vu d'exemple.

Les deux principales conditions de force du jarret sont la solidité de l'union de ses os, et le bras du levier qui détermine sa largeur. Voyons maintenant quels sont les vices de conformation capables de nuire à sa puissance ou à la liberté de son action.

Les défauts de la conformation du jarret sont toujours la conséquence de la mauvaise disposition de sa charpente osseuse. Ses tares dépendent de l'altération partielle ou générale d'un ou plusieurs de ses os, ou des maladies de ses parties molles. Nous allons examiner successivement chacun de ces défauts.

Quand un jarret est étroit, il est nécessairement faible. Rien n'est plus facile à comprendre. Le bras du levier formé par le calcanéum est trop court, et par conséquent défavorable à la puissance représentée par la corde qui se fixe à son extrémité pour le faire agir. Un pareil jarret manque de sa condition de force la plus importante. Non seulement il a peu de ressort, mais il s'use vite, parcequ'il ne peut résister long-temps aux efforts que nécessite la projection du corps.

Les éminences osseuses naturelles que l'on remarque à la face interne ou externe des jarrets de quelques chevaux à formes anguleuses peuvent n'avoir aucun inconvénient; mais, si elles sont accidentelles, si elles se déclarent par suite de blessures ou de fatigue, elles deviennent des tares, et par conséquent des vices plus ou moins graves. On leur a donné des noms différents pour les distinguer : suivant les points du jarret où on les observe, elles prennent le nom de *courbe*, de *jardon* ou d'*éparvin*.

La courbe est le développement morbide de l'extrémité inférieure et interne de l'os de la jambe. Le volume de l'exostose qui s'y forme devient souvent extrêmement gros, et borne le jeu de flexion du jarret. D'un autre côté, les ligaments articulaires qui partent de ce point pour se fixer à l'astragale éprouvent des dérangements qui nuisent à leur action, et doivent y produire des maladies. Cette tare est facile à découvrir quand elle est fortement accusée. Si elle est peu apparente, on la distingue en comparant ce point du tibia au tibia opposé.

L'éparvin a son siége sous la courbe. Il est la conséquence d'une exostose qui s'est formée au point d'union du canon avec la première assise des osselets du jarret et de la tête du péroné interne. Cette tumeur ne borne pas le jeu de l'articulation, mais elle se développe sous les ligaments articulaires qui unissent l'extrémité interne du canon et la tête du péroné aux tarsiens. Elle détermine donc nécessairement des tiraillements ou des déviations des brides ligamenteuses, et provoque des boiteries par la douleur dont elle est devenue le siége.

C'est encore par la comparaison des parties correspondantes qu'on s'assure de l'existence de l'éparvin.

Un mouvement brusque de flexion du jarret a reçu le nom insignifiant d'*éparvin sec*. On n'a pas encore reconnu la cause de ce mouvement saccadé, qu'on remarque chez certains chevaux, tantôt à un membre, tantôt aux deux.

Le jardon est une tumeur osseuse opposée à l'éparvin ; il a son siége sur la tête du péroné externe et le tarsien qui lui est superposé. Cette tare a l'inconvénient de provoquer des déviations anormales des ligaments qui unissent ces deux os entre eux. Quand elle se prolonge trop en arrière, elle touche la corde tendineuse qui descend de la pointe du jarret vers le boulet, et peut en déterminer l'inflammation lente par le frottement. Il arrive même que cette corde est déviée de sa direction, quand l'exostose est trop développée. Dans ce cas, on conçoit que les conséquences en sont toujours graves. On s'aperçoit de ce vice sérieux, quelquefois naturel à quelques chevaux qui ont le jarret mal conformé, à la courbure anormale qu'on remarque en arrière du siége du jardon. Le jarret est courbé à cet endroit, au lieu de former une ligne droite depuis sa pointe ; le tendon est soulevé, dévié par la tumeur osseuse sous-jacente.

Tels sont les vices principaux qui trouvent leurs causes dans les altérations des os des jarrets.

Ceux qui sont la conséquence des maladies des parties molles sont aussi souvent fort graves. Les principaux sont causés par l'altération des membranes synoviales et les troubles qui en résultent dans leur sécrétion. Nous allons expliquer comment nous le comprenons.

On sait que les membranes synoviales sont de petites bour-

ses fermées de toutes parts, interposées dans toutes les articulations, et partout où se trouvent des poulies de renvoi
pour le passage des tendons. Elles ont pour but de sécréter
la synovie, liquide onctueux, visqueux, qui facilite au suprême
degré les frottements et les glissements. Elles préviennent
ainsi l'usure, l'irritation des parties contiguës qui frottent les
unes contre les autres. Ce liquide remplit exactement dans la
machine animale, mais à un degré bien autrement perfectionné, les mêmes fonctions que les huiles ou les graisses
employées dans les arts pour les engrenages ou les axes tour-
nants, etc. Si les organes qui fabriquent la synovie, exempts
d'altérations, se conservent dans de bonnes conditions de
fonctions, les mouvements des rouages et des engrenages s'o-
pèrent convenablement. Si, par suite d'excès de travail ou de
toute autre cause, ils deviennent malades, leur produit de
fabrication, nécessairement altéré, remplit mal ses fonctions,
d'ailleurs aussi importantes que délicates. Quand on emploie
de la mauvaise huile pour les rouages d'une montre, on sait
ce qu'il en résulte ; dans la machine animale, l'effet est bien
autrement grave. Cette courte explication suffira pour faire
comprendre ce que nous avons à dire sur les tares des jarrets par suite des maladies des parties molles.

Nous avons dit que l'articulation du jarret est la plus compliquée de toutes celles du corps. Outre ses deux surfaces articulaires multiples, il a deux points faisant fonctions de poulies
de renvoi : ce sont la pointe du calcanéum, sur laquelle glisse un
des tendons de la corde du jarret pour se rendre au boulet, et
une coulisse qui se trouve à la base du même os, et du côté
interne, pour donner passage au tendon profond. Chacun des
points où glissent ces tendons est pourvu d'une bourse synoviale qui y sécrète la synovie nécessaire au glissement. Tant
que ces bourses conservent leur état normal, les poulies de renvoi fonctionnent parfaitement. Si elles s'irritent, leur sécrétion
est troublée ; la synovie est de mauvaise nature, elle est mé-
langée à d'autres liquides, à de la sérosité, à du pus, à du

sang : l'huile alors, au lieu d'être limpide et épurée, est trouble et altérée ; elle ne facilite plus le frottement au même degré, et les corps frottés s'irritent et sont malades ; leur substance finit même par se corroder. C'est ainsi que l'on voit la poulie du jarret et la troklée du tibia s'user après la destruction partielle de la synoviale et des cartilages d'incrustation. Cette usure est absolument comme celle d'une charnière métallique qui fonctionne long-temps sans huile ni graisse. Mais revenons aux parties molles, que nous étudions.

Par suite du trouble de leur sécrétion, les bourses synoviales des deux poulies de renvoi du jarret se distendent par surabondance du liquide contenu ; il en résulte ce qu'on nomme des *molettes* aux articulations ordinaires, des *vessigons* ou des *capelets* aux jarrets.

Les capelets, placés à la pointe des calcanéums, sont quelquefois la conséquence des maladies dont nous venons de parler. Alors ils ont toujours un vice grave, parceque l'expansion du tendon qui glisse sur la pointe du calcanéum s'irrite, et provoque des boiteries d'autant plus opiniâtres, que leur siége est dans un état permanent de travail.

Quand les *capelets* ne sont dus qu'à un épaississement de la peau ou du tissu cellulaire sous-cutané, ils n'ont aucune suite fâcheuse ; ils ne sont que disgracieux à l'œil. Il importe donc de savoir bien distinguer le capelet résultant d'une surabondance de liquide synovial de mauvaise nature, de celui qui n'est que la conséquence d'un épaississement du tissu cellulaire sous-cutané, souvent accidentel et passager. Dans le premier cas, le capelet est toujours plus gros, et fait saillie sur les côtés ; en le comprimant à droite ou à gauche avec les doigts, on sent la fluctuation du liquide contenu. Dans le second, au contraire, point de fluctuation ni de boursouflement latéral ; la tumeur est sur la pointe du jarret, sur l'expansion du tendon perforé, au lieu d'être sous elle et sur les côtés.

Les vessigons sont des tumeurs molles qui se développent

à la face interne ou externe du jarret, et souvent des deux côtés. S'ils ne sont que l'effet d'une surabondance de synovie de bonne nature, comme on le voit chez quelques jeunes chevaux, ils sont sans inconvénient, et disparaissent souvent avec l'âge. Mais s'ils sont la suite des maladies dont nous avons parlé, ils caractérisent des altérations plus ou moins profondes des surfaces articulaires, ou de la poulie de renvoi du tendon profond. Pour prouver la gravité de ce dernier cas, nous devons rapporter un des faits les plus remarquables que nous ayons jamais observés.

Remorqueur, vieil étalon de gros trait, avait été réformé au haras du Pin ; il était employé à l'exploitation du domaine de cet établissement en 1841. Un vessigon énorme occupait depuis long-temps la face interne de son jarret gauche, et en gagnait même la face externe. Usé, et ne pouvant plus servir avec avantage, ce cheval fut sacrifié pour des études anatomiques. Le vessigon contenait un liquide séreux, rougeâtre, et sans caractère de synovie ; il n'avait donc pu en tenir lieu. Le tendon du tibio-phalangien s'était usé par son frottement contre la coulisse du calcanéum, comme une corde ordinaire qui frotterait contre l'angle d'un corps dur privé de graisse ou d'huile ; ce tendon ne tenait plus que par quelques fibres, et il n'est pas douteux qu'il se serait rompu au moindre effort, si l'animal avait encore vécu quelque temps employé au trait. Les élèves de l'École des haras eurent occasion d'observer ce fait, dont la théorie leur fut développée.

D'après cet exemple, l'on peut conclure de la gravité d'un vessigon résultant de maladies des membranes synoviales, au jarret surtout, qui forme l'articulation la plus compliquée comme la plus importante de tout le corps par ses fonctions.

Le jarret varie de direction suivant la structure de sa charpente osseuse ; il peut être plus ou moins coudé ou droit. Examinons les avantages ou les inconvénients de ces deux conditions.

Le jarret coudé est plus favorable à la force, parceque la

corde de la puissance s'y insère plus perpendiculairement (1).
Le tendon d'Achille de l'homme forme un angle droit avec le
calcanéum : aussi, malgré le peu de longueur de ce bras de
levier, voit-on des danseurs exercés nous étonner par la force
de leur jarret (2). Le kanguroo, qui fait des bonds énormes,
a un long calcanéum qui reçoit perpendiculairement aussi le
tendon d'Achille ; sans cela, son jarret serait loin d'avoir la
même puissance. Tous les animaux forts sauteurs ont la même
disposition plus ou moins bien tranchée ; deux raisons y contribuent : l'avantage fourni par le jarret d'abord, et la propriété qu'ont les membres à jarrets fortement coudés de pouvoir mieux s'engager sous le centre de gravité, pour le soulever avec plus de facilité dans le sens du saut vertical.

Le jarret coudé sera donc plus favorable à la force. Mais,
s'il a cet avantage sur le jarret droit, ce dernier sera plus propre à la vitesse par la plus grande étendue de sa détente. En
effet, si le compas d'un jarret coudé s'ouvre d'une quantité
comme quatre dans toute son ouverture, celui qui est formé
par le jarret droit s'ouvrira d'une quantité comme cinq, six, ou
plus, suivant son degré d'ouverture naturelle. La flexion étant
à peu près la même dans l'un comme dans l'autre cas, le jarret
qui aura l'extension la plus grande sera naturellement le plus
propre à l'étendue de projection. Ce fait est assez palpable
pour n'avoir pas besoin d'autre explication. D'un autre côté,
le membre du jarret coudé se porte plus en avant sous le centre de gravité, et tend à faire perdre, au bénéfice de la progression, la puissance qu'il développe pour le saut vertical,
si une disposition spéciale de l'avant-main comparée à l'arrière-main n'y remédie (3).

---

(1) Nous avons eu lieu de développer cette théorie en traitant du
garrot.

(2) Le jarret de l'homme, comparé à celui du cheval, est formé par
les tarsiens : il ne peut donc pas être à l'articulation fémoro-tibiale.

(3) Nous avons développé cette théorie en parlant de la croupe.

Du reste, le jarret coudé appartient généralement aux chevaux bas de derrière et à croupe oblique ; chez eux, tous les angles des membres postérieurs sont plus fermés. Les jarrets droits, au contraire, coïncident avec les croupes horizontales haut placées ; dans ce cas, tous les angles des rayons sont plus ouverts. Le cheval alors paraît bas du devant en comparaison de la hauteur de sa croupe.

Du reste, les jarrets devront être sans déviation en dedans comme en dehors. Ils seront dans la direction d'un plan parallèle à l'axe du corps. Il n'y aura pas alors décomposition des puissances par le flageollement, et par conséquent perte de force pour la progression. La détente se fera toujours dans la direction de la ligne de projection du corps.

Les chevaux de sang ont généralement les jarrets secs et bien dessinés. Les races communes les ont souvent empâtés ; leurs éminences osseuses sont noyées dans une peau épaisse, et dans un tissu cellulaire abondant, ce qui du reste ne détruit pas leur puissance, s'ils sont dans les bonnes conditions mécaniques que nous avons indiquées.

Il est facile de conclure maintenant que la beauté du jarret dépend de sa largeur commandée par la longueur du calcanéum, et de l'intégrité de ses parties constituantes.

Du Canon, du Boulet et du Pied.

Nous renvoyons le lecteur à ce que nous avons dit sur ces différentes parties en traitant du membre antérieur. Les théories que nous avons développées sont exactement les mêmes. La seule différence est dans la disposition du canon : il est plus allongé, plus arrondi et plus fort aux membres postérieurs. Les pâturons sont moins inclinés, et favorisent par conséquent mieux les conditions de force. Ces dispositions étaient nécessaires aux fonctions générales des colonnes dont ils font partie.

Troisième Partie

I

DES PROPORTIONS DU CHEVAL
D'APRÈS BOURGELAT.

Les auteurs qui ont écrit sur la conformation du cheval, depuis Bourgelat surtout, ont généralement considéré les proportions établies par ce grand maître de la médecine des animaux comme une heureuse combinaison de mesures avec lesquelles on peut apprécier les beautés du cheval. Cette erreur grave, qui s'est transmise par l'enseignement officiel et l'autorité du fondateur des écoles vétérinaires, n'a pas peu contribué à égarer le jugement de ceux qui l'ont acceptée comme un acte de foi. Non seulement ces règles, sans base raisonnée, ne peuvent fixer l'opinion de celui qui veut méditer sur la conformation de la locomotive animée que nous étudions, mais encore elles sont pour la plupart contraires aux bonnes lois de mécanique qui doivent toujours dominer dans l'ensemble de tout appareil locomoteur, vivant ou inerte. Toutefois, suivant les observations que nous avons faites à ce sujet dans la première édition de ce livre, quelques hommes sérieux qui ont fait du cheval une étude consciencieuse ont compris que les proportions de Bourgelat, trouvées si rigoureusement indispensables, laissaient cependant quelque chose à désirer. De ce nombre sont MM. le général Jacquemin, le général Morris, M. de Saint-Ange et M. le professeur Lecoq, directeur de l'école vétérinaire de Lyon. Nous allons faire connaître l'opinion de ces auteurs recommandables.

Pendant qu'il commandait en second, comme colonel,

l'Ecole de cavalerie de Saumur, où se font, sur le cheval de guerre surtout, les études les plus approfondies, le général Jacquemin publia la quatrième édition de son excellent *Cours d'hippiatrique à l'usage des officiers et des sous-officiers de cavalerie*. A la page 156 de cette édition, nous lisons, sur les proportions, les passages suivants :

« ....Ajoutons, comme dernière considération, que les pro-
« portions doivent varier en raison des services auxquels les
« chevaux sont destinés.

« Un cheval de trait, un cheval de cavalerie, un cheval
« de course, ne peuvent être taillés sur le même *patron*.
« Qu'on nous passe cette expression, elle rend toute notre
« pensée.

« Le cheval de cavalerie légère comme celui de cavalerie
« de réserve peuvent même varier dans leurs proportions
« comme dans leurs facultés relatives. *On ne doit donc pas*
« *être exclusif dans l'application des règles*, BEAUCOUP TROP
« ABSOLUES, *posées par Bourgelat.* »

Ainsi donc, de l'opinion du général Jacquemin (et l'opinion d'un homme qui a fait du cheval de guerre une étude aussi approfondie doit toujours être prise en grande considération), de l'opinion du général Jacquemin, disons-nous, à la négation des proportions de Bourgelat, il n'y a qu'un pas. M. Jacquemin les considère comme *beaucoup trop absolues*. La question dont il s'agit ici est une question de pure mécanique. Or, en mécanique comme en mathématique, les règles ne sont pas élastiques ; elles sont rigoureusement absolues. Dans l'un et l'autre cas, deux et deux font toujours quatre ; dans l'un et l'autre cas, deux angles droits sont toujours égaux entre eux. Il n'y a pas, il ne peut pas y avoir de différence, même imaginaire. M. Jacquemin condamne donc par le fait, et il a raison, les proportions de Bourgelat.

Dans son remarquable travail, désigné sous le titre d'*Essai sur l'extérieur du cheval*, M. le général Morris n'est pas aussi explicite que M. Jacquemin sur les proportions de Bourgelat.

Voici ce qu'il dit dans un passage de son travail, page 8 : « Nous
« n'avons trouvé dans aucun ouvrage concernant la connais-
« sance du cheval de notions exactes sur ce mot *ensemble*.
« Bourgelat, notre meilleur auteur hippique, Bourgelat, tou-
« jours *copié* ou *compilé* par les autres, n'en donne pas une
« définition bien positive; c'est cependant en suivant ses prin-
« cipes que nous chercherons à le déterminer. Cet auteur éta-
« blit, dans sa théorie des proportions, des règles excellentes
« et qu'on ne peut trop appliquer. Ceci est tellement vrai que
« l'expérience acquise depuis ses écrits a prouvé que ses pro-
« portions sont *en grande partie* communes à tout bon che-
« val, quelles que soient sa race et sa destination. *Nous*
« *trouvons seulement qu'il ne s'est pas assez étendu sur un*
« *principe qui eût été le complément des proportions*, prin-
« cipe de l'ensemble ou de l'harmonie des formes, consistant
« évidemment dans les directions respectives des rayons ar-
« ticulaires. C'est ce que nous chercherons à déterminer. »

M. le général Morris trouve que Bourgelat ne donne pas
du mot *ensemble* une définition satisfaisante, ce qui, d'ailleurs,
n'était pas facile avec le système vicieux des proportions
adopté. Les bonnes conditions d'ensemble d'un cheval résultent de la bonne disposition mécanique de toutes les puissances et de toutes les résistances qui composent cette admirable locomotive animée. Or, comme les proportions de
Bourgelat sont purement arbitraires, sans base raisonnée,
sans motif fondé, il en résulte que les lois de la mécanique,
comme celles de la physiologie, les condamnent. Nous le
prouverons plus loin. Il est donc impossible qu'au moyen de
ces proportions, on puisse non seulement définir le mot *en-*
semble, mais encore en avoir une idée juste.

M. le général Morris ne les condamne pas, comme on a
pu le voir dans la forme de son appréciation. Mais quand il
dit, page 10 de son travail : « D'abord nous considérons le
« cheval purement et simplement comme une machine, en
« faisant abstraction de son tempérament, car sans cette con-

« sidération il est certain qu'un cheval parfaitement construit,
« mais sans nerf et sans âme, sera toujours un mauvais che-
« val; » quand, disons-nous, M. le général Morris tient ce
langage, il nous prouve qu'il accepte la règle des lois de la
mécanique. Or, ces lois condamnant, comme contraires à
leurs principes, les proportions dont il est ici question, l'honorable auteur de l'*Essai sur l'extérieur du cheval* est rigoureusement entraîné dans la même voie que nous.

Du reste, le travail de M. Morris est l'un de ceux que nous
avons lus avec le plus d'intérêt, bien que nous ne partagions
pas sur tout point son idée, d'ailleurs fort ingénieuse, sur son
système de la *similitude des angles* formés par les rayons articulaires. Cet auteur a cherché la vérité dans l'étude de la
nature ; il le prouve en disant, page 7 de son livre, « que
« l'étude de l'histoire naturelle, *dirigée de n'importe quelle*
« *manière*, produira toujours de grands résultats. »

Nous avons puisé à la même source que M. le général Morris, à celle de la nature ; elle est toujours la meilleure. Si nous
avons le bonheur de dire quelques vérités utiles, c'est à cette
source inépuisable que nous les avons trouvées. Nous n'en
avons été que le bien faible écho.

Dans son *Cours d'hippologie*, M. de Saint-Ange, écuyer
chargé de la direction du haras d'études de l'Ecole de cavalerie de Saumur, fait aussi ses réserves au sujet des proportions
de Bourgelat; voici ce qu'il dit à ce sujet dans l'introduction
à la première partie de son excellent travail, page IV :

« .... C'est sous ce double contrôle de la science et de
« l'observation que certaines doctrines surannées ont été re-
« jetées. Ainsi, en admettant toutefois le principe des propor-
« tions posé *par notre maître à tous*, le célèbre Bourgelat, on
« n'a pas dû conserver son type unique, son cheval géométral,
« avec lequel il voulait que l'on jugeât tous les chevaux. Car
« il est évident qu'ils offrent entre eux des différences de con-
« formation et de facultés qui répondent aux divers emplois
« auxquels on les applique ; que le cheval de trait lourd ne doit

« pas ressembler au cheval de course, et que, partant, le mo-
« dèle unique de Bourgelat ne saurait se rapporter également
« à tous les deux.

« Telles sont les considérations qui nous ont porté à établir
« autant de types modèles qu'il existe de genres de services
« au trait lourd, à l'attelage, à la guerre , à la chasse et au
« manége. »

En s'exprimant ainsi , M. de Saint-Ange , qui considère
aussi le cheval « comme une espèce de locomotive », condamne
implicitement le principe des proportions de Bourgelat. Ac-
ceptant le cheval comme locomotive , il accepte rigoureusement les lois de mécanique qui régissent cette machine animée ; or, en mathématiques, un principe relatif à la puissance
d'une machine ne saurait être mauvais pour une , et bon pour
une autre. Un levier, une puissance musculaire, qui favorisent
la force du jarret d'un animal , seront avantageux pour tous
les chevaux, quels qu'ils soient ; et toute proportion qui limite
cette force, ou tend à l'amoindrir, est contraire aux lois de la
mécanique animale.

Nous pourrions appliquer ce que nous disons ici du jarret à
bien d'autres parties du corps du cheval ; mais nous le ferons
plus loin, quand nous examinerons les proportions de Bourgelat dans leurs details comme dans leur ensemble.

Enfin, dans la troisième édition de son excellent *Traité de
l'extérieur du cheval et des autres animaux domestiques* notre
savant et honorable ami le professeur F. Lecoq, directeur
de l'Ecole vétérinaire de Lyon, dit, page 324 de cet ouvrage...... : « On a depuis, avec raison, contesté l'exactitude
« et l'utilité des proportions secondaires établies par le fon-
« dateur des écoles vétérinaires. En effet, Bourgelat a pris
« ses proportions sur le cheval de manége de son époque,
« type de convention tout à fait abandonné de nos jours,
« surtout depuis qu'on s'est attaché à déduire les principes de
« la beauté du cheval des véritables lois de la mécanique

« animale et *avec des appréciations imparfaites du goût et de*
« *l'imagination.* »

A la suite de ce passage, notre honorable ami a bien voulu
reproduire ce que nous avons dit dans la première édition de
notre ouvrage pour légitimer notre opinion. Cependant, s'il la
partage dans la question qu'il considère comme se rattachant
aux détails secondaires des proportions, il pense que nous
avons laissé intact le principe relatif à la question d'ensemble,
et sous ce rapport M. Lecoq est de l'avis de Bourgelat...
« Si les pages qui précèdent », dit-il, p. 333 de son ouvrage,
en parlant de ce que nous avons écrit, « démontrent jusqu'à
« l'évidence le défaut du système des proportions de Bour-
« gelat en ce qui concerne les détails secondaires, elles lais-
« sent *intact* le principe relatif aux proportions d'ensemble,
« d'après lequel la longueur et la hauteur du corps doivent
« être égales dans un cheval bien conformé. La mesure de
« deux têtes et demie, établie pour les deux proportions, est
« généralement exacte.

« Du défaut d'égalité entre la hauteur et la longueur du
« corps résultent des inconvénients parfaitement décrits dans
« les lignes suivantes du fondateur de nos écoles. »

Nous ne partageons pas ici l'opinion de notre savant et digne
ami sur l'ensemble des proportions de Bourgelat. Il en est,
pour nous, de cet ensemble comme des détails ; mais, comme
nous ne voulons rien contester, rien avancer sans preuves,
nous reproduirons plus loin les développements donnés par le
célèbre fondateur des écoles vétérinaires, et nous examinerons, en nous basant toujours sur les lois de la mécanique
et de la physiologie, s'il a été réellement dans la vérité. Nous
croyons pouvoir démontrer que Bourgelat a été dans l'erreur
autant dans l'ensemble que dans les détails de ses proportions.

Tout occupé d'abord d'assurer l'avenir de son œuvre principale, la création de la médecine des animaux d'après l'idée
émise par Buffon, Bourgelat n'eut pas le temps de réfléchir sur

chacun de ses détails (1). La haute intelligence dont il était
doué, sa vaste érudition, ses connaissances spéciales dans l'art
de l'équitation, n'auraient pas tardé à lui faire modifier ce qu'il
avait écrit de peu en harmonie avec les lois de mécanique sur
la conformation du cheval, et notamment sur ses proportions.
Il n'est pas permis de douter de ce que nous avançons ici sur
Bourgelat quand on lit le passage suivant dans le chapitre où
il traite de la nécessité des proportions :

----

(1) L'idée de la création des écoles vétérinaires appartient à Buffon.
Le grand naturaliste avait compris avant Bourgelat toute l'importance
de la médecine vétérinaire et les services qu'elle était appelée à rendre
à l'agriculture. En s'occupant de la morve du cheval, il dit : « Je ne
parlerai pas des autres maladies des chevanx : ce serait trop étendre
l'histoire naturelle que de joindre à l'histoire d'un animal celle de
toutes ses maladies. Cependant, je ne puis terminer l'histoire du cheval sans marquer quelques regrets de ce que cet animal utile et précieux a été jusqu'à présent abandonné aux soins et à la pratique souvent aveugle de gens sans connaissances et sans lettres. La médecine
que les auteurs ont appelée *médecine vétérinaire* n'est presque connue
que de nom. Je suis persuadé que, si quelque médecin tournait ses
vues de ce côté-là et faisait de cette étude son principal objet, il serait
bientôt dédommagé par d'amples succès ; que non seulement il s'enrichirait, mais même qu'au lieu de se dégrader, il s'illustrerait beaucoup. Et cette médecine ne serait pas si conjecturale et si difficile que
l'autre : la nourriture, les mœurs, l'influence du sentiment, toutes les
causes, en un mot, étant plus simples dans l'animal que dans l'homme,
les maladies doivent aussi être moins compliquées, et par conséquent
plus faciles à traiter et à juger avec succès ; sans compter la liberté
tout entière qu'on aurait de faire des expériences, de tenter de nouveaux remèdes et de pouvoir assister sans crainte et sans reproche à
une grande étendue de connaissances en ce genre, dont on pourrait
même, par analogie, tirer des inductions utiles à l'art de guérir les
hommes. » Buffon fut donc le promoteur de la création de la médecine
des animaux, comme son ami Daubenton fut celui de la création des
bergeries nationales, qui ont rendu tant de services à leur début, surtout à l'acclimatation comme à la multiplication des animaux. Nous
aurons occasion de revenir plus tard sur ce fait important.
(Buffon, *Œuvres complètes*, t. XVI, p. 266, édition
Lamouroux.)

11

« Nous ne pousserons pas plus loin ici ces observations,
« que nous pourrions étendre à l'infini par le développement
« d'une foule de principes évidents et applicables à tous les
« points qui, dans le corps du cheval, correspondent les
« uns aux autres à titres de cordes, de leviers, de points
« d'appui, de puissance et résistance. Il suffit de ces simples
« apparences et de cette très légère ébauche pour juger de
« la somme de lumières qui, résultant de cette manière d'é-
« tudier et de rechercher l'animal, mettrait notre esprit au
« niveau des rapports et des conditions qui sont pour nous
« autant de mystères, dont la révélation importe essentielle-
« ment néanmoins, dans toutes les circonstances, à la per-
« fection de la science du manége (1). »

Bourgelat se doutait bien au fond, comme on le voit, que
le cheval se réduit à la conséquence des principes de mécanique qui résultent de l'action de cordes, de leviers, de
points d'appui, de puissance et de résistance. Il savait certainement comme nous que le cheval n'était qu'une locomotive, essentiellement soumise aux lois communes à toutes les
machines possibles. Mais, nous le répétons, il n'eut pas le
temps d'y réfléchir. Ce fait est d'autant plus malheureux
que l'autorité de son nom aurait arrêté les véritables règles
de bonne conformation du cheval. Il aurait développé, sur
son perfectionnement surtout, des théories qui ne sont encore en France qu'à l'état de problème bien éloigné de la solution.

Le savant écuyer avait compris mieux que personne que tout
enseignement a besoin de règles fixes, de principes arrêtés,
pour préserver les professeurs et les élèves du vague des incertitudes et des hypothèses. Après avoir traité du cheval
comme il pouvait le faire alors, il songea à déterminer ses
proportions. Pour diriger le jugement de ses disciples sur la

---

(1) *Traité de la conformation extérieure du cheval*, 7ᵉ édition, p. 228.

beauté des sujets, comme les sculpteurs et les peintres l'avaient pratiqué pour l'homme, il s'appuya sur ce fait, positif suivant lui, que, « quoique la beauté naisse des proportions, « on ne peut pas soutenir que les hommes aient su quelles « sont les proportions des objets avant d'en avoir aperçu « la beauté. Au contraire, c'est sur la beauté des corps « qu'on a imaginé d'arrêter les proportions. Dans la mu- « sique, après avoir trouvé les propriétés des sons capables « de produire ce que nous appelons harmonie, par l'atten- « tion que l'on a faite à ceux qui étaient les plus agréables à « l'oreille, on les a proportionnés, on les a unis, on les a « séparés par de justes intervalles. Dans la peinture, on a « observé l'effet du clair-obscur et des ombres, et, en s'arrê- « tant à la stature d'un homme qui, d'un accord général, pou- « vait être beau, on a pour ainsi dire deviné ce qui plairait « si fort en lui, et des différentes combinaisons qui ont été « faites on a tiré les règles de proportions qui forment au- « jourd'hui les règles du dessin. C'est ainsi qu'en fixant nos « regards sur ce que d'un accord commun nous regardons « comme la belle nature, nous avons tenté de pénétrer dans « les premières raisons de la beauté de l'animal (2). »

Comme on peut le voir, Bourgelat voulut malheureuse- ment imiter l'exemple de la pratique suivie pour les propor- tions de l'homme; il basa celle que son imagination féconde lui inspira sur l'idée qu'il avait d'un joli cheval. Mais le rap- prochement de l'homme au cheval, dans ce cas, ne fut pas heureux. Le célèbre hippiatre oublia de penser que la beauté du premier, comme celle de la femme, sont de pure con- vention de goût et d'imagination, tandis que la beauté du second est basée sur des règles mathématiques invaria- bles, quels que soient d'ailleurs les goûts, les modes et les caprices. Voilà par où le jugement de Bourgelat a manqué; voilà pourquoi il a produit tant d'erreurs sur l'étude du che- val.

---

(2) Ouvrage cité, p. 211.

L'artiste ne s'occupe pas des conditions de puissances musculaires propres à la force ou à la vitesse quand il peint ou qu'il sculpte l'homme. Quand il cherche à imiter l'Apollon du Belvéder ou la Vénus de Médicis, qui sont le beau idéal du type humain, il ne s'occupe guère, comme le fait l'hippiatre, de l'écartement des tendons, de leur centre d'action, de la longueur du calcaneum, de celle du coude, etc., etc., qui, pour le cheval, sont une beauté ; il ne désire pas la plus grande étendue possible des coxaux, la longueur et l'obliquité des épaules, la longueur des avant-bras, comme beauté. La longueur des côtes, le plus grand développement général des apophyses osseuses qui déterminent les formes anguleuses fortement accentuées, l'intéressent peu. Toutes ces bonnes dispositions mécaniques seraient des vices hideux pour un sujet humain, sur la toile comme sur le marbre. Dans l'homme il y a des beautés qui seraient essentiellement des vices pour le cheval. Il y a dans le corps humain telles proportions de parties qui commandent telles proportions des autres. Dans le cheval, comme l'a dit Bourgelat lui-même, tout se réduit, au fond, à des leviers, à des cordes, à des points d'appui, à des puissances et à des résistances ; toute la beauté est dans les conditions qui favorisent le plus la force et la vitesse, et on ne doit tenir aucun compte des idées plus ou moins erronées qui sont contraires aux bonnes lois de mécanique, bien que les modes ou le goût du jour les aient adoptées. M. le général Morris a parfaitement compris cette idée quand il dit, page 5 de son *Essai sur l'extérieur du cheval* : « Si la science n'accompagne point le goût, le goût, « ne s'étayant sur rien de solide, ne *produira jamais que de* « *mauvais résultats.* »

Partant de ce principe, qui ne saurait être contesté, il nous sera facile de voir combien les proportions du cheval, telles qu'elles ont été établies, dans leur détail comme dans leur ensemble, sont peu conformes à la beauté réelle du cheval ; souvent même elles sont vicieuses, en condamnant et développement de certaines régions dont l'excès serait une

beauté s'il existait. Entrons dans quelques détails pour prouver ce que nous avançons.

Bourgelat prend pour type de mesure la longueur de la
tête, qui, divisée et subdivisée en ce qu'il a appelé primes,
secondes et points, doit servir à régler les dimensions de
tout le reste du corps. Si la tête est trop courte ou trop longue, (suivant ces proportions, il est facile de s'en convaincre)
il faut prendre la hauteur ou la longueur du corps, qui doivent
représenter deux fois et demie la longueur de la tête. Avec
cette notion on peut rétablir, suivant Bourgelat, les véritables proportions de la tête.

On divise ensuite une de ces quantités qui doit représenter la longueur de la tête en cinq parties égales ; on prend
deux de ces divisions, on les réduit, comme la tête, en primes au nombre de trois, subdivisées en trois parties, qui
renfermeront elles-mêmes des secondes, partagées chacune
en vingt-quatre subdivisions, ce qui donnera les points.

Cependant, si la tête jugée trop courte, ce qui ne saurait
être défectueux suivant nos principes, appartient à un corps
trop bas et en même temps trop long, ou trop court et trop
haut, où chercherons-nous l'unité de mesure exigée ? Mais
ce n'est pas là le point le plus essentiel des vices des proportions qui nous occupent. Pour mieux juger de ce qu'elles ont
de contraire aux lois de mécanique et de physiologie, qui
seules doivent nous servir de guides, nous reproduisons ici
textuellement le travail de Bourgelat. Il sera ainsi plus facile
à nos lecteurs, qui doivent être juges, de se convaincre des
théories et des raisons qui nous ont fait adopter la marche
que nous avons suivie dans notre enseignement.

Voici comment s'exprime le fondateur des écoles vétérinaires :

Manière de s'assurer des proportions du cheval.

« Quoi qu'il en soit, dès que la beauté réside dans la convenance et le rapport des parties, il faut de toute nécessité en observer les dimensions particulières et respectives, et, pour acquérir la connaissance des proportions, supposer un genre de mesure qui puisse être indistinctement commune à tous les chevaux. La partie qui peut servir de règle de proportions à toutes les autres est la tête. Mesurez-en la longueur entre deux lignes parallèles, l'une tangente à la nuque ou à la sommité du toupet, l'autre tangente à l'extrémité de la lèvre antérieure ; par une ligne perpendiculaire à ces deux parallèles, vous aurez sa longueur géométrale. Divisez cette longueur en trois portions, et assignez à ces trois portions un nom particulier qui puisse s'appliquer indéfiniment à toutes les têtes, comme, par exemple, celui de *prime*. Une tête quelconque, dans sa longueur géométrale, aura par conséquent toujours trois primes. Mais toutes les parties que vous aurez à considérer, soit dans leur longueur, soit dans leur hauteur, soit dans leur épaisseur, ne peuvent pas avoir constamment ou une prime entière, ou une prime et demie, ou trois primes ; subdivisez donc chaque prime en trois parties égales, que vous nommerez *secondes*, et, comme cette subdivision ne suffirait pas encore pour vous donner la mesure juste de toutes les parties, subdivisez de nouveau chaque seconde en vingt-quatre *points* ; en sorte qu'une tête divisée en trois primes aura, par la première subdivision, neuf secondes, et deux cent seize points par la dernière. Dès lors, lorsque vous direz une tête, vous entendrez toujours sa longueur géométrale ; lorsque vous prononcerez le mot prime, vous entendrez un tiers de cette même longueur ; lorsque vous proférerez celui de seconde, vous entendrez la neuvième partie ; enfin, lorsque vous direz un point, ce point signifiera la deux-cent-seizième partie de cette longueur géométrale.

« On comprend, au surplus, que cette division en primes et ces subdivisions en secondes et en points naissent d'une supposition forcée : car, comme il ne peut y avoir, sans supposition, une mesure égale et commune pour des animaux qui ne sont égaux ni en grandeur ni en largeur, on ne peut en établir une fixe, certaine et stable, qu'en en imaginant ou en en recherchant une qui puisse, dans l'extension ou la diminution, conduire au principe une fois déterminé.

« Mais la tête peut elle-même pécher par un défaut de proportion. Cette partie n'est en effet censée trop courte ou trop longue, trop menue ou trop chargée, que par comparaison avec le corps de l'animal ; or, le corps devant avoir, soit en longueur à compter depuis la pointe du bras jusqu'à la pointe de la fesse inclusivement, soit en hauteur à compter depuis la sommité du garrot jusqu'à terre, deux têtes et demie, dès que cette partie, par sa longueur géométrale, donnera en longueur ou en hauteur au corps mesuré plus de deux fois et demie sa longueur, elle sera trop longue, et, si elle en donne moins, elle sera trop courte.

« Dans le cas où l'un de ces défauts existerait, il ne serait plus question d'asseoir sur sa longueur géométrale les proportions des autres parties. Abandonnez cette mesure commune, et compassez la hauteur ou la longueur du corps ; partagez la longueur ou la hauteur en cinq portions égales ; prenez ensuite deux de ces portions ; divisez-les par primes, secondes et points, conformément aux divisions et subdivisions que vous auriez faites de la tête ; et vous aurez une mesure générale, telle que la tête vous l'aurait donnée si elle eût été proportionnée. »

Proportions du cheval.

Bourgelat continue de la manière suivante :

« Il serait superflu d'entrer ici dans des détails qui ne peuvent vraiment intéresser que le sculpteur et le peintre. Nous rejetons donc toutes les dimensions uniques, et toutes celles qui ne concernent que les plus petites parties, pour ne nous attacher qu'aux dimensions frappantes de celles qui, d'une part, ont assez d'étendue pour être saisies facilement et d'un coup d'œil, et qui, de l'autre, présentent par leur correspondance, ou plutôt par une égalité réelle, soit en hauteur, soit en longueur, soit en largeur, soit en épaisseur, des objets de comparaison si sensibles que les plus légères différences qui existeraient entre elles, et qui les rendraient par conséquent défectueuses, ne sauraient nous échapper.

« 1° Trois longueurs géométrales de la tête donnent la hauteur entière du cheval, à compter du toupet au sol sur lequel il repose, pourvu que sa tête soit bien placée.

« 2° Deux têtes et demie égalent :

« La hauteur du corps, du sommet du garrot à terre ;

« La longueur de ce même corps, celles de l'avant-main et de l'arrière-main, prises ensemble, de la pointe du bras à la pointe de la fesse inclusivement.

« 3° Une tête entière donne :

« La longueur de l'encolure, du sommet du garrot à la partie postérieure de la nuque ;

« La hauteur des épaules, du sommet du coude au sommet du garot ;

« L'épaisseur du corps, du milieu du ventre au milieu du dos ;

« Sa largeur, d'un côté à l'autre.

« 4° Une tête mesurée du sommet du toupet à la commissure des lèvres, cette mesure légèrement remontée, à moins que la bouche ne soit très fendue, égalera :

« La longueur de la croupe, prise de la pointe supérieure de l'angle antérieur de l'os iléon à la tubérosité de l'ischion formant la pointe de la fesse ;

« La largeur de la croupe, ou des hanches, prise sur les pointes inférieures des angles des os iléons ;

« La hauteur de la croupe, vue latéralement, prise du sommet des angles postérieurs des os iléons à la pointe de la rotule, la jambe étant dans l'état de repos ;

« La longueur latérale des jambes postérieures, de la pointe de la rotule à la partie saillante et latérale du jarret, au droit de l'articulation du tibia avec la poulie ;

« La hauteur perpendiculaire de l'articulation ci-dessus désignée au-dessus du sol ;

« La distance du sommet du garrot à l'insertion de l'encolure dans le poitrail ;

« La distance de la pointe du bras à l'insertion de l'encolure dans l'auge.

« 5° Deux fois cette dernière mesure donnent à peu près :

« La distance du sommet du garrot à la pointe de la rotule ;

« La distance de la pointe du coude au sommet de la croupe, ou des angles postérieurs des os iléons.

« 6° Trois fois cette mesure, plus la demi-largeur du paturon, le tout équivalant à deux têtes et demie, donneront :

« La hauteur du corps, prise du sommet du garrot à terre ;

« Sa longueur, prise de la pointe du bras à la pointe de la fesse inclusivement.

« 7° Cette même mesure, plus la largeur entière du paturon, indiquera la longueur totale du corps, prise rigoureusement.

« 8° Deux tiers de la longueur de la tête égaleront :

« La largeur du poitrail, d'une pointe de bras à l'autre, de dehors en dehors ;

« La longueur horizontale de la croupe, prise entre deux verticales, dont l'une toucherait à la fesse et l'autre passerait par le sommet de la croupe et toucherait à la pointe de la rotule ;

« Le tiers de la longueur de l'arrière-main et du corps, pris ensemble, jusqu'à l'aplomb du garrot touchant au coude ;

« La longueur antérieure de la jambe de derrière, prise de la tubérosité du tibia au pli du jarret.

« 9° Une moitié de la longueur entière de la tête est la même que :

« La distance horizontale de la pointe du bras à la verticale du sommet du garrot et du coude ;

« La largeur de l'encolure vue latéralement, prise de son insertion dans l'auge jusqu'à la racine des premiers crins de la crinière, sur une ligne qui formerait, avec le concours supérieur, deux angles égaux.

« 10° Un tiers de la longueur entière de la tête donne :

« La hauteur de ses parties supérieures, depuis le sommet du toupet jusqu'à la ligne qui passerait par les points les plus saillants des orbites ;

. « La largeur de la tête au-dessous des paupières inférieures ;

« La largeur latérale de l'avant-bras, prise de son origine antérieurement à la pointe du coude.

« 11° Deux tiers de cette largeur latérale donnent :

« L'élévation verticale de la pointe du coude au-dessus du niveau du dessous du sternum ;

« L'abaissement du dos par rapport au sommet du garrot ;

« La largeur latérale des jambes postérieures près des jarrets ;

« L'ouverture, ou plutôt la distance des avant-bras d'un ars à son opposé.

« 12° Une moitié du tiers de la longueur entière de la tête égale :

« L'épaisseur de l'avant-bras, vu de face, à son origine, de l'ars à son contour extérieur horizontalement ;

« La largeur de la couronne des pieds antérieurs, soit d'un côté à l'autre, soit de l'avant à l'arrière ;

« La largeur de la couronne des pieds postérieurs, d'un côté à l'autre seulement ;

« La largeur des boulets postérieurs, pris de l'avant, à la naissance de l'ergot ;

« La largeur du genou, vu de face (*Nota* : Cette mesure est néanmoins un peu forte) ;

« L'épaisseur des jarrets (*Nota* : Cette mesure est un peu faible).

« 13° Un quart de ce même tiers de la longueur de la tête donne l'épaisseur du canon de l'avant-main. Celui de l'arrière-main est un peu plus épais.

« 14° Un tiers de cette même mesure égale :

« L'épaisseur de l'avant-bras près du genou, dans sa partie la plus étroite ;

« L'épaisseur des paturons postérieurs, vus latéralement.

« 15° La hauteur du coude au pli du genou est la même que :

« La hauteur de ce même pli jusqu'à terre ;

« La hauteur de la rotule au pli du jarret ;

« La hauteur du pli du jarret jusqu'à la couronne.

« 16° La sixième partie de cette mesure donne :

« La largeur du canon de l'avant-main, vu latéralement, au milieu de sa longueur ;

« Celle de son boulet, vu de face.

« 17° Le tiers de cette mesure est à peu près égal à la largeur du jarret, du pli à la pointe.

« 18° Un quart de cette mesure donne :

« La largeur du genou, vu latéralement ;

« Sa longueur.

« 19° L'intervalle des yeux d'un grand angle à l'autre égale :

« La largeur de la jambe de derrière, vue latéralement, de la coupure de la fesse à la partie inférieure de la tubérosité du tibia.

« 20° Une moitié de cet intervalle des yeux donne :

« La largeur du canon postérieur, vu latéralement ;

« La largeur du boulet de l'avant-train, vu latéralement, de son sommet antérieur à la naissance de l'ergot ;

« Enfin, la différence de la hauteur de la croupe, respectivement au sommet du garrot.

« Telles sont, à peu de chose près, dans le cheval, toutes les parties correspondant par des dimensions réciproques. L'œil exercé à ces différentes données les transportera, sans besoin d'hippomètre, de compas et d'échelle, sur les parties dont il voudra juger les défauts par l'appréciation des mesures, avec autant de facilité que le peintre en trouve à réduire des dessins et à faire d'une figure ordinaire une figure colossale. »

C'est ainsi que s'exprime Bourgelat, et ses préceptes, nous devons le dire, sont aussi difficiles à retenir, aussi compliqués, qu'ils sont contraires aux véritables lois de la beauté du cheval.

Comment concevoir que la hauteur des épaules du sommet du coude au sommet du garrot doit être égale à la longueur de la tête ? Suivant les lois de physiologie et de mécanique que nous avons invoquées, cette hauteur ne sera jamais trop grande. Elle dépend nécessairement de la longueur des côtes, qui est toujours une beauté, et de celle des apophyses épineuses des premières vertèbres dorsales destinées à servir de base au garrot, qui n'est jamais trop élevé. Nous l'avons prouvé. Le système de Bourgelat est donc ici, comme ailleurs, contraire aux lois imprescriptibles de la mécanique et de la physiologie.

Nous avons vu que la plus grande longueur de la croupe était en toute occasion une de ses beautés les plus essentielles pour la vitesse, par l'étendue des muscles qui concourent à la former, et par celle de leur jeu. Si on la borne aux proportions de Bourgelat, elle ne devra pas dépasser l'étendue que l'on trouvera de la nuque à la commissure des lèvres. La même mesure déterminera la distance d'une hanche à l'autre, ce qui d'ailleurs ne nous offre pas le même inconvénient. C'est encore là une erreur matérielle du fondateur des écoles vétérinaires ; pour le prouver, nous renvoyons le lecteur à la description que nous avons faite de la croupe.

Nous avons dit qu'un jarret bas était une beauté, parcequ'il indiquait la longueur de la jambe, et par conséquent celle de ses muscles. Suivant Bourgelat, cette longueur doit être égale à la hauteur du jarret au sol ; ces deux quantités doivent être les mêmes que celle de la longueur de la croupe ou de sa largeur. Ce principe est tout à fait contraire aux lois de la vitesse des animaux, toujours favorisée par la plus grande étendue possible du jeu des muscles.

La même longueur, toujours d'après Bourgelat, doit régler celle qui s'étend de la base de l'encolure, à son insertion au poitrail, au sommet du garrot. Ce principe est contraire au développement de hauteur de la poitrine et du garrot, et par conséquent erroné.

La longueur, l'obliquité de l'épaule, la longueur de l'olécrane, que nous avons dit être des conditions de beauté d'autant plus grandes qu'elles sont plus accentuées, sont bornées par la demi-longueur de la tête. C'est cette demi-longueur qui donne la mesure de la distance de la pointe de l'épaule à la verticale qui descend du garrot en touchant à la pointe du coude. Ces proportions, qui sont une beauté d'après Bourgelat, sont aussi contraires aux dispositions qui favorisent la force et la vitesse qu'à la facilité d'étendue des mouvements des membres antérieurs.

En effet, plus l'épaule sera oblique, plus sa pointe sera portée en avant, plus son jeu sera étendu. D'un autre côté, plus l'olécrane qui forme le coude sera allongé en arrière, plus il sera long, et plus par conséquent ce levier sera favorable à la puissance, à la force. La théorie de Bourgelat est donc tout à fait contraire aux bonnes lois de confection de la région dont il parle.

Un tiers de la longueur de la tête doit régler la largeur du front, d'après les principes de Bourgelat ; un front est-il jamais trop large ? Cette mesure doit aussi déterminer la hauteur du crâne depuis les orbites jusqu'à la nuque : or cette partie, comme nous l'avons dit, ne saurait être assez développée en largeur comme en hauteur, ce qui est un indice de noblesse de race, d'intelligence, de force et d'énergie. Enfin la largeur de l'avant-bras, depuis la partie antérieure jusqu'au coude, ne peut dépasser la même mesure sans être contraire aux proportions établies : c'est encore une erreur suivant les lois qui nous ont servi de guide. La largeur de l'avant-bras est un caractère de sa force ; plus elle est développée, plus elle indiquera de puissance, et la longueur de l'olécrane, bras du levier de puissance, sera toujours une marque de sa beauté.

La hauteur du garrot, que nous ne trouverons jamais trop grande, sera bornée à deux secondes ou deux tiers d'une prime, c'est-à-dire aux deux neuvièmes de la longueur totale de la tête. La même longueur réglera la hauteur du coude relativement au sternum, que nous voudrions voir toujours très descendu entre les deux membres antérieurs. Ce caractère est commun à tous les animaux à poitrine très profonde, à épaules longues et obliques, à tous les chevaux à grands moyens. Enfin, cette même mesure donnera la largeur latérale de la jambe à hauteur des jarrets ; jamais cette largeur n'aura les dimensions que nous voudrions lui voir. Elle indique la largeur du jarret lui-même ou le développement des muscles et leur rapprochement de la perpendiculaire à leur insertion, ce qui est toujours une condition de force recherchée et de beauté.

La largeur des boulets postérieurs vus de côté, celle du genou examiné de face, et l'épaisseur des jarrets, ne doivent pas dépasser une seconde et demie, c'est-à-dire la moitié du tiers de la longueur de la tête entière : telle est l'opinion de Bourgelat. Or les plus grandes dimensions de ces trois régions, dans le sens indiqué, sont ce que l'on doit toujours rechercher sans égard pour toute mesure qui les bornera ; elles réuniront toujours les conditions de solidité articulaire à la puissance d'action, quand elles seront le plus développées possible.

La longueur de l'avant-bras doit avoir le plus d'étendue suivant nous ; elle sera, suivant les proportions de Bourgelat, égale à la hauteur du pli du genou à terre, ou à la distance de la rotule au pli du jarret, à celle de cette partie à la couronne.

Ces trois conditions exigées par Bourgelat sont tout à fait contraires aux lois de la vitesse. Pour le prouver, nous invoquons le principe par lequel on juge de l'étendue du mouvement par l'action musculaire et le développement des rayons les plus spécialement destinés à embrasser le terrain, comme l'avant-bras par exemple. Nous l'avons démontré en traitant de l'avant-bras.

Le sixième de la hauteur du pli du genou à terre devra donner la largeur du canon, vu latéralement au milieu de sa longueur ; d'après ce principe, le tendon, que nous avons reconnu être d'autant plus beau qu'il est plus détaché, ne devra pas dépasser les mesures que prescrivent les proportions de Bourgelat, pour être conforme à leur règle. C'est une erreur d'autant plus grande qu'elle est contraire à la force d'une des régions du corps qui sont le plus exposées à la fatigue, par la tension permanente des cordes tendineuses qui en forment la base. Jamais les tendons ne seront assez détachés du canon ; jamais une puissance ne se rapprochera assez de la ligne perpendiculaire à son action, aux membres comme ailleurs. Cette règle est sans exception dans la machine animale. L'excès même, dans ce cas, sera toujours une marque de grande beauté.

La largeur du jarret, si importante pour la force, devra être réduite au tiers de la hauteur du pli du genou à terre. C'est là, certainement, une des erreurs les plus capitales de toutes les proportions de Bourgelat.

Le jarret est, de toutes les parties du cheval susceptibles de détente, celle qui, par ses importantes fonctions, demande le plus de puissance pour chasser le corps en avant. Elle ne peut avoir de force que par la longueur du levier formé par le calcaneum. Certes, le mécanisme de cette importante articulation n'était point ignoré par le grand maître de l'art ; nous ne comprenons pas qu'il ait pu borner, par une mesure déterminée, une des qualités les plus importantes de tout le corps du cheval et les plus essentielles à la force comme à la vitesse. Un jarret ne peut jamais être trop large.

La largeur qui sépare les deux yeux d'un grand angle à l'autre donnera celle que doit avoir la jambe, de la coupure de la fesse à sa partie antérieure. Cette erreur n'est guère moins grave que celle qui borne la largeur du jarret à la mesure indiquée. En effet, nous avons vu que les muscles des fesses doivent descendre très bas sur le jarret, pour avoir le plus d'étendue possible d'extension comme de force, par leur développement en longueur comme en grosseur. D'après le principe de Bourgelat, ils doivent être étranglés, coupés au dessus des jarrets, ce qui est contraire à toutes les règles de physiologie comme de mécanique.

Enfin la moitié de cette distance d'un grand angle de l'œil à l'autre devra borner la largeur des canons et des tendons postérieurs et la largeur du boulet antérieur vu de côté ; elle donnera aussi la différence qui doit exister entre la hauteur du cheval, mesuré du garrot et du sommet de la croupe à terre. La hauteur du garrot est donc ainsi bornée à la moitié de la distance d'un grand angle de l'œil à l'autre : si le cheval a le front très rétréci, ce qui se voit, cette partie du corps sera réduite à zéro ou à bien peu de chose. Rien n'est plus contraire à sa beauté, à ses qualités essentielles.

Nous ne pensons pas avoir besoin de plus longs commentaires pour démontrer, à ceux qui voudront y réfléchir, que Bourgelat se trompa quand il imagina ses proportions et qu'il les donna comme guide pour trouver le type du beau. Son cheval modèle, construit d'après sa méthode, ne saurait répondre aux conditions exigées par la raison et le service d'une bonne locomotive. Comment, en effet, comprendre des bornes aux développements de certaines régions, surtout quand les excès mêmes seraient toujours et sans exception une beauté recherchée ? Comment comprendre qu'on puisse limiter la largeur du front, la hauteur du crâne, le développement du garrot, la hauteur de la poitrine, celle des épaules, comme leur obliquité? Trouvera-t-on jamais un boulet ou un avant-bras trop larges; ce dernier trop long; un genou trop développé; un tendon trop détaché? Peut-on fixer des limites à la largeur du jarret, à celle de la jambe, à la longueur de la croupe et à celle des côtes?

Celui qui veut étudier le cheval suivant sa destination sera convaincu, comme nous, qu'il est contraire à la raison de fixer par des mesures arbitraires (il ne peut y en avoir d'autres) les bornes du développement de telle ou telle région de son corps. Que l'artiste ait des données pour se diriger dans la confection de son œuvre, dont le goût ou les modes règlent les formes, nous le comprenons parfaitement; mais le mécanicien ne doit obéir qu'aux lois de mécanique; il ne peut juger des qualités de la machine que d'après les règles invariables sur lesquelles ces lois sont établies. La machine animée demande de plus, pour être bien jugée, des connaissances solides en physiologie, en science de la vie. Sans elles, on ne peut comprendre de quelle nature, de quelle essence, sont les ressorts, les instruments, employés pour son entretien, comme pour l'action de tout le système locomoteur des animaux. Il y a notamment dans le cheval, comme nous l'avons vu, une question dominante : c'est celle de sa race, de son sang, suivant l'expression reçue, et celle de son perfectionnement par le choix qu'on doit faire de la nature des types employés. Toutes ces considérations importantes doivent s'allier aux connaissances mécaniques indispensables à l'appréciation du cheval.

La physiologie et la mécanique réunies, d'accord avec l'observation des faits, nous apprennent qu'une tête carrée est généralement belle. Ses muscles masticateurs sont ordinairement bien accentués. Ses naseaux sont très mobiles, très larges et dilatables. De grands yeux bien ouverts, vifs et placés bas, un vaste front et un crâne bien développé, la caractérisent. Une semblable tête est toujours dans de bonnes conditions, quelles que soient d'ailleurs les indications des proportions, qui ne prouvent absolument rien, si elles ne sont contraires à la beauté. Si, d'autre part, un cheval a son encolure bien musclée, pour bien exécuter tous les mouvements, sans surcharge de graisse ou de tissus cellulaires inutiles ; s'il a un garrot très élevé, et ici nous ne connaissons pas de bornes ; s'il a le dos et les reins courts, très larges et fortement musclés ; si sa croupe est longue, bien nourrie, l'épaule haute et bien inclinée ; si la poitrine est très profonde et les côtes longues et fortement arquées, arrondies ; si le flanc est court, l'avant-bras très long et large ; si le genou est fort, le tendon extrêmement détaché, le boulet large, le paturon court et dans le degré d'inclinaison voulu ; si les fesses sont proéminentes et garnies de muscles forts, longs, bien dessinés et bien descendus ; si la jambe et le jarret sont larges, quel que soit l'excès de leur largeur, ne tenez aucun compte de proportions dont rien ne légitime la valeur ; vous serez toujours assuré d'avoir trouvé le cheval modèle. S'il est d'un bon sang, il aura toutes les qualités qu'on peut lui demander, soit comme type améliorateur, soit comme sujet de service et de guerre ; il aura enfin toutes les conditions de détail et d'ensemble que l'on pourra exiger de lui, surtout en campagne.

Telle est l'opinion que nous avons développée dans la première édition de ce livre, et nous pouvons dire qu'elle n'a point été contestée. Elle a été, au contraire, approuvée par quelques auteurs qui ont écrit après nous sur cette question, et nous les remercions de l'appui que l'autorité de leur parole a donné à nos principes.

Nous avons dit précédemment, à l'occasion de l'opinion de notre digne ami M. le professeur Lecoq, directeur de l'école vétérinaire de Lyon, que nous reviendrions sur ce qu'il a avancé avec toute sa loyauté habituelle. D'après cet auteur recommandable, si nous avons eu raison sur la question de détail des proportions, il n'en serait pas de même sur celle de leur ensemble, dont nous aurions laissé le principe *intact*. Comme à notre avis les proportions de Bourgelat sont aussi erronées dans leur ensemble que dans leurs détails, nous ne devons pas manquer de donner les raisons qui peuvent prouver que nous n'avons pas tort ; et, comme l'honorable directeur de l'école vétérinaire de Lyon reproduit à l'appui de son opinion le texte même de Bourgelat, nous le reproduisons aussi, pour que ce texte puisse servir de point d'appui à la nôtre.

Voici ce que dit Bourgelat :

« La hauteur ou l'élévation du corps, n'étant pas égale à
« sa longueur, péchera par le trop ou par le trop peu, c'est-
« à-dire par excès ou par diminution. Par excès, d'abord le
« défaut sera le même que si le cheval était trop court ; par
« diminution, le défaut sera le même que si le cheval était
« trop long. L'excès peut provenir seulement de l'amplitude
« du corps, et principalement du thorax ; en ce cas, l'animal
« est dépourvu de toute légèreté et ne présente qu'une masse
« lourde et informe. Quand il naît de la longueur exagérée
« des jambes, les membres sont si faibles qu'ils ne peuvent
« résister au moindre travail ; et, lorsque l'excès a sa source
« dans les deux causes ensemble, il n'est pas douteux que la
« ruine de l'animal est beaucoup plus prochaine, quoique les
« membres n'aient pas autant de longueur à proportion que
« dans le dernier cas, parceque, plus allongés, d'une part,
« qu'ils ne devraient l'être selon les dimensions naturelles,
« ils ont, de l'autre, à porter un fardeau plus considérable.
« Quant à la diminution, si elle provenait du peu de capacité
« du corps, et particulièrement du thorax, il est aisé de com-
« prendre quelles seraient, outre cette difformité, les suites
« de la contrainte qu'éprouveraient les viscères que cette ca-
« vité contient, et, dans la circonstance où l'on ne pourrait
« en accuser que la brièveté des membres, on concevra bien-
« tôt aussi que la progression de l'animal en serait évidem-

« ment plus rétrécie. Dès que ses extrémités postérieures, en
« effet, ne pourraient, pour opérer les percussions indispen-
« sables, atteindre, comme dans le transport successif et lo-
« cal d'un cheval bien proportionné, la ligne de direction du
« centre de gravité, la masse serait absolument nécessitée
« de parcourir moins de chemin à chaque temps, ou l'animal
« obligé de doubler les mouvements, pour gagner d'une autre
« manière ce qu'une véritable impossibilité lui ferait perdre
« sur une certaine quantité de terrain ; ou enfin, si son cou-
« rage et son ardeur le portaient à forcer, en quelque façon,
« la nature, pour approcher davantage de cette même ligne,
« il est certain que chaque extrémité serait infiniment plus
« travaillée et succomberait bientôt, vu les efforts répétés
« qu'elle aurait à faire pour opérer ce qu'il faudrait d'éléva-
« tion à la masse, à chaque instant des déplacements qui la
« détermineraient en avant.

« Dans la circonstance de la longueur excessive du corps,
« toute la colonne vertébrale doit être incontestablement plus
« faible, et les muscles ne peuvent qu'être sollicités à des
« mouvements plus violents pour résister à l'effet du fardeau
« dont elle se trouvera chargée, puisque les bras de levier,
« accordés à la résistance, seront moins efficaces, en raison
« de l'excès de la longueur reprochée, qu'ils ne l'auraient été
« dans un animal exactement compassé et mesuré. Nous
« voyons aussi qu'un cheval ensellé, c'est-à-dire en qui la
« colonne dorsale est pliée plus ou moins en contrebas, n'a
« jamais une vraie force. L'avant-main en semble plus beau,
« parceque le garrot, attendu cette sorte de voussure en des-
« sous, paraît plus élevé, et l'encolure sortir perpendiculai-
« rement de cette dernière partie ; mais un trait de beauté,
« acheté aux dépens d'une qualité essentielle, ne la compense
« point et n'en est qu'un appât plus trompeur. Dans toutes
« les actions qui requièrent un ensemble, ces sortes de che-
« vaux sont toujours au-dessous de ce qu'on leur demande.
« Par exemple, et surtout à la suite de quelque exercice

« plus ou moins rapide , ils ne présenteront point par-
« faitement le front à l'arrêt, ils ne l'exécuteront pas avec
« fermeté, ils vacilleront et se traverseront à droite ou à
« gauche, malgré la justesse de la main, à moins qu'elle ne
« soit infinie et dans un accord si parfait avec les jambes
« qu'au moyen de la précision, de la finesse et du sentiment
« du cavalier, l'animal reçoive de l'art ce qui lui a été refusé
« par la nature; l'arrêt formé ne sera pas stable, ils se jette-
« ront en avant ou en arrière, etc. Enfin , quelque vivacité,
« quelque légèreté qu'ils montrent dès les premiers moments
« de leur allure, leur faiblesse se manifestera bientôt : et, en
« effet, la courbure de l'épine ne peut exister en eux que
« les muscles , qui s'opposent à ce qu'elle ne plie davantage,
« n'aient déjà été naturellement portés à un degré d'exten-
« sion , au delà duquel leur élasticité et leur jeu ne tarderont
« pas à atteindre leur terme, et à passer de l'excès d'action à
« l'inertie qui doit la suivre.

« Le trop de longueur supposé n'être dû qu'à celle du tho-
« rax seulement, les jambes antérieures n'étant pas plus
« éloignées des extrémités postérieures qu'elles le sont dans
« un cheval bien conformé, est un défaut qui n'est point aussi
« rare qu'on le croirait. Dans un semblable cas, le devant
« serait chargé d'un très grand poids, non seulement parce-
« que le prolongement du thorax accroîtrait la masse totale,
« et particulièrement celle que ce même devant a à suppor-
« ter, mais parceque, comme je l'ai expliqué en parlant de
« l'excès de longueur de l'encolure, ce prolongement ne sau-
« rait exister sans occasionner celui du bras de levier résul-
« tant de cette dernière partie, et sans employer une plus
« grande portion de la masse postérieure au contrebalance-
« ment du poids des parties antérieures, le point d'appui de-
« meurant toujours chargé de toute l'intensité de la rési-
« stance et de toute l'intensité de la puissance qui lui fait équi-
« libre. De là le défaut immanquable de liberté des épaules
« et des membres, quand même l'animal serait pourvu d'un

« courage réel, quand ces mêmes membres sembleraient
« avoir une épaisseur qui en indiquerait la force ; de là la
« nécessité qu'il pèse à la main, que ses jambes ne parvien-
« nent jamais au degré d'élévation requis dans ses différentes
« allures, qu'il rase le tapis, qu'il bute et qu'il succombe en
« peu de temps sous le faix d'un exercice indiscret et immo-
« déré, auquel il pourrait être condamné par ceux qui con-
« fondraient en lui l'engourdissement, qui ne demande que
« la répétition des actions et du jeu des parties, avec l'épui-
« sement, qui tient à l'énormité de la charge supportée.

« En ce qui concerne la longueur du corps, qui serait due
« à l'extension des os des iles, il est évident que l'allonge-
« ment de ces bras de levier, tendant à plier les vertèbres
« lombaires en contrebas et à les faire obéir au fardeau,
« donnerait à ce même fardeau un avantage considérable
« sur la résistance qu'opposeraient les muscles. Pour se dé-
« livrer de l'effet de ce poids, les chevaux en qui ce défaut
« existe s'efforcent, par un mouvement automatique et tota-
« lement contraire à cet effet, de voûter l'épine en contre-
« haut, et la plupart forgent, s'atteignent, s'attrapent, etc.

« Lorsque le corps de l'animal est trop court, sa force
« pour supporter un poids est naturellement plus grande,
« par la raison de la brièveté des bras de levier, mais aussi
« les effets des réactions se manifesteront bien plus directe-
« ment sur le poids ; la colonne, ayant moins de longueur,
« aura beaucoup moins de jeu ; l'allure du cheval sera par
« conséquent moins liante, et il y aura très peu de ressort
« dans ses mouvements, dont l'impression se propagera tou-
« jours sur le cavalier d'une manière dure et désagréable.
« D'un autre côté, il tirera avec moins d'avantage, parceque
« le rapprochement du centre de gravité des parties anté-
« rieures sur le point d'appui, c'est-à-dire sur les pieds pos-
« térieurs, lui ravira certainement l'empire qu'il aurait eu
« contre le fardeau quelconque qu'il aurait à traîner.

« Nous avons dit que la mesure existante dans un cheval

« bien planté et en repos sur le sol, depuis la partie supé-
« rieure de la croupe jusqu'à la partie supérieure du grasset,
« est la même que depuis celle-ci jusqu'à la partie supérieure
« latérale externe et saillante du jarret, et que depuis cette
« partie du jarret jusqu'au sol. Si la nature se fût écartée de
« ces conditions, soit par la brièveté, soit par le prolonge-
« ment des parties qui concourent à la formation des extré-
« mités postérieures, dans le premier cas, le derrière eût été
« nécessairement raide et dénué de la liberté essentielle à
« son action ; les percussions auraient été incontestablement
« moindres, puisqu'elles sont toujours en raison des flexions
« respectives de chaque partie du membre, et, les extrémi-
« tés antérieures, qui se trouveraient au degré d'élévation
« qu'elles doivent avoir dans le cheval bien proportionné,
« ne pouvant, par une percussion à laquelle elles ne sont
« point astreintes, suppléer à ce que le défaut de celles de
« derrière aurait fait perdre au transport de la machine, ce
« transport eût été toujours lent et très pénible.

« Dans le second cas, c'est-à-dire dans celui du prolon-
« gement excessif de ces mêmes extrémités postérieures,
« nous dirons qu'outre les inconvénients que nous avons dé-
« crits en examinant les résultats d'une trop grande exten-
« sion dans les os des iles, l'exagération de chaque partie
« du membre serait suivie de celle de l'effet des détentes : la
« masse serait donc chassée en avant avec plus de célérité et
« plus de force, et la course de l'animal bien plus rapide ;
« mais aussi les extrémités antérieures, n'étant point en
« même raison de hauteur, se verraient écrasées par le far-
« deau dont elles seraient toujours chargées, comme dans les
« chevaux bas du devant ; et il faut ajouter ici la force plus
« grande de son rejet de la part des extrémités postérieures
« prolongées, surtout lors de l'action du galop, dans laquelle
« la masse retomberait à chaque temps inévitablement de
« plus haut sur elles. D'ailleurs, vu la brièveté, considérée
« par rapport à l'excès à reprocher aux parties de derrière,

« brièveté qui doit rendre leur action naturelle infiniment
« moins efficace, elles seraient nécessitées à des efforts plus
« violents pour la relevée et le soutien de la machine en
« suite de chaque percussion opérée par les membres pos-
« térieurs.

« Nous présumerions volontiers que, dans les chevaux an-
« glais, la ruine des épaules, l'anéantissement de la liberté
« de ces parties, et même les douleurs dont sont ordinaire-
« ment atteints leurs pieds antérieurs, ne sont dus qu'à la
« surcharge que le devant éprouve, soit par ce défaut de con-
« formation, qui n'est pas absolument rare en eux; soit par
« la manière dont on les exerce, sans attention à la nécessité
« de l'ensemble et d'une juste répartition du poids et des
« forces; soit enfin dans les courses plus ou moins véhémen-
« tes qu'on en exige, etc... (1).

Nous avons lu et relu ce passage du célèbre fondateur des
écoles vétérinaires ; nous avons beaucoup réfléchi à ce qu'il a
voulu dire, et nous sommes plus assuré que jamais de l'erreur de Bourgelat dans l'ensemble comme dans les détails de
ses proportions du cheval. Ses principes sont aussi contraires
aux lois de la mécanique qu'à celles de la physiologie sous
tout rapport. Nous allons le prouver.

Lorsqu'on part d'un principe faux, soit dans l'ensemble,
soit dans les détails d'une question, on est rigoureusement
condamné à en tirer de fausses conséquences. Le principe sur
lequel Bourgelat fonde son raisonnement est erroné, les conséquences qu'il en tire subissent le sort auquel elles ne peuvent se soustraire, malgré le talent incontesté de celui qui les
déduit.

Nous allons démontrer par les faits et par le raisonnement
ce que nous avançons. Certes, nous ne nous abusons pas.

---

(1) *Traité de la conformation extérieure du cheval*, pages **183** et suivantes, 8e édition.

lorsque l'autorité d'un grand nom , justement honoré , a fait
adopter non seulement en France , mais dans l'Europe entière , une erreur , et que cette erreur a été présentée dans
l'enseignement officiel par les professeurs les plus éminents
dans toutes les écoles spéciales comme une vérité incontestable pendant un siècle , nous sentons tout le poids de la
lourde tâche que nous nous sommes imposée en la combattant ; mais, si nous avons pour les travaux du créateur des
premières écoles vétérinaires qui se sont fondées sur le globe
tout le respect, toute la déférence, qu'ils méritent ; si nul plus
que nous ne reconnaît l'immense service rendu par Bourgelat
à la France, en adoptant l'idée de Buffon sur l'importance de
la médecine des animaux ; loin de nous incliner sur la foi
du maître, nous avons voulu examiner si ce maître ne s'est
pas trompé. Lorsque son erreur si préjudiciable à l'un des
intérêts le plus sérieux de notre agriculture et de la force de
l'armée nous a été démontrée par nos recherches, après mûr
examen, nous avons dû la faire connaître et la combattre
dans notre enseignement officiel comme dans nos écrits. Agir
autrement, ce serait manquer à son devoir de citoyen, ce serait laisser perpétuer sciemment une doctrine préjudiciable à
l'une des questions les plus agitées depuis des siècles , et
cependant encore des plus ignorées.

Mais reprenons notre raisonnement : pour être dans de bonnes conditions de proportion et de conformation, suivant
Bourgelat, un cheval doit avoir sa hauteur, prise du sommet
du garrot à la terre, égale à sa longueur mesurée de la pointe
de l'épaule à la pointe de la fesse *inclusivement*. S'il en est
autrement, il y a vice de conformation.

Suivons dans son raisonnement le fondateur des écoles vétérinaires. Si le cheval pèche par excès de hauteur, dit-il, *le
défaut sera le même que s'il était trop court*. Et il ajoute :
« L'excès peut provenir seulement de l'amplitude du corps,
« et principalement du thorax. En ce cas , l'animal est dé-

« pourvu de toute légèreté et ne présente qu'une masse
« lourde et informe. »

En parlant ainsi, Bourgelat désigne explicitement la hauteur de la poitrine et celle du garrot. Il ne saurait désigner
autre chose ici en parlant de la hauteur du cheval ; mais comment concevoir une pareille hérésie en physiologie ? Comment ! la hauteur du garrot, qui fait sa beauté, qui lui donne
ses qualités les plus recherchées, serait un vice ? Cette opinion est diamétralement opposée à la réalité. C'est du reste
une pure question de mécanique animale ; nous l'avons développée en parlant du garrot et nous n'y reviendrons pas ici ;
nous y renvoyons donc le lecteur.

Quant à *l'amplitude du corps et surtout du thorax*, dont parle
Bourgelat, nous déclarons que l'erreur ici est encore plus
grave. Les dimensions du thorax en hauteur, comme en tout
autre sens, sont toujours une beauté recherchée, surtout pour
le cheval de selle , dont on exige souvent des allures vives.
L'animal qui a la poitrine profonde a de longues épaules
obfliques qui favorisent la progression. Ce genre d'épaules,
très déliées, très mobiles, loin d'être la conséquence d'un dé-
aut, suivant les proportions de Bourgelat, est à juste titre très
estimée. Rien ne légitime ici l'opinion du maître. Elle est con-
damnée au contraire par la raison et les lois de la physiologie et de la mécanique.

Ainsi donc, si le prétendu excès de hauteur du cheval dépend de la hauteur de la poitrine et du garrot, Bourgelat
s'est trompé en le blâmant ; cet excès serait au contraire une
condition très avantageuse de force, de beauté et de vitesse.

Toutefois, si nous blâmons l'opinion de Bourgelat sur ce
point capital, nous sommes, au contraire, de son avis, quand
il condamne la longueur des jambes. Que, d'après ce savant
célèbre, un cheval pèche par trop ou par trop peu de hauteur, peu nous importe au fond ; mais nous blâmerons toujours les longues jambes, non seulement parcequ'elles sont

généralement dans de mauvaises conditions de force et de résistance , mais parcequ'elles coïncident ordinairement avec la faiblesse des muscles et des tendons, avec des poitrines serrées, peu développées, et des tempéraments délicats.

Les chevaux pourvus de longs membres grêles et faiblement articulés sont le plus souvent des sujets nerveux , irritables, sans force ni puissance, et ils s'usent d'autant plus rapidement par le travail qu'ils ont ordinairement beaucoup de bonne volonté et d'ardeur, conditions morales auxquelles leur organisation physique ne peut pas résister long-temps.

Quant au fardeau plus considérable, suivant l'expression de Bourgelat, que les membres ont à supporter lorsque le cheval a trop de hauteur par *l'amplitude du corps* ET PRINCIPALEMENT DU THORAX, c'est une erreur matérielle difficile à expliquer lorsqu'elle est commise par une autorité aussi imposante que celle du fondateur des écoles vétérinaires ; la capacité du thorax, soit en hauteur, soit dans quelque dimension que l'on voudra, est la conséquence du développement des poumons ; or ce développement est toujours et sans exception un caractère de force, d'énergie, de puissance musculaire.

Quant au poids de ces organes si importants, augmenté par le volume de ce foyer de la respiration et de la vie, la raison ne nous permet pas de prendre au sérieux une pareille assertion et de la discuter. Le raisonnement physiologique le plus élémentaire en fait justice. Nous en appelons à quiconque a étudié les poumons et leurs fonctions essentielles.

Du reste , en suivant avec attention le raisonnement de Bourgelat lui-même, on le voit revenir de son erreur et condamner lui-même, quelques lignes plus bas, le principe qu'il a avancé au commencement de sa démonstration : « Quant à « la diminution , dit-il (il veut parler de la diminution en « hauteur), si elle provenait du peu de capacité du corps et « *particulièrement du thorax*, il est aisé de comprendre « quelles seraient, outre cette difformité, les suites de *la con-*

« *trainte qu'éprouveraient les viscères que cette cavité con-*
« *tient.* »

Ainsi donc, après avoir blâmé le développement du thorax
en hauteur, Bourgelat repousse son peu de capacité, et il a
raison, parceque les viscères qu'il contient *éprouveraient de
la contrainte.*

Nous ne partageons pas non plus l'opinion de Bourgelat quand
il avance que *la brièveté* des membres est un vice, suivant la
règle de ses proportions du cheval en hauteur. Les membres courts sont toujours une condition mécanique de force et
de puissance ; et, au fond, il n'est pas exact de dire que, si
un cheval avait les membres antérieurs courts, *la progression
de l'animal en serait évidemment plus rétrécie.*

Nous n'avons jamais vu un cheval aux membres courts et
puissants rester en arrière d'un cheval à longues jambes,
toutes autres conditions égales d'ailleurs ; et, si, dans quelques circonstances données, sur un hippodrome, par exemple,
on peut voir un cheval à longues jambes comme un échassier
courir plus vite qu'un cheval aux membres courts et robustes,
pendant deux ou trois minutes, et avec un poids léger, ce ne
sera pas, tant s'en faut, une raison valable pour chanter victoire ; nous défierons le vainqueur éphémère au travail soutenu, à la rusticité, à la sobriété, aux fatigues de la campagne, à toutes les misères de la guerre des bivouacs ; et là,
nous saurons ce que valent les longues jambes et les tempéraments vaporeux. Nous consulterons l'histoire de la cavalerie de l'armée d'Orient, comme tant d'autres exemples qui
sont chaque jour sous nos yeux, et la question sera jugée.

Le raisonnement de Bourgelat pour soutenir la théorie
contre les membres courts, loin d'être fondé, est contraire aux lois de la physiologie comme à celles de la mécanique, autant qu'à l'observation des faits pratiques. La vitesse
des allures dans le cheval, et surtout la vitesse long-temps
soutenue, ne dépend pas plus de la longueur que de la brièveté des membres ; elle dépend de la manière dont les rayons

de cette partie du corps sont disposés et articulés , et de la
nature du cheval lui-même. Ne voyons-nous pas , tous les
jours, des chevaux à longues jambes avoir des allures raccour-
cies, tandis que d'autres individus marchent avec une grande
vitesse à toutes leurs allures, malgré leurs membres raccour-
cis. Il faut donc autre chose que de longs membres pour
marcher vite. La perdrix , la caille , les gallinacés en général,
avec leurs petites jambes , ont une allure bien autrement rapide que les échassiers, que la cigogne, le héron, le flamand,
etc., avec leurs longues échasses.

Pour légitimer et soutenir son système des proportions, le
raisonnement de Bourgelat n'est pas plus sérieux en ce qui
concerne la longueur du corps du cheval qu'il ne l'est en ce qui
concerne sa hauteur. « Dans la circonstance de la longueur
« excessive du corps , dit l'auteur des proportions du cheval,
« toute la colonne vertébrale doit être incontestablement plus
« faible, et les muscles ne peuvent qu'être sollicités à des
« mouvements plus violents pour résister à l'effet du fardeau
« dont elle se trouvera chargée , puisque les bras de levier
« accordés à la résistance seront moins efficaces en raison de
« l'excès de la longueur reprochée qu'ils ne l'auraient été
« dans un animal compassé et mesuré. »

Ici nous devons établir une distinction suivant les parties de
la colonne vertébrale dont parle Bourgelat. Si la longueur
qu'il condamne existe dans les reins , et par conséquent
dans les flancs , nous sommes de son avis. Les reins
longs sont en général un indice de faiblesse pour les motifs indiqués par l'auteur dont nous examinons les théories ;
mais nous sommes d'un avis opposé si la longueur de la
colonne vertébrale est due à l'allongement du thorax (1). Les

---

(1) Nous avons reconnu que le dos et les reins courts sont un indice
de force. Ce fait est exact , incontestable. Mais nous faisons une grande
différence entre le cheval aux reins longs et au dos court et celui qui
a le dos long et les reins courts. Celui-ci est organisé pour la vigueur,

côtes, dans ce cas, se prolongent fortement en arrière sur le flanc, qui est très court. La dernière côte se trouve près de la pointe de la hanche, et ce caractère est toujours, et sans exception, un caractère de beauté et de force. C'est un caractère de force, parcequ'il indique un grand développement des poumons et une grande brièveté des reins ; c'est un caractère de beauté, parceque ce genre d'organisation appartient généralement aux animaux dont la côte est arrondie, cylindrique, au lieu d'être aplatie, disgracieuse. D'un autre côté, les flancs, dans ce cas, sont courts et pleins ; ils sont de niveau avec les côtes et les hanches, au lieu d'être creux et affaissés.

Si Bourgelat eût établi cette distinction essentielle, commandée par la physiologie comme par la mécanique animale, nous aurions adopté son idée, non pas comme proportion, mais comme fait mécanique et physiologique incontestable. Mais, quand il blâme la longueur du thorax, *parceque*, dit-il, le prolongement du thorax *accroîtrait la masse totale*, c'est une erreur capitale ; nous l'avons déjà dit, la capacité du thorax, dans quelque sens que soit sa dimension, est toujours en raison du développement des poumons ; or, plus les poumons sont développés, et jamais ils ne le sont trop, plus les dimensions du thorax sont étendues, et c'est ce qui fait sa beauté, sa bonne conformation, puisque c'est lui qui est le siège de l'action vitale, la plus importante de toutes les fonctions animales.

Les inconvénients de la trop grande capacité du thorax, et par conséquent des poumons, indiqués par Bourgelat, n'exis-

---

parcequ'il a une vaste poitrine et un arrière-train dans de bonnes conditions de force ; celui-là, au contraire, est un animal faible par la poitrine et faible par les reins. Dans tout cas, un cheval qui a le dos et les reins courts a généralement ces régions dans de bonnes conditions de puissance, si d'ailleurs la poitrine est vaste par la bonne disposition des côtes. C'est là qu'est le véritable foyer de la force ; et ce n'est pas sans raison que Cuvier disait que dans le règne animal on pourrait mesurer la puissance musculaire à la capacité de la poitrine.

tent que dans son imagination; il n'y a pas lieu, nous le répétons, de réfuter ici ses assertions à ce sujet (1).

L'opinion de Bourgelat sur la longueur des os des iles est encore erronée. La longueur des iliums concourt pour les deux tiers environ dans la longueur de la croupe, dont le fondateur des écoles vétérinaires a cru devoir borner les dimensions. Or, plus une croupe est longue, plus elle est belle et favorable à l'œuvre du mouvement. *C'est une bénédiction*, disent les Arabes. Nous avons démontré ce fait physiologique incontestable en parlant de cette importante région du corps. Nous n'y reviendrons pas ici.

Après avoir traité des inconvénients (comme il les comprend), de l'excès de longueur du corps des chevaux suivant ses proportions, Bourgelat blâme le défaut opposé. « Lors- « que le corps de l'animal est trop court, dit-il, sa force pour « supporter un poids est naturellement plus grande par la « raison de la brièveté des bras de levier; mais aussi les « effets des réactions se manifesteront bien plus directement « sur le poids; la colonne, ayant moins de longueur, aura « beaucoup moins de jeu. L'allure du cheval sera par consé- « quent moins liante, et il y aura très peu de ressort dans ses. « mouvements, dont l'impression se propagera toujours sur « le cavalier d'une manière dure et désagréable. »

Ici, Bourgelat a raison en thèse générale, et nous sommes de son avis: un cheval court a ordinairement les réactions dures, ce qui est désagréable, fatiguant même, pour le cavalier, surtout quand il n'y est pas habitué ; mais nous sommes loin de partager son opinion quand il dit qu'un cheval court *tirera avec moins d'avantage*. Nous ne voyons pas de raison qui puisse appuyer une semblable assertion ; au contraire, la con-

---

(1) « *Dans un semblable cas, dit Bourgelat, le devant serait chargé d'un* « *très grand poids.* » La physiologie ne permet pas de discuter sur l'opinion émise, nous l'avons déjà dit, qu'un grand poumon surcharge trop un animal.

formation d'un cheval de trait court, ramassé, trapu, bien musclé, est l'expression de la force. Or, pour bien traîner un fardeau, un cheval n'a besoin que de force; peu importe sa souplesse. Quant à l'explication donnée par l'auteur des proportions pour légitimer son opinion à propos d'un cheval court destiné au trait, elle ne saurait être valable. « D'un « autre côté, dit-il, il tirera (ce cheval) avec moins d'avan- « tage, parceque le rapprochement de centre de gravité des « parties antérieures sur le point d'appui, c'est-à-dire sur « les pieds postérieurs, lui ravira certainement l'empire « qu'il aurait eu contre le fardeau quelconque qu'il aurait à « traîner. »

De quelle importance peut être, nous le demandons, le déplacement du centre de gravité de quelques centimètres en avant ou en arrière, dans un cheval de trait, si d'ailleurs il réunit les conditions de puissance musculaire qui caractérisent la force ? Ce n'est certes pas ce déplacement modifié par le cheval à son gré, suivant ses besoins, par les mouvements de haut en bas de sa tête et de son encolure ; ce n'est pas, disons-nous, ce déplacement qui peut exercer une influence contraire à la force de traction de l'animal ; cette assertion n'est pas plus soutenable par la théorie que par l'observation pratique des faits.

Le système des proportions du cheval imaginé par l'illustre créateur de la médecine vétérinaire est donc aussi contraire aux lois de la physiologie et de la mécanique dans ses détails que dans son ensemble, et nous ne saurions partager l'opinion de notre honorable ami M. Lecoq sur cette question. En effet, supposons un cheval donné avec les proportions d'ensemble de Bourgelat, c'est-à-dire ayant du sommet du garrot à terre la même mesure que de la pointe de l'épaule à la pointe des fesses, abstraction faite de l'encolure : ce cheval sera contenu dans quatre lignes formant un carré parfait. Eh bien ! examinons un peu la question de près ; allongeons en arrière, par la pensée, la croupe d'un pareil cheval par une plus grande

dimension des coxaux, par un développement en longueur
de cinq centimètres, et même plus, par exemple, ce qui serait une beauté ; inclinons et allongeons aussi les épaules de
manière à porter en avant leur pointe de cinq centimètres,
plus ou moins, ce qui serait encore une beauté ; nous aurons
un cheval dont la mesure, de la pointe des épaules à la pointe
des fesses, sera plus grande de dix centimètres au moins que
celle de la hauteur du sommet du garrot à terre, et cependant
nous aurons augmenté les conditions de sa beauté comme
celles de la vitesse de ses allures, en raison de son allongement
du tronc.

Jamais une croupe ne sera trop longue d'après nos principes, développés dans l'étude que nous avons faite de cette
partie, et que nul ne contestera. Jamais une épaule ne sera trop
longue et trop oblique pour le cheval de selle, parceque cette
disposition favorise le jeu de ses mouvements, et par conséquent la vitesse des allures, comme la douceur des réactions.

Ce que nous disons ici ne saurait être contesté par quiconque a étudié sérieusement le cheval, non pas d'après l'ouvrage
de Bourgelat, adopté malheureusement comme classique depuis bientôt un siècle, mais d'après les lois immuables de la
nature, toujours les mêmes pour ceux qui veulent les étudier et savent les interpréter.

Ce que nous disons ici de la longueur du cheval pourrait
s'appliquer de la même manière à la hauteur ; croit-on que, si
on allongeait les apophyses épineuses formant la base du garrot du cheval qui serait dans les conditions de proportions de
Bourgelat, on nuirait à ses qualités ? Non certes ! Nous ne
ferions au contraire qu'augmenter la hauteur de son garrot,
ce qui constitue la beauté de cette région. Nous avons développé notre théorie à ce sujet en traitant du garrot ; et nous y
renvoyons le lecteur.

Dans son excellent traité de l'extérieur du cheval et des
principaux animaux domestiques, M. Lecoq est parfaitement
de notre avis à ce sujet, et sous tout rapport. Il dit en effet,

page 57 de son ouvrage : « *Un garrot élevé, en donnant plus*
« *de hauteur à la partie antérieure du tronc, entraîne néces-*
« *sairement une grande longueur de l'épaule ;* il donne aussi
« plus de longueur au muscle rhomboïde, son principal rele-
« veur. En éloignant le point de départ du ligament cervical
« de la colonne vertébrale, il donne à cette masse fibreuse
« une disposition plus favorable pour le soutien de la tête, en
« même temps qu'il augmente l'extension de tous les mus-
« cles, qui du ligament se portent soit à l'encolure, soit à
« l'épaule, et facilite ainsi la progression... »

Ainsi donc notre savant ami ne saurait persévérer dans
son opinion au sujet des proportions de Bourgelat, même
dans leur ensemble, puisque, comme nous venons de le démontrer, leur principe est diamétralement opposé aux lois les
plus élémentaires de la physiologie et de la mécanique.

Mais nous voulons aller plus loin encore : quand il s'agit
de combattre l'opinion d'un auteur aussi justement célèbre
que Bourgelat, qui a toujours fait autorité incontestée, on ne
saurait fournir assez d'arguments. Nous voulons prouver, en
deux mots, qu'un cheval qui serait dans les conditions les
plus rigoureuses des proportions d'ensemble de cet auteur
pourrait être très mal conformé et dans de très mauvaises conditions de force et de vitesse des allures. Nous voulons démontrer de plus que, pour remédier à son vice de conformation, nous sommes forcés de faire le contraire de ce que prescrit le créateur de la médecine vétérinaire.

Supposons, en effet, qu'un cheval qui est dans les proportions d'ensemble de Bourgelat a les flancs très longs et cordés
et la croupe très courte, ce que l'on observe souvent : ce
cheval sera faible par les reins, et il aura des allures raccour-
cies, à défaut de longueur de ses muscles croupiens. Que ferons-nous maintenant si nous voulons donner à ce cheval les
qualités de force et de vitesse qui lui manquent, que pro-
scrivent les proportions acceptées comme excellentes ? Nous
allongerons ses os des iles, ce que Bourgelat condamne,

pour leur faire prendre une partie de la longueur que les reins ont de trop ; nous allongerons aussi les ischiums, pour porter plus en arrière la pointe des fesses. Nous n'avons pas d'autre moyen de remédier au mal, et de faire un bon cheval d'un mauvais type de construction des reins et de la croupe. Or, pour arriver à ce résultat essentiel, que ferons-nous? Nous ferons l'opposé de ce qui est prescrit par les proportions de Bourgela t, nous allongerons le corps du cheval en allongeant la croupe en avant et en arrière par une plus grande proéminence des fesses. Les proportions d'ensemble sont donc contraires, comme celles de détail, aux lois de la physiologie et de la mécanique, ainsi qu'à celles de la raison. Donc, comme nous l'avons dit, écrit et enseigné depuis plus de quinze ans, les proportions de Bourgelat, qu'on a toujours regardées comme la clef de voûte des principes établis par cet auteur, sont mal fondées ; donc, nous ne saurions assez le répéter, il faut les condamner comme une erreur matérielle, fatale aux progrès de la science, fatale au perfectionnement de nos races de chevaux, de guerre surtout.

Les Arabes, dont nous avons déjà souvent invoqué le jugement, et qui connaissent bien mieux que nous le cheval, *parcequ'au lieu de l'avoir étudié dans les livres, ils l'ont étudié dans la nature*, comme nous le disait si judicieusement un jour M. le maréchal Bosquet, sont loin d'avoir une opinion conforme aux proportions de Bourgelat. Leurs proportions à eux, les voici : « Lorsqu'un cheval, disent-ils, a « plus d'étendue du sommet du garrot au bout du nez que de « cette partie à la pointe du tronçon de la queue, le cheval « est dans de bonnes proportions ; il n'en est pas de même « dans le cas contraire. »

Voilà tout leur système en matière de proportions. On peut juger de sa simplicité.

Nous n'approuvons pas plus que nous ne condamnons ce système réduit à une si simple expression. Toutefois, comme nous savons que les Arabes considèrent *comme une bénédic-*

tion tout cheval qui a *la croupe aussi longue que les reins et le dos réunis*, nous en concluons que leur système de proportions condamne la longueur du corps dépendant de la longueur démesurée des reins ; qu'ils approuvent, au contraire, la longueur de l'encolure, balancier qui dans ce cas est favorable à l'action.

Dans tout cas, en supposant que ce système de proportions ne serait pas juste, il pourrait n'être pas erroné. Il condamne ce qu'il y a de condamnable dans la longueur du corps, et il approuve au contraire la longueur de l'encolure, qui peut être une qualité dans le cheval de selle (1).

En résumé, voici les qualités de conformation telles que les Arabes les comprennent. On pourra voir que leur opinion est en parfaite harmonie, en général, avec les développements que nous avons donnés sur chaque partie du corps désignée et étudiée suivant les lois de la physiologie et de la mécanique.

« Le cheval de race, disent les Arabes, est bien propor-
« tionné. Il a les oreilles courtes et mobiles, les os lourds et
« minces, les joues dépourvues de chair (2), *les naseaux*
« *larges comme la gueule du lion*, les yeux beaux, noirs et
« à fleur de tête ; l'encolure longue, le poitrail avancé (3),
« *le garrot saillant, les reins ramassés*, les hanches fortes,
« les côtes de devant longues et celles de derrière courtes,
« le ventre évidé, la croupe arrondie, les testicules serrés

---

(1) Voir ce que nous avons dit en parlant de l'encolure.

(2) C'est-à-dire bien musclées, mais sans empâtement.

(3) Condition qui résulte nécessairement d'une bonne disposition musculaire de cette région et de l'obliquité des épaules qui fait porter leur pointe en avant. Aussi les Arabes ajoutent-ils : « Le cheval dont « le poitrail est enfoncé et les épaules perpendiculaires, fuis-le comme « la peste. » (Daumas.)

Toutes ces maximes des Arabes sont frappantes de vérité et prouvent combien l'esprit d'observation de ceux qui les ont formulées a été juste pour l'appréciation des qualités du cheval de guerre

« et bien sortis, *les rayons supérieurs longs* comme ceux de
« l'autruche et garnis de muscles comme ceux du chameau,
« les saphènes peu apparentes, la corne noire d'une seule
« couleur, les crins fins et fournis, la chair dure, et la
« queue très grosse à sa naissance, déliée à son extrémité.»
Il doit avoir en résumé

Quatre choses larges :	Quatre choses longues :	Quatre choses courtes :
Le front, le poitrail, la croupe et les membres.	L'encolure, les rayons supérieurs, le ventre et les hanches.	Les reins, les paturons, les oreilles et la queue.

« Toutes ces qualités dans un cheval — disent les Arabes
« — prouvent d'abord qu'il a de la race, et aussi qu'il est à
« coup sûr un bon coursier, car sa conformation tient tout
« ensemble de celle du levrier, de celle du pigeon et de celle
« du mahari (chameau coureur). » (Daumas.)

Nous n'avons plus rien à ajouter, du moins pour le moment, à ce que nous venons de dire, pour prouver que les proportions de Bourgelat sont une erreur, à quelque point de vue qu'on les examine, soit dans leur ensemble, soit dans leurs détails. Pour démontrer ce que nous avons dit, nous avons non seulement eu recours à l'interprétation des lois de la physiologie et de la mécanique, mais au jugement des Arabes, au jugement des hommes du monde qui ont le mieux pratiquement étudié le cheval de selle, surtout le cheval de guerre. Si des objections sont faites à nos principes, nous sommes prêt à les discuter, bien disposé, d'ailleurs, à nous rendre à meilleur avis, à accepter, comme exacte, toute démonstration qui nous prouverait que nous nous sommes trompé dans notre appréciation.

II.

DES APLOMBS.

Nous avons démontré que les proportions de Bourgelat n'étaient pas fondées. Nous avons vu qu'elles étaient contraires aux bonnes conditions d'organisation mécanique du cheval ; mais nous espérons ne pas différer d'une manière si radicale de l'opinion du créateur des écoles vétérinaires en ce qui regarde les aplombs.

Les pièces de toute machine bien confectionnée doivent être ajustées de manière à s'articuler suivant les règles les plus favorables au bon emploi des forces, pour qu'il n'y ait ni décomposition de puissances, ni perte de leur action. D'un autre côté, les colonnes chargées de soutenir un poids, quel qu'il soit, doivent toujours être placées suivant la ligne tracée par les lois de la pesanteur, c'est-à-dire la verticale, pour bien remplir leurs fonctions ; toute colonne qui s'en écarte remplit mal le but en raison de la quantité de sa déviation. Le corps supporté est alors d'autant moins solidement assis que la direction de ses colonnes de soutien est plus éloignée de la ligne d'aplomb qui doit la régler.

Ce principe général est essentiellement applicable à toutes les colonnes, comme à tous les corps qu'elles sont destinées à soutenir.

Les colonnes qui supportent le corps du cheval lui servent en même temps d'instrument de locomotion. Elles doivent être soumises d'abord aux lois des colonnes ordinaires. Les rayons qui les forment doivent, de plus, être articulés de manière à agir les uns sur les autres dans le sens d'un plan vertical et parallèle à l'axe du corps. Cette disposition est la plus favorable à l'action des forces employées à la progression. Examinons, en effet, ce qui arriverait si les mouvements des rayons des membres n'étaient point opérés suivant le sens que nous indiquons. Supposons que l'avant-bras, qui s'articule avec le bras, au lieu d'avoir un jeu de charnière conforme à la règle que nous demandons, se trouve mal ajusté à sa surface articulaire, et se porte en dedans ou en dehors au moment de sa flexion sur le bras : la puissance, partant d'un point qui exige une charnière dont le jeu soit sans déviation du rayon, sera décomposée ; une partie sera employée à fléchir le membre, et l'autre à le ramener dans la ligne normale de flexion dont il s'est écarté par suite du vice de conformation de l'articulation ; le bénéfice de la force sera donc partagé entre un mouvement utile et un mouvement inutile.

Mais cet inconvénient n'est pas le seul : l'irrégularité de confection de la charnière rendra son jeu plus laborieux, et elle se fatiguera infiniment plus vite que si elle avait été dans de bonnes conditions. D'un autre côté, la déviation du membre porté à droite ou à gauche sort de la ligne parallèle à l'axe du corps dont il doit suivre la direction, et perd d'autant plus de l'espace qu'il doit gagner par le déplacement qu'il se dévie davantage.

Ce que nous disons ici de l'articulation de l'avant-bras s'applique à toutes les articulations, à toutes les charnières possibles, aux jarrets comme aux genoux, aux boulets, etc., etc.

Tous les rayons des colonnes formées par les membres devront donc être articulés de manière à ce que leurs charnières ne permettent aucune déviation dans leurs directions verticales pendant l'action ; toutes les flexions en avant ou en arrière doivent toujours avoir lieu suivant le plan désigné plus haut. Toutes les forces alors seront fructueusement employées à la progression, sans décomposition de leur puissance et sans fatigue pour les articulations.

On conçoit, d'après ce qui précède, que toute déviation

des pieds, des genoux ou des jarrets, en dedans ou en dehors, est un vice de conformation contraire aux aplombs comme à la bonne harmonie du jeu des articulations.

Après avoir étudié les membres dans leur mode d'action pendant la progression, et les conséquences de la bonne ou mauvaise condition d'articulation de leurs rayons, examinons quelle direction ils doivent avoir comme colonnes du soutien du corps.

Nous avons dit qu'une colonne verticale, sans déviation, est celle qui réunit les meilleures conditions de solidité pour supporter le poids dont elle est chargée. Il est facile de conclure dès lors que toute direction des membres en avant, ou en arrière, ou sur les côtés, est un vice.

Sans discuter ici sur le véritable point où se trouve le centre de gravité du corps du cheval, il est certain qu'il doit être à peu près vers le milieu du carré représenté par les quatre points qu'occupent les colonnes des membres (1). La

---

(1) Le cheval peut déplacer son centre de gravité dans des proportions notables, suivant ses besoins ou suivant les exigences du cavalier. M. le général Morris et M. Boucher ont fait à ce sujet une expérience très intéressante, qui fut rapportée dans le *Journal des Haras*, en juin 1835. Nous reproduisons ici ce que publièrent à ce sujet ces deux habiles hippologues : « Désirant nous rendre un compte exact de l'action « de la tête et de l'encolure sur la répartition du poids du cheval sur « ses quatre extrémités, et surtout sur les bipèdes antérieur et posté- « rieur, nous allâmes, M. Baucher, écuyer, et moi, à l'entrepôt géné- « ral des douanes, au Gros-Caillou, pour y peser des chevaux sur des « balances de proportion à planchers mobiles, inventées depuis peu « d'années...

« Les deux bascules furent placées de manière à ce que les extré- « mités antérieures reposassent sur le milieu de la première bascule « et les deux extrémités postérieures sur le milieu de la seconde ; les « deux planchers, étant parfaitement sur le même niveau et apparte- « nant à des bascules de même proportion, pouvaient être conséquem- « ment pris pour les deux bassins d'une balance ordinaire. Nous y « fîmes monter une jument de selle assez régulièrement conformée,

nature a réparti la quantité de poids de manière à ce que chacune ait sa part à soutenir, et elle peut la supporter d'au-

---

« bien qu'elle eût la tête et l'encolure un peu fortes relativement au
« reste du corps ; elle resta sellée et bridée.

« Les balances, abandonnées au poids de la jument tenue dans un
« état complet d'immobilité, nous donnèrent les résultats suivants, en
« conservant sa tête dans sa position ordinaire, plutôt basse qu'élevée.

Avant-main.	Arrière-main.	Poids total.	Différence en plus sur l'avant-main.
200 k.	174	384	36

« Il s'était établi une fluctuation de 3 à 5 kil., qui se fixaient alter-
« nativement sur l'avant-main et sur l'arrière-main, par suite des
« mouvements produits sur les viscères par la respiration.

« Nous fîmes baisser la tête, de manière que le bout du nez se trou-
« vât à la hauteur du poitrail. Le mouvement achevé et l'immobilité
« obtenue dans cette position, l'avant-main se chargea de 8 kil., dont
« l'arrière-main fut allégé.

218	166	384	52

« La tête relevée ensuite, jusqu'à ce que le bout du nez fût à la
« hauteur du garrot, avec les mêmes précautions pour l'immobilité,
« l'avant-main rejeta 10 k. de son poids sur le plateau de l'arrière-
« main, et les extrémités s'équilibrèrent avec les différences de poids
« suivantes :

200	184	384	16

« La tête étant revenue à sa position première, on la ramena sur
« l'encolure par l'action du filet en l'élevant un peu ; alors elle rejeta
« sur l'arrière-main une partie de son poids égale à 8 kil., et nous
« donna :

202	182	384	20

« résultats qui prouvent évidemment que, plus la tête est élevée, si ce
« n'est naturellement, du moins par l'action de la main, plus son
« poids et celui de l'encolure sont également répartis sur les extré-
« mités, si toutefois la position n'est pas forcée.

« Après ces expériences, M. Baucher monta la jument ; les deux
« plateaux s'équilibrèrent alors avec les poids suivants :

251	197	448	54

« Le cavalier, placé dans une position académique, avait donc dis-
« tribué son poids de 64 k. de cette manière : 41 k. sur l'avant-main,
« et 23 sur l'arrière-main.

« S'étant assis davantage en portant le haut du corps en arrière,

tant mieux que son genre de station lui est plus favorable.
Si les membres antérieurs, par exemple, sont obliques et dé-
viés en arrière , la ligne d'aplomb ordinaire du centre de gravité du cheval sera changée ; elle ne sera pas où elle se trouve
quand ces membres sont dans leurs bonnes conditions de soutien, c'est-à-dire placés verticalement ; elle sera déplacée en
avant, et chargera l'avant-main en raison de la quantité de
déviation des membres. Les chevaux, dans ce cas, manqueront de solidité ; ils seront sujets à s'abattre, surtout quand
ils sont chargés du poids du cavalier. Ces chevaux *sous eux*,
suivant l'expression reçue, sont souvent couronnés ; les cicatrices de leurs genoux témoignent de leur faiblesse.

La déviation en arrière des membres antérieurs est d'autant plus grave que le plus souvent elle est la conséquence
de leur usure par excès de travail. Ces membres auraient be-

« M. Baucher fit passer 10 k. de plus sur l'arrière-main ; puis, ra-
« menant la tête du cheval suivant sa méthode, il surchargea encore
« l'arrière-main d'un poids de 8 kil. : total, 18 kil. **Dans cette position**
« nous eûmes :

| 233 | 215 | 448 | 18 |

« En se portant entièrement sur les étriers, le poids de l'avant-
« main se trouva surchargé de 12 kil.

« Nous fîmes ensuite monter sur les balances un cheval gris, d'une
« conformation assez vicieuse, et qui, à des différences près déjà
« bien indiquées par sa construction, nous donna des résultats ana-
« logues.

« Ces différences de poids, d'après la position des deux parties su-
« périeures de l'avant-main et celle du cavalier, qui n'ont pas un grand
« effet dans les exercices ordinaires du cheval, acquièrent cependant
« une haute importance dans les exercices violents, et surtout dans
« les courses, où les poids croissent dans une proportion énorme avec
« la fatigue.

« Il serait à désirer que de pareilles expériences pussent se répéter
« sur des chevaux de pur sang, d'une conformation aussi régulière
« que possible, pour assigner à la tête et à l'encolure leur position la
« plus favorable à la répartition du poids sur les extrémités et à la
« liberté des mouvements. »

soin d'être allégés, au lieu d'être surchargés par leur engagement sous le centre de gravité.

Le défaut contraire, c'est-à-dire la déviation en avant des colonnes que nous étudions, est rare ; il est ordinairement la conséquence de quelque maladie des pieds ou des épaules. L'animal semble vouloir se soulager du poids que supportent ses parties malades, en le rejetant sur l'arrière-main ; il déplace ainsi son centre de gravité, sous lequel s'engagent les membres postérieurs. Ce défaut est au moins aussi capital que le précédent, pour deux raisons : d'abord le poids du corps n'est pas régulièrement supporté par ses colonnes, et puis il peut indiquer une affection profonde.

Les défauts d'aplomb des membres postérieurs sont infiniment plus rares ; ils n'ont pas d'ailleurs les mêmes inconvénients que ceux des membres antérieurs.

Nous ne croyons pas devoir nous servir, comme l'a fait Bourgelat, de lignes partant de telle ou telle partie du membre pour prouver ses aplombs. Ce moyen nous semble non seulement minutieux, mais à peu près inutile, sinon impraticable. L'œil le moins exercé ne s'y trompe pas, sans avoir recours à un fil à plomb. Le membre antérieur devra être vertical dans tous les sens.

Le membre postérieur ne peut être observé de la même manière, par rapport à ses brisures. Le pied devra être placé sous l'articulation de la cuisse avec le bassin, au point où tomberait un fil à plomb partant du sommet du fémur.

Vus par derrière, les membres postérieurs devront suivre la ligne verticale, comme les antérieurs.

Du reste, pour les déviations partielles des membres, nous renvoyons le lecteur à ce que nous avons dit en traitant de ces régions et en parlant des dispositions vicieuses des charnières : toute direction vicieuse d'un ou plusieurs rayons ne dépend que de leur mode d'articulation.

III.

DE LA LOCOMOTION.

Si les végétaux sont fixés au sol par leurs racines, s'ils sont par conséquent immobiles, et s'ils meurent sur le point où ils sont nés, il n'en est pas de même des animaux. Ceux-ci, au contraire, ont la faculté de se transporter d'un point à un autre suivant leur volonté ; la fonction qui en résulte se nomme locomotion.

Quand le corps d'un animal se déplace, il agit sous l'influence d'agents divers, fonctionnant chacun d'une manière différente. Les uns transmettent la volonté du chef, du foyer de l'intelligence ; les autres exécutent cette volonté dans le sens commandé, et suivant l'intensité, la force ou la vitesse jugées nécessaires.

Lorsque l'animal livré à lui-même progresse, il obéit à sa volonté individuelle, à ses instincts ; il fait ce qu'il a décidé ; c'est son propre foyer de commandement qui ordonne à sa machine d'opérer tel genre de mouvement, suivant le but qu'il se propose. Mais il n'en est pas de même lorsqu'il est réduit à l'état de domesticité, pour obéir à une autre volonté qu'à la sienne : alors, il est presque pendant tout le temps de sa vie réduit à l'état de locomotive, dans toute l'acception du mot. Le cheval monté est une machine vivante dont l'homme est le véritable cerveau, *le foyer de volonté ;* quand il est bien dressé, il s'identifie si bien avec le cavalier qu'il n'en est plus que les membres.

L'appareil locomoteur se compose de trois ordres d'organes bien distincts : 1° des nerfs, qui transmettent les ordres arrêtés ; 2° des muscles, qui les reçoivent et les exécutent ; 3° des os, qui forment les leviers mis en mouvement par les puissances musculaires commandées.

La régularité et la puissance de locomotion ne peuvent

être qu'en raison des bonnes conditions des appareils qui y concourent, et que nous avons examinées en décrivant les régions du corps du cheval. Nous avons vu que, partout où il faut une grande force, on trouve de grandes puissances. Le développement des muscles de la croupe, des cuisses, des jarrets, pour chasser le corps, nous en ont fourni la preuve. La vitesse exige d'autres conditions : il lui faut des organes propres à l'étendue des mouvements. Nous avons signalé ce fait en parlant du développement des muscles en longueur.

Le cheval peut exécuter deux genres de mouvements : les uns sur place, et les autres avec déplacement, dans toutes les directions. Ces derniers constituent la locomotion, et sont généralement distingués par le nom d'allures.

Les mouvements les plus remarquables faits sur place sont la ruade et le cabrer.

La ruade, que le cheval exécute ordinairement pour se défendre d'un ennemi, renverser son cavalier ou se débarrasser de quelque objet qui le gêne, consiste dans la détente plus ou moins énergique des deux membres postérieurs ensemble. Ce mouvement s'opère au moyen de leviers du 1er, du 2e et du 3e genre.

D'abord, le mouvement nécessaire de bascule du corps pendant la ruade est opéré en grande partie au moyen du contrepoids du balancier formé par la tête et l'encolure, qui se baissent brusquement. Le tronc, dans ce cas, est un long levier qui a pour bras de puissance l'encolure et la tête agissant par leur pesanteur et leur mouvement; l'arrière-main est la résistance, et les membres antérieurs sont les colonnes qui servent de point d'appui.

Cependant l'action de la puissance seule est ici infructueuse pour vaincre la résistance, dont le poids est énorme en comparaison. Il faut donc que les membres postérieurs contribuent à déterminer le mouvement de bascule du corps par une détente de bas en haut. Au moment où ils ont quitté le sol, ils sont lancés énergiquement en arrière 1° au moyen de leviers du premier genre, opérés de chaque côté par les muscles ilio-trochantériens. Ces deux puissances ont cependant quelques fibres qui descendent derrière le fémur, et se fixent à la crête externe du corps de cet os. Elles opèrent un levier du troisième genre, mais la puissance de ce dernier levier est faible en comparaison de celle du levier qui résulte de l'action du corps des muscles.

2° Les muscles ischio-tibiaux se contractent en même temps, comme le bifémoro-calcanien, pour raidir le membre : les premiers opèrent un levier du troisième genre ; le second en détermine un du premier au moyen du calcaneum. Tels sont les principaux leviers au moyen desquels la ruade peut avoir lieu.

Du reste, tous les muscles de la région postérieure de la jambe y contribuent par leur contraction.

La part que prennent les muscles grands ilio-spinaux dans ce mouvement consiste : 1° à raidir la tige dorso-lombaire d'une part ; 2° à tendre, à soulever la croupe, en la tirant en avant au moment où le cheval baisse brusquement la tête. Cela s'explique facilement par l'insertion de ces puissants muscles au garrot et à l'encolure même, parties qui leur servent alors de points fixes. Le cheval ne peut ruer qu'au moyen du mouvement de bascule de son corps sur les membres antérieurs ; on l'en empêche toujours en élevant la tête de manière à ce qu'il ne puisse pas la baisser ; la tige vertébrale alors, élevée et fixée par son extrémité antérieure, ne peut plus basculer et permettre l'action indispensable à la ruade.

DU CABRER.

Le cheval se cabre lorsqu'il se dresse de manière à se tenir sur ses membres postérieurs.

Le mouvement s'opère à peu près par la contraction des mêmes muscles que pour la ruade, mais dans un sens différent. La tête, au lieu de se baisser, se lève pour rejeter le plus en arrière possible le centre de gravité. Pendant ce temps, les muscles ilio-spinaux, dont les points fixes sont à la croupe dans ce cas, raidissent la tige dorso-lombaire, et tirent en arrière l'avant-main par leur insertion au garrot et à l'encolure. Les muscles fessiers, se contractant en même temps, contribuent à faire opérer le mouvement de bascule aux coxaux, au moyen d'un levier du troisième genre ; les ischio-tibiaux déterminent de leur côté, par les ischiums, un levier intermobile, au moyen du point d'appui fourni par les fémurs. Par ces diverses contractions le cheval se cabre. C'est au moyen de leviers du premier et du troisième genre, comme l'a dit M. le professeur Lecoq, que ce mouvement s'opère, et non par des leviers interrésistants, comme on l'a avancé à tort.

Le cabrer est dangereux pour le cavalier, surtout lorsque le cheval a de mauvais jarrets et qu'il se renverse. Dans tous les cas, c'est un défaut toujours grave, si on ne parvient pas à le détruire par les moyens qu'enseigne l'équitation ou l'étude des causes qui le provoquent.

———

IV.

DES ALLURES.

Tous les mouvements de progression du cheval prennent le nom d'*allures*. Elles s'exécutent de différentes manières, ce qui les a fait distinguer en allures du pas, du trot, du galop, de l'amble, du pas relevé, de l'aubin et du traquenard.

DU PAS.

Le pas est l'allure la moins rapide. Il s'effectue par l'action alternative d'un membre antérieur d'abord, d'un membre postérieur opposé ensuite, puis par celle du second membre antérieur et enfin du postérieur opposé. Ainsi, le lever du pied droit antérieur doit être suivi par celui du postérieur gauche; le pied antérieur gauche quitte le sol à son tour, et enfin le postérieur droit se porte le dernier en avant. La succession de ces mouvements particuliers de chaque membre constitue le pas. On voit donc que chaque membre antérieur qui entame le terrain est immédiatement suivi par celui qui lui correspond en diagonale, ce qui fait qu'on entend toujours quatre battues bien distinctes.

DU TROT.

Le trot s'opère de tout autre manière. Il a lieu par l'action simultanée des bipèdes diagonaux, de sorte que le corps est toujours supporté dans cette allure par deux extrémités seulement.

Quand le trot est rapide, il est un moment où les quatre pieds ont quitté le sol. Le corps, dans ce cas, se trouve un instant suspendu en l'air par la force d'impulsion des membres. « Dans le trot rapide, dit M. Lecoq (1), les extrémités « droites et les extrémités gauches n'impriment sur le terrain qu'une seule piste pour chaque côté, le pied de derrière venant occuper la place que laisse le pied de devant. « L'observation de ce fait suffit pour indiquer qu'il est un « moment où le corps est suspendu en l'air, puisque le pied « de derrière ne peut prendre la place de celui de devant « qu'après que celui-ci l'a abandonnée. »

Ce raisonnement est rigoureux et ne laisse prise à aucune contestation.

Comme les membres diagonaux se lèvent et se posent en même temps, on n'entend que deux foulées pour l'allure du trot.

____

(1) *Traité de l'extérieur du cheval.*

DU GALOP.

Le galop est l'allure la plus rapide, comme elle est celle qui exige le plus d'efforts musculaires de la part de l'animal.

Mais ces efforts sont bien modifiés, bien allégés, par les bonnes dispositions de la charpente osseuse. C'est dans cette allure surtout que le squelette du cheval a besoin d'offrir aux muscles de longs leviers, pour leur faciliter le déplacement rapide de la machine.

Un cheval, quelles que soient d'ailleurs son énergie, la puissance de sa constitution, de sa santé, etc., ne pourra jamais bien galoper s'il n'a les éminences osseuses convenablement disposées et développées et les formes anguleuses qui caractérisent généralement les chevaux de sang. Il ne pourra pas avoir de vitesse si ses muscles locomoteurs sont courts, quelle que soit d'ailleurs leur force, et si la poitrine n'a pas toute la capacité que nécessite la respiration des animaux soumis à de grands efforts long-temps soutenus. Le galop est de toutes les allures celle qui demande, sous tous les rapports, le plus de perfection du cheval. C'est pour cela que les courses seraient un bon moyen de juger de la valeur d'un producteur si elles étaient bien comprises, dirigées suivant de bonnes lois, dont la physiologie et la mécanique fourniraient facilement les bases, si on les consultait. Pour bien courir et avoir du fonds, un cheval doit toujours avoir une forte poitrine, une grande puissance musculaire, un système de leviers osseux très prononcé, des membres bien articulés, une grande force de tendons, et être d'origine de choix. C'est alors, seulement, qu'il fera connaître la différence qu'il y a entre un bon cheval et un mauvais, entre une locomotive dans de bonnes conditions d'harmonie sur tous points et une machine mal engrenée.

Les courses de fonds sont les seules épreuves sur lesquelles on peut asseoir un jugement solide en fait de choix de producteurs types. Nous aurons occasion de le prouver plus loin.

Le galop s'effectue en trois temps, de la manière suivante : si le cheval galope à droite, le pied postérieur gauche s'engage sous le centre de gravité et fait entendre la première foulée ; le bipède diagonal gauche pose ensuite sur le sol et opère le deuxième temps ; le membre antérieur droit frappe la troisième battue.

Si le cheval galope à gauche, les foulées s'exécutent dans l'ordre inverse.

Ainsi, quand le cheval est lancé à toute vitesse et que son corps se trouve en l'air, le membre postérieur droit posera le premier à terre, le bipède diagonal droit le suit, et enfin le pied antérieur gauche.

Les auteurs qui ont traité avant nous des allures ont dit que le galop de grande vitesse se fait en deux temps, et que les membres antérieurs et postérieurs quittent ensemble et frappent le sol alternativement. C'est une erreur : que le cheval soit au petit ou au grand galop, il galope toujours ou à droite ou à gauche, et les trois temps sont toujours marqués, quoique plus précipités ; c'est ce que nous avons toujours observé sur les hippodromes, et nous croyons avoir été le premier à le signaler. Le galop de course n'est donc pas une succession de bonds de nature différente de celle de cette allure, comme on l'a pensé.

On observe un galop à quatre temps, que Buffon a parfaitement décrit ; il ne diffère de celui à trois temps qu'en ce que le membre antérieur du bipède diagonal, qui ne fait entendre qu'une foulée dans le galop à trois temps, pose sur le sol après le membre postérieur qui lui est opposé : il forme le troisième temps, l'autre membre antérieur forme le quatrième.

Le pas, le trot et le galop, sont considérés comme allures naturelles.

L'amble, qui s'exécute par l'action alternative des bipèdes

latéraux, le pas relevé et le traquenard, sont des allures que l'on a dites artificielles. Enfin l'aubin est une allure défectueuse, qui, dit-on, est la conséquence d'un excès de fatigue du cheval qui l'exécute : le cheval semble alors galoper le devant et trotter de derrière.

Nous ne devons pas terminer ce chapitre, très raccourci, sur les allures, sans parler du saut que le cheval exécute quelquefois pour franchir les obstacles.

Dans beaucoup d'animaux, le saut est le mouvement naturel de progression : la grenouille marche par bonds, comme la sauterelle, la gerboise, le kangouroo.

Pour sauter, le cheval, comme les autres animaux, fléchit les membres postérieurs ; puis, par une violente et énergique contraction musculaire, il projette son corps dans la direction commandée. Les membres fléchis font ici, en quelque sorte, l'office de ressort tendu qui chasse, par sa détente, la résistance qui lui est opposée.

V.

DES ROBES ET SIGNALEMENTS.

Les animaux à l'état de nature ont généralement le pelage uniforme, sauf les caractères distinctifs fournis par l'âge et la taille ; le signalement d'un individu sauvage convient à tous ceux de son espèce. A l'état domestique, il n'en est plus de même : la robe du cheval, par exemple, varie d'une infinité de nuances, de marques particulières, qui servent à le faire distinguer. On a beaucoup discuté, beaucoup écrit sur les robes, on discute encore tous les jours. Cette question nous paraît cependant une des moins difficiles, si ce n'est al plus simple, de l'étude du cheval ; tout le monde peut la traiter, chaque amateur peut donner son avis : raison de plus peut-être pour qu'on ne soit jamais d'accord sur quelques nuances changeant avec l'âge, **et souvent avec les saisons**

Pour simplifier l'étude des robes, il n'y aurait qu'à ne pas leur donner toute l'importance qu'on y attache en théorie ; on devrait se borner, comme on le fait dans la pratique, à ne regarder leur nuance variée que comme un caractère qui seul serait insuffisant pour faire reconnaître un cheval. Que nous importe qu'une nuance noire, rouge, blanche, soit un peu plus ou un peu moins foncée ? Qu'importe qu'un cheval bai soit dit clair par les uns, cerise par les autres ; qu'on le fasse châtain ou marron, suivant le goût ? Si les autres caractères fournis par l'âge, le sexe, la taille et les signes particuliers, le font distinguer au point qu'il soit impossible au plus ignorant de le confondre avec un autre, que nous faut-il de plus ? Aussi, excepté les cas où la robe est tranchée de manière à ne pas s'y méprendre, comme du noir au blanc par exemple, nous attachons toujours plus d'importance aux signes particuliers qu'au fond de la robe, qui peut être variable, comme nous l'avons dit. Les signes particuliers, au contraire, sont toujours fixes ; les exceptions sont rares ou n'existent pas.

Suivant que les robes offrent une ou plusieurs nuances, qu'elles sont composées de poils de teinte uniforme ou de couleurs différentes, elles ont été divisées en simples et composées.

Les robes simples sont celles dont les crins et le fond sont d'une même couleur : telles sont les robes noires, les blanches, les rouges, qu'on appelle *alezanes*, et celles qui ont une couleur jaune blanchâtre, nommée *café au lait*.

Les robes composées ont deux subdivisions.

La première comprend les robes dont les crins diffèrent de nuance avec celui du fond du pelage : telles sont les robes baie, isabelle et souris.

La deuxième est formée par les robes composées de poils de couleurs différentes : telles sont le gris, le rouan, l'aubère, etc.

L'étude des robes n'est pas inutile, au fond, lorsqu'un la rattache à celle des races des animaux en général, et même des individus. Les races nobles ont la nuance du poil tranchée; ils sont gris plus ou moins clair, alezans, ou bais, ou noirs. Ces nuances sont franches et caractérisées ; les robes souris, *isabelle*, louvet, pie, etc., sont très rares chez eux, ainsi que les grandes taches blanches dans les robes foncées, telles que les grandes balzanes, les belles faces, etc. Ces particularités ne sont pas des signes de distinction; l'esprit observateur des Arabes a parfaitement saisi cette particularité. « Les robes « claires ou lavées, disent-ils, ainsi que les taches blanches à « la tête, sur le corps et aux extrémités , surtout quand elles « sont larges, longues ou hautes, *regarde-les comme des dé-* « *générescences de race et des indices de faiblesse.* » (Daumas.)

Les Arabes ont raison : leur opinion est en parfait accord avec celle de tous les hommes qui ont étudié la question et observé les faits.

Nous allons décrire les diverses nuances des robes et leurs signalements.

Robe blanche.

La robe blanche est facile à reconnaître. Suivant que sa nuance est plus ou moins éclatante, on l'a désignée sous le nom de blanc mat, sale, porcelaine, argentée, etc. ; mais, nous le répétons pour la dernière fois, ce sont surtout les marques particulières qui doivent nous guider , les dénominations des nuances différentes de robes étant toujours un sujet de contestation, d'ailleurs fort peu importante au fond.

Robe noire.

Le poil noir est plus ou moins foncé. On dit noir jais, noir franc, noir mal teint, suivant que la teinte est plus ou moin tranchée.

Robe alezane.

Le cheval alezan a les crins et les poils rouges. Suivant la nuance, l'alezan est clair, doré, foncé ; il est brûlé, quand il se rapproche plus ou moins du noir mal teint.

Lorsque les crins de cette robe sont plus ou moins blanchâtres, ils sont dits lavés , ou *poil de vache*.

Robe café au lait.

Cette robe a la couleur qu'indique son nom ; elle peut être plus ou moins foncée.

Robe baie.

La couleur du cheval bai ne diffère de celle de l'alezan que par la couleur noire des crins et des extrémités.

Le bai est clair ou foncé, cerise, doré, châtain, marron, brun.

Un cheval noir qui a des marques de feu aux naseaux, aux flancs et aux fesses, est dit bai brun. Nous ne contestons pas cette dénomination, consacrée par l'usage.

Robe isabelle.

L'isabelle est un café au lait avec les extrémités et les crins noirs. Cette nuance peut être plus ou moins foncée.

Robe souris.

Le cheval souris est de la couleur de l'animal qui lui a fait donner son nom. Il a généralement les extrémités et les crins noirs.

Robe grise.

La robe grise est celle qui varie le plus par ses nuances.

Elle est composée de poils blancs et noirs, et c'est leur quantité relative qui fait varier le fond de leur couleur.

Si les poils blancs dominent dans la robe d'un cheval, il est dit gris clair.

Il est appelé gris ordinaire lorsque les poils blancs et noirs paraissent à peu près en nombre égal.

Il est foncé quand la nuance noire l'emporte.

Le gris ardoisé a un fond qui se rapproche de la couleur bleuâtre de l'ardoise ; on le nomme souvent gris de fer.

Quelle que soit la nuance des chevaux gris, elle devient toujours plus claire avec l'âge. Un gris ordinaire devient plus clair d'année en année.

Robe aubère.

La robe aubère se compose de poils blancs et rouges ; on la nomme aussi fleur de pêcher, ou mille-fleurs. Sa nuance peut être plus ou moins foncée sur le corps, surtout au sommet de la croupe et du dos. Dans tous les cas, la tête et les extrémités sont généralement plus foncées que les autres régions ; le rouge y domine toujours.

Robe rouan.

Le rouan comporte trois sortes de poils : le rouge, le noir et le blanc. Les extrémités et les crins dans cette robe sont le plus souvent noirs.

Cette nuance est plus ou moins claire, suivant la quantité de poils blancs.

Quand le rouge domine, il est dit vineux.

Il est appelé clair si c'est le blanc qui l'emporte, et foncé si c'est le noir.

Robe louvet.

Le louvet est rare : c'est une sorte de gris qui ressemble au poil de loup. Quelques auteurs disent qu'il n'est qu'une

isabelle très foncé. Les extrémités et les crins du louvet sont
ordinairement noirs.

Robe pie.

La robe du cheval pie a toujours du blanc par plaques,
avec une autre nuance disposée de même. Il ne peut pas y
avoir de pie blanc, puisque le mot *pie* commande toujours
cette nuance, et que sans elle il n'y a pas de pie possible.
On voit des pie noir, des pie alezan, bai, gris, des pie de
toutes les nuances.

SIGNES PARTICULIERS DES ROBES.

Nous avons dit que la nuance du fond de la robe n'est pas
toujours un caractère assuré pour faire distinguer un animal;
il n'en est pas de même des signes particuliers, qui sont fixes
et généralement invariables. Ils sont donnés par des reflets
ou des dispositions particulières de la direction, de la couleur
des poils, par celle de la peau sur certains points, par des
traces de cicatrices ou des marques naturelles.

Les robes simples, comme les composées, outre les différences de leur nuance, plus ou moins claire ou foncée, offrent
les particularités que nous allons signaler.

Un cheval est dit zain quand tous les poils de sa robe sont
de la même couleur, sans mélange de poils d'aucune autre. Il
n'est plus zain lorsqu'il a, sur quelques parties du corps que
ce soit, quelques poils d'une nuance différente du fond de la
robe, quelque borné que soit leur nombre. La même dénomination de zain s'applique encore au bai qui n'a que la
nuance rouge et noire.

Les robes simples sont dites miroitées quand elles offrent
des reflets partiels, arrondis et encadrés dans des poils de
couleur moins vive : on dit noir miroité, etc. On trouve
aussi des bais de diverses nuances miroitées. Ces particularités, observées dans les chevaux gris, leur font donner le

nom de pommelés. Les pommelures sont de petits ronds plus blancs entourés de poils foncés.

Les nuances différentes de quelques poils ou de certaines parties du corps, leur disposition, sont distinguées par les noms suivants :

Le mot *rubican* indique la présence de poils blancs sur un ou plusieurs points de la surface dés robes simples et du bai. On dit alezan, noir, bai, etc., rubican à la tête, aux flancs, aux côtes, à l'encolure, à la croupe, etc., etc., suivant que les poils blancs sont mélangés avec ceux de l'une ou de l'autre de ces régions. S'ils sont nombreux, on ajoute le mot *fortement;* s'ils sont rares, on dit *légèrement* rubican.

Moucheté, mouchetures. Petits bouquets de poils différents de la nuance du fond de la robe. On dit gris moucheté, aubère moucheté.

Argenté. Reflet blanc métallique produit par les poils blancs.

Truité. Des bouquets de poils rouges disséminés sur des robes grises sont indiqués par le mot *truité.* On dit gris truité, fortement ou légèrement, suivant que ces marques sont plus ou moins nombreuses et prononcées.

Vineux. Mélange de poils rouges qui donnent une teinte vineuse. On reconnaît des gris vineux, des rouan vineux.

Tisonné ou *charbonné.* Lorsqu'un cheval a des marques noirâtres, irrégulières, sur sa robe, il est dit charbonné ou tisonné; on dirait ces marques faites par le frottement du charbon.

Marqué de feu. Présence de poils d'un rouge plus ou moins vif. On remarque généralement ces poils aux naseaux, aux flancs et aux fesses.

Zébré. Lignes noirâtres, ressemblant à celles du zèbre. C'est surtout aux membres qu'on les observe; elles sont placées en travers.

Tigré. De larges mouchetures, ayant de l'analogie avec celles de la robe d'une panthère, caractérisent la robe tigrée.

13.

Raie de mulet. Ligne noire sur l'épine dorsale depuis le garrot jusqu'à la queue.

Cap de maure. Tête noirâtre. Cette particularité se fait remarquer surtout dans les gris ardoisés.

Lavé. Crins ou poils d'une couleur moins foncée que celle du fond de la robe. On dit alezan crins lavés, extrémités lavées, parceque les poils semblent décolorés par le lavage.

Bordé. Lorsqu'une robe se compose de deux couleurs tranchées, comme celle des chevaux pies, par exemple, le noir et le blanc se mélangent quelquefois à leur ligne de démarcation, de manière à former une sorte de bordure grise de peu de largeur. C'est principalement aux balzanes et aux petites pelotes en tête que l'on observe cette particularité.

Balzanes. Taches blanches observées à une ou plusieurs extrémités des chevaux de toutes couleurs. Elles sont plus ou moins grandes et partent généralement de la couronne.

Les balzanes sont rudimentaires quand elles se bornent à une petite tache sur un des points de la couronne. Quand elles sont circulaires et qu'elles se bornent au paturon ou au boulet, ce sont de petites balzanes ; si elles montent vers le jarret ou le genou et au dessus de ces articulations, elles sont grandes ou *haut chaussées*.

Une balzane est bordée quand ses poils se mélangent avec ceux du fond de la robe de manière à se terminer par une sorte de bordure ; elle est dentelée si elle finit par des dentelures.

Des taches plus ou moins grandes font distinguer les balzanes par le nom de *herminées* ou *mouchetées*, suivant les dimensions de ces marques.

Le nombre des balzanes doit être indiqué, comme les membres auxquels on les observe, si tous n'en sont pas pourvus. Ainsi, on dit balzanes postérieures ou antérieures, balzane antérieure ou postérieure gauche ou droite, au bipède latéral droit ou gauche.

Si deux balzanes sont diagonales, le membre antérieur indique leur disposition. On dit balzanes diagonales droite ou gauche, suivant le membre antérieur qui en est pourvu. Si elles ne sont pas complètes aux deux extrémités, on le signale. On dit balzane diagonale gauche, la postérieure, ou l'antérieure rudimentaire, ou herminée, ou petite, ou grande, etc.

Pelote, étoile, liste. Les chevaux de toute nuance ont souvent une tache blanche sur le front. Elle est ordinairement arrondie ; quelquefois elle se prolonge en forme de liste. Dans le premier cas, on dit cheval marqué en tête ; dans le second, on dit liste en tête, prolongée sur le chanfrein ou jusqu'au bas du nez, suivant qu'elle descend plus ou moins bas.

Cette liste s'élargit quelquefois de manière à gagner tout le chanfrein. Le cheval alors est appelé *belle face*.

Si les lèvres sont blanches, on dit que le cheval boit dans son blanc. Les pelotes, comme les listes, sont quelquefois bordées.

Ladre. Des taches blanchâtres qui semblent dépourvues de poils sont appelées taches de ladre. On les observe surtout aux endroits où la peau est fine, autour des lèvres, des naseaux, des yeux, au fourreau, à l'anus.

Épis. La divergence des poils, leur convergence sur un point, ou leur direction opposée, sont désignées sous ce nom d'épis. Il y a donc des épis convergents ou divergents, suivant que ces poils se dirigent vers un centre, ou dans un sens opposé.

Il n'est pas inutile d'indiquer la couleur des sabots, qui sont quelquefois blancs, lorsque cette particularité peut servir avec avantage à un signalement.

MODÈLES DE SIGNALEMENTS.

Nous donnons quelques modèles de signalements. Ils feront mieux comprendre la marche à suivre, dans le cas où un signalement doit être rigoureusement caractéristique, pour toute sorte de chevaux.

1.

Cheval entier, de race percheronne, cinq ans. Taille d'un mètre soixante-deux centimètres. Gris pommelé, légèrement truité aux flancs et à l'encolure ; tache de ladre à la lèvre inférieure et à l'aile externe du naseau droit ; petites moustaches ; œil droit vairon.

2.

Jument de selle, huit ans. Taille d'un mètre cinquante centimètres. Alezan doré, rubican sur la croupe ; trois balzanes haut chaussées et bordées, une antérieure gauche ; pelote en forme de croissant ; deux épis concentriques au front ; tache blanche au naseau gauche.

3.

Cheval hongre, propre au trait, sept ans. Taille d'un mètre soixante-cinq centimètres. Noir mal teint, zain ; dentition irrégulière ; pieds évasés et plats ; traces de sétons au poitrail ; large cicatrice à la pointe de l'épaule droite ; épi concentrique au flanc gauche.

Nota. Comme ce cheval est zain et manque de signes particuliers bien distincts, nous avons parlé de la conformation de ses pieds, de ses traces de séton et de ses cicatrices.

4.

Cheval entier propre à la selle. Douze ans environ. Taille d'un mètre soixante-trois centimètres. Bai clair, belle face, buvant dans son blanc ; balzane postérieure droite herminée ; quelques crins blancs à la queue.

5.

Jument poulinière pur sang, inscrite au Stud-book français sous le nom de *Joséphine*, par *Napoléon* et *Agar*, née en 1840. Taille d'un mètre soixante-six centimètres. Alezan brûlé, rubican sur la croupe et à la base de la queue ; traces de balzanes au bipède diagonal gauche ; pelote se continuant par une petite liste bordée sur le chanfrein, tisonnée à la joue droite.

6.

Cheval de selle, hongre, huit ans. Taille d'un mètre cinquante-quatre centimètres. Gris ardoisé, cap de maure, zébré aux avant-bras ; raie de mulet ; quelques mouchetures aux flancs ; plusieurs nœuds de la queue coupés ; marques de feu au jarret droit, cicatrices dépourvues de poils sur le dos.

7.

Cheval entier pur sang anglais, inscrit au Stud-book français sous le nom de *Napoléon II*, par *Prince-Eugène* et *Lætitia*, né en 1840. Taille d'un mètre soixante-quatre centimètres. Sous poil gris moucheté, fortement truité aux flancs et à l'encolure ; tisonné à la pointe de la fesse droite.

8.

Jument, six ans. Taille d'un mètre soixante-sept centimètres. Noir mal teint, marques de feu aux naseaux, rubican sur le dos ; quelques poils blancs au front, trace de balzane postérieure droite herminée.

9.

Cheval, dix ans. Taille d'un mètre soixante-dix centimètres, propre au trait. Gris ardoisé, cap de maure, raie de mulet, zébré au garrot.

10.

Poulain pur sang arabe, par *Massoud* et *Fathma*, devant être inscrit au Stud-book français sous le nom de *Boufarik*, venant de naître le 8 février 1847. Gris truité; traces de ladre aux naseaux et aux lèvres; sabot antérieur gauche partiellement blanc au talon droit; deux épis excentriques et superposés au front.

11.

Pouliche pur sang anglais, par *Royal-Oak* et *Corisandre*, venant de naître le 8 mars 1847, et devant être inscrite au Stud-book français sous le nom de *Fiametta*. Sous poil bai clair; liste en tête bordée, se prolongeant jusqu'au bout du nez; trace de balzane postérieure droite herminée; balzane antérieure droite bordée, haut chaussée et irrégulière.

12.

Poulain pur sang arabe, par *Mahomet* et *Judith*, né le 10 avril 1846, ayant quinze mois au moment où il est signalé, le 6 juillet 1847, inscrit au Stud-book français sous le nom de *Zéphir*. Sous poil gris très clair, presque blanc, ladre aux lèvres, aux naseaux et au fourreau; épi concentrique au flanc gauche.

13.

Poulain de pur sang arabe, par *Grison* et *Biche*, né le 15 janvier 1846, inscrit au Stud-book français sous le nom de *Biribi*. Sous poil pie noir, buvant dans son blanc, ladre au bout du nez; liste se prolongeant sur le front en forme de A renversé, yeux vairons, moustaches blanches.

14.

Poulain pur sang arabe, par *Astolfo* et *Daye*, né le 2 février 1846, inscrit au Stud-book français sous le nom de *Tom*. Sous poil alezan doré ; balzanes haut chaussées, pelote en tête, liste se prolongeant et s'élargissant sur le chanfrein moucheté ; buvant dans son blanc ; du ladre aux lèvres ; charbonné de chaque côté du passage des sangles ; taches blanches sur l'encolure et sur la croupe.

D'après ces différents signalements, on peut voir combien il est facile de reconnaître un individu, alors même que la nuance du fond de la robe n'est pas bien tranchée. Nous le répétons, ce sont surtout les signes particuliers naturels, et au besoin les marques accidentelles, telles que les cicatrices, les traces de feu, de vésicatoires, de sétons, etc., qui font toujours distinguer les uns des autres les animaux bien signalés.

Quand on trouve peu de signes particuliers (les chevaux zains en offrent souvent des exemples), on peut se servir de caractères fournis par la conformation d'une ou plusieurs parties du corps. Les pieds, la tête, la dentition, et même la race des individus, si elle est caractérisée, peuvent être des points de repère qu'il ne faut pas négliger. Du reste, pour peu qu'on ait d'habitude, il sera toujours facile de faire reconnaître, à coup sûr, un cheval ou un poulain, dont le signalement est essentiel pour éviter des fraudes sur les hippodromes, ou des méprises dans le commerce.

DE L'AGE DU CHEVAL.

CARACTÈRES OFFERTS PAR LE SYSTÈME DENTAIRE POUR LE RECONNAITRE.

I.

La connaissance de l'âge du cheval est d'une haute importance pour apprécier sa valeur. Les services que peut rendre un animal, en effet, sont subordonnés aux différentes époques de sa vie. Un poulain de trois ans, quel que soit d'ailleurs son développement, ne saurait travailler comme le cheval de sept ans, dont la constitution est dans toute sa force. Nous renvoyons le lecteur à ce que nous avons dit à cette occasion en parlant des courses. Le cheval de vingt-cinq ans ne peut plus rendre les services qu'on exigeait de lui alors qu'il était dans toute la force de son tempérament. Les Arabes disent : « Prends toujours pour la fatigue et les combats un trai-
« neur avec sa queue (1). Le jour où les cavaliers seront telle-
« ment pressés que les étriers se heurteront, lui seul pourra
« te sortir de la mêlée, et te ramènera dans ta tente, fût-il
« traversé d'une balle. »

Nos anciens ont dit :

« Sept ans pour mon frère, sept ans pour moi, et sept ans pour mon ennemi. » (Daumas.)

Les dents, qui fournissent à la zoologie de si précieux moyens de classification, sont les seuls organes qui puissent servir de guide jusqu'à un âge assez avancé de la vie. Les indices qu'elles fournissent sont basés sur leur succession

______

(1) Les Arabes ont l'habitude de couper les crins de la queue des jeunes chevaux. C'est vers sept ans qu'ils cessent de le faire.

d'éruption et sur la forme de leur table. Nous examinerons avec quelque détail l'une et l'autre de ces deux conditions du système dentaire : il mérite toute notre attention par l'intérêt qu'il offre à nos recherches.

Les dents sont toujours les instruments destinés à saisir les aliments, ou à les triturer pour les rendre d'une digestion plus facile. Elles varient de forme, non seulement dans les différents animaux en général, mais encore dans les mêmes individus, suivant qu'elles servent à pincer ou moudre l'herbe ou le grain. Celles du cheval ont une disposition particulière de configuration générale et des deux substances osséiformes qui les composent. C'est ainsi que, pour former des surfaces raboteuses et simuler une meule allongée de même largeur sur tous ses points, les molaires sont de forme carrée dans toute leur longueur. Elles s'ajustent l'une à côté de l'autre comme les pavés taillés employés pour daller une terrasse ou paver une rue : aussi sont-elles rangées sans interruption ni lacunes, pour mieux fonctionner, tandis que les incisives, recourbées, ne sont aptes qu'à former un appareil propre à pincer, couper ou arracher l'herbe. Nous allons examiner ces différents instruments dans leur configuration comme dans leur mode de formation, leurs usages et les indices qu'ils fournissent pour le but que nous nous proposons.

II.

FORMATION ET COMPOSITION DES DENTS EN GÉNÉRAL.

Les dents sont fabriquées dans l'intérieur même des maxillaires qui en sont pourvus. Quoique ayant la plus grande analogie avec les os par leurs propriétés physiques et leur composition chimique, elles en diffèrent cependant par leurs usages et par la manière dont elles sont formées. Leur mode de fabrication est le même que celui des ongles, des cornes, des poils ou des plumes. Chacune d'elles est la conséquence

d'un travail individuel, d'une sécrétion opérée par une sorte
de follicule, d'une papille ou pulpe qui se trouve dans les
maxillaires.

La dent commence donc par un petit tubercule éburné ;
elle grossit, s'allonge comme le fait une corne, écarte les
lames de l'os qui la contiennent, et perce la gencive pour
occuper son poste et remplir ses fonctions. Mais, avant de
sortir de l'alvéole, elle est garnie, coiffée par l'émail qui
l'enveloppe. La dureté de ce corps est telle, qu'il peut faire
feu au briquet. Il joue, du reste, un rôle d'une haute importance, comme nous le verrons.

Les dents sont donc composées par l'ivoire et l'émail. Le
premier, d'un blanc jaunâtre, forme la plus grande partie de
ces organes et en détermine la configuration. Suivant l'opinion des physiologistes, il serait pourvu de vaisseaux, à peu
près comme les os, parceque, comme eux, il rougit quand
on fait consommer de la garance aux animaux. Cependant on
n'est pas encore parvenu à l'injecter, ce qui a fait penser à
quelques savants qu'il se colorait plutôt par imbibition de la
matière colorante, que par sa circulation dans des vaisseaux
dont tous les anatomistes n'admettent pas l'existence.

L'émail, de couleur blanche nacrée, ne se colore point,
ce qui tend à prouver qu'il jouit de moins de vitalité que
l'ivoire ; il enveloppe ce dernier de toutes parts, le protége,
se repliant de diverses manières dans sa substance ; il forme
les aspérités si essentielles au système dentaire pour bien
remplir ses fonctions, comme nous avons déjà eu occasion
de le dire dans les généralités. Une fois développées, les
dents du cheval ne croissent plus. Il en est de même dans
les autres animaux domestiques, excepté dans les lapins (1).

---

(1) Dans les rongeurs, les incisives, qui servent à couper, à inciser
les corps végétaux, forment des espèces de ciseaux très tranchants,
qui croissent toujours, parcequ'elles s'usent sans cesse. Sans cette croissance permanente, qui est une prévoyance de la nature, la vie de ces

Elles sont chassées des alvéoles à mesure qu'elles s'usent par leurs tables ; les cavités de leurs racines s'oblitèrent peu à peu. Privées ensuite de communication avec la pulpe qui les a formées et les vaisseaux qui leur apportaient la substance pour les fabriquer, elles finissent par sortir tout à fait des alvéoles. Alors elles tombent privées de vie, à peu près comme le bois d'un cerf.

Les dents du cheval, dont le nombre est de trente-six à quarante, n'ont pas toutes les mêmes usages ; de même que dans les autres animaux, elles diffèrent de forme comme de place occupée aux maxillaires. Pour les distinguer, on les a désignées sous le nom d'*incisives*, de *crochets* et de *molaires.*

III.

DES INCISIVES.

Les incisives occupent les extrémités antérieures des maxillaires. Les lignes formées par les bords alvéolaires de ces os juxtaposés sont presque droites. Pour former une pince propre à saisir l'herbe, il faut donc que ces dents soient recourbées vers leur correspondantes opposées, pour bien s'ajuster ensemble. Elles se recourbent, en effet, les unes vers les autres, comme les mâchoires d'un étau ou d'une paire de tricoises ; seulement, au lieu de s'ajuster en ligne droite d'un côté à l'autre comme les mâchoires de ces instruments, elles le font en arc, parcequ'elles sont ainsi dispo-

---

animaux serait en danger, parcequ'ils ne pourraient pas se nourrir. On peut se convaincre de ce fait de croissance permanente des incisives des rongeurs en cassant une de ces dents : celle qui lui correspond, ne s'usant pas par le frottement, prend un accroissement extraordinaire, quel que soit, du reste, l'âge de l'animal.

sées les unes à côté des autres. Cet arc est bien arrondi à l'âge de cinq ans; mais sa forme varie avec l'âge, comme la direction des dents qui le composent elles-mêmes. Nous aurons occasion de nous convaincre que ce changement n'est point étranger aux caractères qui servent à juger de l'âge.

Suivant le point qu'elles occupent dans l'hémicycle qu'elles forment, les incisives sont distinguées en pinces, placées au centre; en mitoyennes, implantées sur les côtés des précédentes, et en coins, formant les deux extrémités de l'arc. Elles sont donc au nombre de six à chaque mâchoire : deux pinces, deux mitoyennes et deux coins.

Examinées avec détail, on voit que les incisives ont la forme d'un coin irrégulier dont le gros bout est élargi dans un sens, et le bout opposé aminci dans un autre. Ainsi, une pince est amincie d'avant en arrière à sa table et élargie d'un côté à l'autre, tandis qu'à sa racine, au contraire, elle est très mince de droite à gauche et large d'avant en arrière. Il en résulte que les incisives, placées les unes à côté des autres, vont en s'élargissant en éventail de leurs racines à leurs tables, et cette disposition, importante pour leurs fonctions de pinces, est très utile pour l'étude qui nous occupe.

Nous avons dit que les incisives ont la forme d'un coin irrégulier. En effet, si on prend une pince d'un cheval de quatre ans, et qu'on étudie ses surfaces aux différents points de la longueur, on voit que des sections transversales ont une configuration particulière, suivant le point où elles sont faites: la dent, ellipsoïde d'abord à sa table, devient triangulaire, prismatique, vers le milieu de sa longueur, puis aplatie d'un côté à l'autre vers sa racine.

Il résulte de cette disposition que la dent, sciée en travers d'abord, doit donner vers sa table un segment dont le bord antérieur représente la corde, et le postérieur le contour; un second segment, plus étroit d'un côté à l'autre, sera plus contourné en arrière, et ainsi de suite d'un troisième, d'un quatrième, etc. Enfin, suivant la forme de l'incisive, le segment scié deviendra triangulaire vers le milieu de cette dent, et aplati d'un côté à l'autre vers sa racine.

C'est sur ces différences de configuration de la table des dents incisives, usées ou sciées aux divers points de leur longueur, qu'est fondée toute la théorie de l'âge du cheval, à partir de huit ans. Par elles, on peut établir l'âge des sujets depuis dix à douze ans jusqu'à vingt, vingt-cinq, trente et plus, quoique alors il soit bien difficile de porter toujours un jugement rigoureusement juste. Toutefois, nous tâcherons de faciliter cette étude par des gravures que nous placerons plus loin dans le texte.

Nous devons au professeur Pessina les premières recherches faites sur ce sujet, et à Girard fils le meilleur traité que nous ayons en France sur l'âge du cheval. Il fut publié dans le *Recueil de médecine vétérinaire* qu'il fonda en 1824 à l'École d'Alfort.

Une dent incisive vierge a toujours deux cavités. L'une d'elles aboutit dehors, et descend dans le corps de la dent, de douze à quinze millimètres environ aux incisives inférieures. Elle est garnie par un repli de l'émail, qui se contourne pour la tapisser. Sa forme, qui affecte celle d'un cône aplati, lui a fait donner le nom de cornet dentaire. L'autre cavité se fait remarquer à l'intérieur à partir de la racine de la dent, dont elle contient la pulpe. Cette cavité monte très haut dans la substance éburnée, et se croise avec le cornet dentaire, dont elle n'est séparée que par l'émail, et une couche très mince d'ivoire, servant de cloison. Ces deux cavités sont deux véritables petits cônes creux opposés, qui se croisent par leurs pointes. L'extrémité du cornet externe est en arrière, près de l'émail du bord interne de la dent, dont il n'est séparé que par une faible couche d'ivoire; celle du cornet interne est placée en avant, vers le bord antérieur. Cette disposition des cavités dentaires ne sera pas inutile pour l'étude que nous faisons.

IV.

DES CROCHETS OU CANINES.

Les crochets ou dents canines du cheval sont au nombre de quatre, comme dans les autres animaux. Elles n'offrent que des indices très vagues pour la connaissance de l'âge. Les juments en sont généralement privées et n'en ont que par rares exceptions. Ces dents sont à peu près de la forme des canines ordinaires des individus qui en ont. Elles sont coniques, plus ou moins aiguës, et la face interne de leur partie libre offre une arête qui sépare les deux petites cannelures qu'on y observe.

Les usages de ces dents nous paraissent complétement nuls. Le système dentaire des juments qui en sont privées n'est ni moins parfait ni moins apte à bien remplir toutes ses fonctions.

V.

DES MOLAIRES.

L'étude des molaires est plus importante que celle des crochets. Elles sont au nombre de vingt-quatre, six à chaque rangée des maxillaires. Elles ne servent pas ordinairement pour l'appréciation de l'âge. L'ivoire et l'émail qui composent ces dents, beaucoup plus grosses, plus fortes et plus longues que les précédentes, sont disposés de manière à ce que ces matières soient stratifiées en zig-zag. Comme elles s'usent irrégulièrement, par rapport à la différence de leur dureté, la table dentaire offre toujours des aspérités analogues à celles d'une lime, pour limer, broyer les aliments. Le mouvement des mâchoires s'opère d'un côté à l'autre, et les couches stratifiées d'émail et d'ivoire sont disposées d'avant en arrière, pour se contrarier et être plus favorables au but proposé (1).

Les molaires vierges ont aussi deux ordres de cavités, comme les pinces. Celles qui correspondent au dehors sont tapissées par des replis de l'émail. Les autres sont aux racines, et contiennent la pulpe des dents qui a servi à fabriquer ces organes. Comme aux incisives, ces cavités se croisent et sont séparées les unes des autres par des cloisons de même nature que celles dont nous avons déjà parlé. A mesure que les sujets vieillissent, les cavités intérieures se remplissent d'ivoire sécrété par la pulpe, qui se retire peu à peu et finit par s'atrophier.

Les molaires de la mâchoire supérieure sont plus grosses que celles de l'inférieure ; elles forment des tables plus larges, inclinées en dedans, tandis que les tables de la mâchoire opposée, plus étroites, sont inclinées en dehors. Cette disposition était essentielle, comme le fait très bien observer le professeur Lecoq dans son *Traité d'extérieur ;* elle prévient le contact des incisives et leur usure inutiles pendant les mouvements latéraux des mâchoires. Les mâchelières, au lieu de varier de forme dans leur longueur, comme les incisives ou les crochets, sont à peu près carrées, comme nous avons déjà eu occasion de le dire, depuis leur table jusqu'à leurs racines. Cette condition était indispensable pour que les meules qu'elles composent fussent toujours les mêmes à leur surface de frottement, afin de fonctionner à peu près de la même manière jusqu'à leur complète usure.

Quand le corps des molaires est usé et qu'il ne reste plus

---

(1) Chez les rongeurs, dont le mouvement des mâchoires s'opère d'avant en arrière, les couronnes d'aspérités formées par l'émail sont disposées transversalement, c'est-à-dire d'un côté à l'autre, au lieu de l'être d'avant en arrière. Ce mode d'arrangement était commandé par le genre de mouvement des mâchoires de ces animaux.

que ses racines, la meule a disparu, et le cheval ne peut plus se nourrir que de substances qui n'ont pas besoin de trituration. Ce cas doit être très rare en général, quoiqu'on trouve cependant quelquefois des molaires complétement usées ; en effet, les chevaux privés de leurs instruments de première nécessité pour broyer leurs aliments doivent mourir faute d'alimentation.

ÉRUPTION DES DENTS.

Le mode d'éruption des dents offre les signes les plus certains pour reconnaître l'âge du cheval ; cette éruption est en effet assez regulière, et, jusqu'à l'âge de cinq ans révolus, il n'est pas possible de s'y méprendre en général.

A sa naissance, le poulain est dépourvu de dents ; mais à peine a-t-il six ou huit jours, que l'on voit le bord tranchant des pinces couper les gencives, et garnir l'extrémité des mâchoires (1). Nous devons faire remarquer ici que toutes les incisives ont deux bords tranchants, de hauteur différente. Le bord externe, plus élevé, commence à inciser la gencive quand l'autre est encore caché sous cette membrane ; il ne s'élève à son niveau que plus tard. Les mitoyennes poussent environ un mois après les pinces, et de la même manière (2) ; vers l'âge de six mois à un an, le poulain est pourvu de toutes ses incisives de lait (3).

Mais l'éruption des coins n'es. pas toujours absolument régulière ; nous avons vu, au haras du Pin, des poulains avoir

(1) Voir plus loin, figure 1.
(2) Voir figure 2.
(3 Voir les figures 4 et 5.

ces dents à cinq mois, d'autres à quatre ; du reste, un mois et même deux sont au fond peu de chose pour la question qui nous occupe.

A mesure que les incisives poussent, elles se mettent en rapport parfait entre elles ; leurs bords tranchants s'usent, et leur table se forme par le frottement ; elles *rasent*, comme on dit en terme de l'art. Disons ici ce que l'on entend par le mot *rasement* en hippiatrique.

Le mot *rasement* est employé pour dire que les bords antérieurs et postérieurs de la table dentaire ont usé de manière à être de niveau. Ce nivellement offre beaucoup plus d'intérêt pour les dents persistantes que pour les caduques, qui ne rasent pas d'une manière aussi régulière. Cependant, en génèral, les pinces de lait ont rasé vers six ou huit mois après leur sortie ; les mitoyennes, de dix mois à un an ; et les coins, qui n'ont fait éruption que plus tard, de seize à vingt mois. A cette période de la vie, on juge plutôt de l'âge des sujets par l'époque de l'année où on les examine, que par les caractères individuels qu'elles présentent.

Une fois développées, les incisives du poulain ne subissent aucun changement notable jusque vers l'âge de trente mois environ. Vers cette époque, les incisives de remplacement compriment les racines des caduques, et les chassent en dehors. Avant trois ans révolus, elles sortent des alvéoles, pour remplacer celles qui les précédaient. Un an après, les mitoyennes font comme les incisives ; de sorte que le cheval n'a plus, à quatre ans, que les coins de lait, qui sont remplacés, à leur tour, de quatre ans et demi à cinq ans : à cet age le cheval n'a plus de dent de lait (1).

La sortie des crochets n'est pas régulière ; cependant c'est de quatre à cinq ans qu'ils percent la gencive.

____

(1) Voir les figures 6, 7 et 8.

Les molaires ont aussi éprouvé leur révolution pendant le travail des incisives. Les trois premières, qui sont aussi caduques, se présentent à peu près ensemble, peu de jours après la naissance. Dans des poulains que nous avons observés, nous les avons vues toutes trois au même niveau et assez développées, quand celles qui ne doivent pas être remplacées ne sont encore qu'à l'état de germe. L'éruption de ces dernières est loin d'être simultanée, comme celle des caduques. La première des persistantes perce la gencive vers un an, la deuxième à deux ans environ, et la troisième de quatre ans et demi à cinq.

Vers deux ans et demi, les premières molaires caduques sont remplacées par les persistantes ; les secondes sortent de l'alvéole à trente-six mois environ, et les troisièmes vers quatre ans et demi, comme les dernières persistantes.

Telle est la marche de succession des dents.

Mais les molaires ne servent jamais pour l'examen de l'âge du cheval ; aussi ne signalons-nous ici que pour mémoire la marche de leur éruption.

En décrivant les incisives, nous avons dit qu'elles ont la configuration de coins dont les bases forment leur table ; leurs racines sont presque juxtaposées, et ne sont séparées les unes des autres que par une lame osseuse mince, qui n'existe même pas toujours sur tous les points. Les dents, dans ce cas, se trouvent en contact immédiat ; cette disposition n'est pas la même pour les incisives caduques. Au lieu de former un coin dont le rétrécissement est régulièrement gradué du gros bout à la pointe, le collet de ces dernières est tranché par une dépression marquée. Il en résulte une sorte d'étranglement qui fait facilement distinguer une dent de lait d'une dent d'adulte. Leurs racines ne sont pas aussi régulièrement disposées que celles des incisives de remplacement, et, si elles persistaient, leurs tables ne donneraient aucun signe caractéristique pour la connaissance de

l'âge. On peut du reste se convaincre de ce fait par la figure
ci-contre.

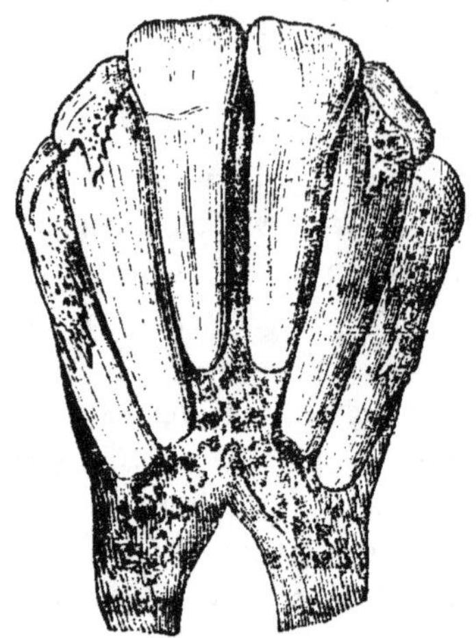

Forme et disposition des incisives de lait.

Par leur configuration générale, les incisives caduques du
cheval ont quelque analogie de forme avec celles des ruminants, quir ressemblent un peu, comme nous l'avons fait observer, à une petite pelle. Le collet est étranglé dans les unes
comme dans les autres. Cette disposition n'existe pas dans les
incisives persistantes

INDICES FOURNIS PAR LES INCISIVES
POUR LA CONNAISSANCE DE L'AGE DU CHEVAL

VII.

TRANSFORMATION DE LA TABLE DES DENTS INCISIVES.

Le mot *rasement*, vulgairement employé pour caractériser un certain degré d'usure des incisives, n'a pas eu une signification assez rigoureuse pour que nous puissions nous en servir sans nous expliquer à ce sujet. Les auteurs que nous avons consultés se sont servis du verbe *raser* sans avoir dit clairement ce qu'il signifiait à leurs yeux. Ainsi, en parlant des dents incisives du cheval qui ont une cavité au dehors, Bourgelat nous dit, sans définition préalable : « C'est cette même cavité qui s'efface avec l'âge, et, lorsqu'elle est remplie, nous disons que le cheval a *rasé*. Il est encore dans son milieu une espèce de tache noire, qui souvent disparaît dans la dent *rasée* ou *remplie*, et c'est cette même tache qu'on a désignée par le nom de *germe de fève*. »

En parlant des dents caduques, il ajoute : « Il serait à souhaiter qu'on eût remarqué l'époque précise où cette cavité s'efface successivement en elles, et où ces dents *rasent* et se remplissent. »

Enfin il dit, au sujet des incisives de remplacement : « Tant que cette cavité existe dans les unes ou les autres de ces dents, on dit, ainsi que nous l'avons observé, que le cheval *marque*, comme on dit qu'il a *rasé* lorsqu'elles sont toutes remplies. » Puis il continue ainsi : « Dans un cheval qui a tout mis, c'est-à-dire dans lequel on trouve les pinces, les mitoyennes et les coins, avec la cavité qu'on remarque dans la table de chacune de ces dents, et qui a. comme nous l'a-

vons dit, de quatre ans et demi à cinq ans, les pinces *rase-*
ront les premières, et, leur cavité remplie, l'animal aura six
ans. Les mitoyennes raseront ensuite : l'animal aura sept
ans ; enfin, les coins étant *rasés* à leur tour, l'animal aura
huit ans (1). »

Ainsi, suivant Bourgelat, une dent aura *rasé* quand la cavité du cornet dentaire extérieur sera remplie. Mais cette
cavité peut être remplie aux pinces, par exemple, comme
nous en avons des modèles sous les yeux, à quatre ans ;
quelquefois elle ne l'est qu'à cinq, à six, à sept, à huit ans ;
elle peut être creuse jusqu'à ce qu'enfin le cornet qui la
forme a tout à fait disparu par l'usure, ce qui n'arrive à peu
près que vers onze ans. Nous examinons, à l'instant même,
une mâchoire de quatre ans, dont la cavité extérieure est
remplie, et une autre de six, qui est creusée. Ce n'est donc
pas suivant qu'elle est remplie ou non que la cavité qui nous
occupe fournit des signes assurés de distinction de l'âge.

Le moyen donné par Bourgelat ne fournit donc aucun indice propre à nous diriger. Du reste, en parlant du cheval
qui marque, l'erreur est fondée sur la même base. Si la cavité des cornets externes est évidée chez certains sujets à six
ans, elle est remplie chez d'autres avant cet âge. Tel cheval
marquerait donc quand il est déjà vieux, lorsque tel autre
ne marquerait plus, jeune encore. Le *rasement*, pas plus que
la *marque*, ne sont bien définis par notre illustre fondateur des
écoles vétérinaires, et les explications qu'il nous donne à ce
sujet ne sauraient nous servir de guide sûr.

Girard fils, sans définir le *rasement* d'une manière absolue,
donne des développements qui font comprendre ce qu'il entend par ce mot. « Dès l'instant où les dents incisives ont fait
éruption, dit-il, elles subissent quelques changements par
suite du frottement exercé sur celles qui leur correspondent.

---

(1) *Traité de la conformation extérieure du cheval.*

Leur bord antérieur, qui était beaucoup plus élevé et tranchant, commence à s'user ; bientôt il est au niveau du postérieur : alors ils s'usent simultanément. La cavité, qui était d'abord très allongée, se rétrécit, et devient triangulaire ; enfin, à une certaine époque elle disparaît, et est remplacée par le cul-de-sac du cornet dentaire. C'est cette usure, exécutée régulièrement, qui constitue ce que l'on appelle *rasement*. Le *rasement* a lieu dès l'instant où les dents sont en rapport, de sorte qu'il est souvent complet dans les pinces lorsque les coins commencent à sortir. Il est, du reste, très variable dans les dents caduques, et il ne peut donner que des indices peu certains, soit parcequ'il existe une grande irrégularité dans l'époque de l'éruption des coins, soit parcequ'il y a de la variation dans l'époque où l'on a sevré les poulains et dans celle où ils ont fait usage de nourriture fibreuse, soit enfin parceque cette nourriture elle-même est plus ou moins dure suivant les localités. »

« Lorsqu'une dent incisive a commencé à *raser*, que ses deux bords sont de niveau, la table présente deux rubans d'émail : un, extérieur, qui enveloppe la dent, c'est l'émail d'encadrement ; l'autre, extérieur, qui circonscrit seulement la cavité, c'est l'émail central. Dans tous les cas, les incisives de la mâchoire inférieure rasent plus vite que celles de la supérieure, et leur *rasement* est toujours beaucoup plus régulier (1). »

Plus loin il ajoute :

« Le *rasement* des incisives d'adultes se fait assez régulièrement, mais non pas au point de pouvoir déterminer rigoureusement l'âge d'un cheval, comme on serait tenté de le croire en lisant tous les ouvrages des vétérinaires qui ont traité de ce sujet.

____

(1) *Hippotikrologie ou Connaissance de l'âge du cheval*, 2ᵉ édit., p. 38 et 46.

« Ils rapportent tous que les pinces inférieures rasent de cinq à six ans, les mitoyennes de six à sept ans, et les coins de sept à huit ans ; mais depuis l'âge de trois ans, époque de la sortie des pinces, jusqu'à cinq, elles ont eu le temps de frotter, et elles sont déjà rasées presque tout à fait lorsqu'on aperçoit les coins. C'est donc à l'inspection des dents qui ont éprouvé le moins d'usure qu'il faut s'en rapporter : par conséquent, à cette époque on doit consulter l'état des coins, et il sera difficile, pour peu qu'on ait d'habitude, de se méprendre sur l'âge exact de l'animal. »

D'après Girard fils, qui ne partage pas plus que nous l'opinion de Bourgelat, une dent aurait rasé quand les bords externe et interne de sa table sont au niveau l'un de l'autre par l'usure qu'ils ont subie. La différence de hauteur est en général de deux millimètres environ ; les incisives s'usent de cette quantité à peu près en un an : il en résulte donc nécessairement que le rasement d'une dent doit toujours avoir lieu un an après que son bord extérieur a commencé à frotter contre la dent opposée.

Le professeur Lecoq ne paraît pas ajouter beaucoup de foi, et avec raison, au *rasement*, pour la connaissance de l'âge ; il dit : « Les pinces, qui ont dû commencer à user depuis qu'elles se sont trouvées en contact avec celles de la mâchoire supérieure, à trois ans, sont presque toujours *rasées* avant l'âge de six ans, quelquefois à cinq. On ne peut donc s'en rapporter à leur *rasement* seul, et c'est surtout le coin qui sert d'indice pour l'âge de six ans, époque à laquelle son bord antérieur a déjà usé assez largement, tandis que son bord postérieur, à peine arrivé au niveau à cinq ans, n'a encore usé que très peu.

« A sept ans les mitoyennes ont aussi *rasé*, et souvent, à cet âge, une échancrure se fait remarquer au coin de la mâchoire supérieure, dont le demi-cercle est un peu plus large que celui de l'inférieure. Cette échancrure persiste au delà de cet âge, mais n'apparaît presque jamais avant.

« A huit ans la cavité a disparu aussi dans les coins ; mais dans ces dents le *rasement* est bien moins régulier que dans les autres. On voit aussi apparaître à cet âge, entre le bord intérieur et l'émail central des pinces et des mitoyennes, une bande jaune, allongée, qui n'est autre chose que le cul-de-sac interne de la dent, oblitéré par l'ivoire, lors de la diminution de la pulpe qui le remplit dans le principe (1). »

L'opinion de M. Lecoq, on le voit, diffère de celle de Girard fils, pour se rapprocher un peu de celle de Bourgelat, laquelle ne nous a pas paru assez nettement formulée pour fixer la nôtre.

Après une étude sérieuse des faits, nous restons convaincu que le *rasement* des dents, dont on a tenu compte avant les travaux de Pessina et de Girard fils, n'est point un indice sur lequel on puisse compter pour l'étude de l'âge. Rien n'est moins bien défini par les auteurs que ce caractère, ce qui est, suivant nous, la meilleure preuve du peu de prix qu'ils y attachent. Quant à nous, nous n'y avons jamais attaché d'importance, parceque l'observation et l'expérience nous ont toujours clairement démontré qu'il ne pouvait être d'aucun secours pour nos recherches.

Le mot *rasement* est donc resté vague et n'a pas été défini de manière à fixer l'opinion sur l'âge des animaux. Suivant nous, une dent a rasé quand son bord interne s'est élevé au niveau de l'externe et qu'il a commencé à frotter et à compléter la surface de la table de la dent, irrégulière avant cette époque. Ainsi, quand l'émail qui entoure une dent aura frotté dans toute la circonférence de sa table, son *rasement* sera effectué, sauf quelques exceptions qui résultent de l'irrégularité de la hauteur du bord interne des dents ; les pinces auront rasé un an après que leur bord antérieur aura commencé à frotter, c'est-à-dire à quatre ans : cela doit être, puisque ce bord est élevé

---

(1) *Traité d'extérieur du cheval et des autres animaux domestiques.*

de deux millimètres au-dessus du niveau du bord interne, et que, comme nous venons de le dire, la dent s'use de cette quantité, à peu près, en une année. Les mitoyennes auront rasé à cinq ans, suivant leur ordre d'éruption, et les coins à six.

Les coins sont, de toutes les dents, celles qui offrent le moins de régularité pour leur *rasement*. Cette particularité est due à la différence d'élévation relative de leurs bords dans divers sujets, tant à la mâchoire supérieure qu'à l'inférieure. Quelquefois, ils sont presque de niveau en sortant de la gencive, du moins dans la plus grande partie de leur étendue, tandis qu'on voit souvent une différence de trois, quatre millimètres et plus, en faveur du bord externe. On conçoit alors que, pour que le bord interne s'élève au niveau de l'externe, il faut quelquefois deux et trois ans, quand, dans d'autres circonstances, ce nivellement a lieu en peu de temps. Dans tel sujet, le coin peut avoir rasé à cinq ans et demi ; dans tel autre, à huit ans seulement, et même plus tard.

Le *rasement* des dents ne peut donc être que d'une utilité fort accessoire. Ce n'est que leur croissance, la configuration de leur table et les modifications qui s'ensuivent, qui peuvent fournir des caractères aussi distinctifs que possible pour le problème à résoudre.

Nous avons vu qu'à l'âge de trois ans, les pinces de lait sont remplacées par les persistantes du même nom, les mitoyennes à quatre ans, et les coins à cinq. Suivant cet ordre d'éruption des incisives, il est facile de distinguer l'âge des animaux. Mais à partir du moment où ce travail de dentition est terminé, il ne peut plus servir de guide : il faut donc recourir à d'autres moyens, qui nous sont procurés par l'usure des dents et les changements qui s'ensuivent.

L'étude du développement des coins nous sera très utile pour déterminer l'âge, jusqu'à sept ans révolus. Sortis à cinq ans des gencives, leur bord externe ne touche à celui des dents correspondantes qu'à six ans faits. Leur frottement

14.

commence alors, et c'est ordinairement au printemps, époque
des naissances, par conséquent celle de l'accomplissement
des années. Comme la quantité d'usure des dents est de deux
millimètres environ par an (nous l'avons déjà dit), on voit à
peu près combien le coin a perdu par le frottement. En tenant compte de l'époque de l'année où l'on se trouve, par
rapport à celle de la naissance des individus, il est assez facile
de baser un jugement satisfaisant.

Nous devons signaler ici un point de repère qui est un indice toujours sûr, quand il existe pour déterminer six et sept
ans.

Souvent le coin supérieur, plus large que l'inférieur, ne
frotte pas contre ce dernier sur toute sa suface ; il en résulte
en arrière de cette dent une sorte de talon qui y forme
une véritable échancrure. Jamais on ne l'observe avant six
ans révolus ; quand il existe, le cheval a toujours sept ans au
moins ou est dans sa septième année.

Jusqu'à sept ans révolus, jusqu'au moment où le cheval
prend huit ans, il est presque mathématiquement impossible
de se tromper sur l'âge des sujets. A cinq ans le coin est sorti
de la gencive, à six ans il touche au coin opposé, et à sept
ans faits il s'est usé de deux millimètres environ, quantité
souvent déterminée par le talon dont nous venons de parler ;
ce talon accuse cette longueur, à peu près, quand le cheval
entre dans sa huitième année : après cet âge, il ne sert plus
de guide certain.

A commencer de cette époque, nous n'avons plus, pour
asseoir notre jugement, des caractères aussi tranchés. Nous
devons recourir à la forme de la table de la dent et à celle du
cornet dentaire que l'on remarque vers son centre.

A mesure que les incisives rasent, on voit que leur table,
élargie d'un côté à l'autre, et étroite d'avant en arrière, a
dans son milieu une cavité qui offre la même disposition de
dimension. Cette cavité est l'orifice externe du cornet dentaire. Elle a été formée par l'émail qui enveloppe la dent

vierge et s'est replié en dedans de sa substance, comme nous l'avons vu. Mais après le rasement, elle en est séparée par une couche d'ivoire. Il en résulte que l'émail qui la forme désormais, et qui a été appelé *émail central*, n'a plus aucune communication avec celui dont il n'était d'abord que la continuation; et qu'on appelle émail d'encadrement. La forme de ce cornet dentaire ressemble à celle d'un cône aplati; de sorte que, vu de face, il nous offre la figure d'un triangle isocèle.

Si on prend une pince qui vient de raser, et qu'on la scie en travers de huit millimètres environ, on verra que sa nouvelle table aura perdu en largeur, d'un côté à l'autre, pour gagner en profondeur. Son cornet sera rétréci dans le même sens, et la couche d'ivoire qui le sépare de l'émail antérieur sera beaucoup plus épaisse. Cette cavité se sera aussi arrondie en arrière. Sa forme suit assez celle de la dent. D'un autre côté, on commencera à apercevoir le cul-de-sac du cornet interne, en avant de l'émail central; on aura enfin les caractères distinctifs du cheval de huit ans révolus, prenant neuf ans. En effet, les huit millimètres qui ont été sciés sont la quantité qui aurait usé pendant quatre ans, c'est-à-dire de quatre à huit ans révolus. Alors la table des pinces est ovale, et les mitoyennes tendent à prendre la forme qu'elles ont un an après, à neuf ans accomplis; à cette époque la table des pinces s'arrondit, surtout en arrière, le cornet s'éloigne encore du bord antérieur de la dent. A dix ans faits, la table des pinces et des mitoyennes, qui avaient commencé à se creuser en avant de l'émail central, est plus arrondie et plus étroite d'un côté à l'autre. Le fond du cornet interne se fait remarquer comme une petite étoile de nuance moins foncée que celle de l'ivoire au centre duquel il se trouve. Le cul-de-sac du cornet dentaire externe, qui fait saillie, est tout près du bord postérieur, et affecte une forme triangulaire.

A onze ans, l'émail central touche presque à celui du bord postérieur des dents, et n'est plus que rudimentaire; les mi-

toyennes s'arrondissent de plus en plus, et les pinces ont une
tendance à offrir un angle un peu obtus au milieu du bord
postérieur de leur table.

A douze ans, on ne voit plus de trace d'émail central aux
incisives inférieures ; le cul-de-sac du cornet interne paraît au
milieu de la table dentaire, et l'angle postérieur des pinces
se caractérise mieux ; celui des mitoyennes tend à se dessiner.

Cependant, quand le cornet dentaire externe est plus profond qu'à l'ordinaire, ce qui arrive quelquefois, son cul-de-
sac persiste bien au delà de douze ans. Il n'y a pas, dans ce
cas, d'époque fixe pour sa disparition, elle dépend uniquement de l'excédant de sa longueur. Les chevaux qui offrent
cette particularité sont dits bégus : leurs cornets n'offrent
aucun caractère distinctif par leur forme comme par leur présence, puisqu'ils sont une anomalie. On n'en tient donc aucun compte, pour ne s'en rapporter qu'à la forme des tables
dentaires ; c'est un signe distinctif dont on est privé, et qui
d'ailleurs n'est utile que jusqu'à l'âge de douze ans. Après
cette époque on juge comme s'il n'avait jamais existé.

A treize ans, la triangularité des pinces est marquée, et
un an après, à quatorze ans faits, elle est tout à fait caractérisée.

A quinze ans, les mitoyennes sont triangulaires à leur
tour, comme les pinces l'étaient à quatorze ; ces dernières
commencent à avoir leur table plus élargie d'avant en arrière,
tandis qu'elle se rétrécit d'un côté à l'autre.

A seize ans, ces caractères sont encore plus tranchés dans
les pinces, et se font remarquer aux mitoyennes ; les coins
tendent eux-mêmes à la triangularité.

A dix-sept ans, la table des pinces s'allonge d'avant en
arrière, et celle des mitoyennes gagne aussi en profondeur.

A dix-huit ans, la surface de la table des pinces est généralement plus profonde que large, et le triangle formé par
celle des mitoyennes s'allonge aussi vers son sommet.

A dix-neuf et vingt ans, le table des pinces tend à devenir ovale d'avant en arrière, et ce caractère se dessine aussi dans les mitoyennes

Enfin, à vingt-cinq ans, les incisives sont aplaties d'un côté à l'autre. A cet âge elles sont usées jusque vers leurs racines, qui ont l'aspect d'un coin aplati dans un sens opposé à celui de la couronne des dents vierges. Cet aplatissement des incisives est toujours d'autant plus marqué que le cheval veillit davantage. Du reste, après vingt-cinq ans, et même quelques années avant, il n'est pas possible de déterminer à coup sûr l'âge d'un cheval, à deux ou trois ans près, et même plus.

La longueur totale des pinces vierges est de soixante-dix millimètres environ. Si leur usure est de deux millimètres par an, comme on l'a à peu près observé, elles peuvent frotter pendant trente-six ans avant d'être usées ; et, comme leur frottement ne commence qu'à l'âge de trois ans, le cheval peut s'en servir jusqu'à l'âge de trente-neuf ans : alors il ne doit rester que l'extrémité de la racine, qui s'est un peu allongée dans les alvéoles par la disparition de la pupe.

Nous avons vu que dans le jeune âge les incisives étaient recourbées les unes vers les autres ; mais, à mesure qu'elles s'usent, elles se redressent, et forment un angle aigu en se rencontrant, au lieu de dessiner un contour assez régulier, comme à l'âge de quatre ou cinq ans : d'un autre côté, le cercle qu'elles figuraient alors, en s'élargissant en éventail, se rétrécit et se déforme.

L'usure des molaires fait opérer des changements marqués aux maxillaires et à la physionomie de la tête. Lorsqu'elles sont chassées des alvéoles, les lames osseuses qu'elles tenaient écartées s'affaissent ; il en résulte que le chanfrein se trouve déprimé sur les côtés, et que les bords inférieurs des maxillaires deviennent étroits et tranchants.

Les incisives, qui se réunissent à angle aigu, obligent les

lèvres à s'affaisser, à s'allonger en avant comme celles d'un chameau, ce qui donne aux chevaux un air de vieillesse non équivoque. Ce sont ces divers signes qui ont fait donner le nom de têtes de vieilles aux têtes dont la conformation offre des caractères qui se rapprochent de ceux que nous venons de décrire.

Pour bien faire comprendre la théorie que nous avons développée sur la dentition et rendre plus saisissable les changements subis par les dents, nous allons résumer ce que nous avons déjà dit, et simuler, au moyen de gravures, la transformation des incisives et leur mode d'éruption. Du reste, les modèles que nous donnons ont été copiés sur la nature même ; ils pourront donc faciliter l'étude que nous faisons de l'âge des sujets.

Le poulain naît sans dents, mais on ne tarde pas à voir sortir ses premières incisives (fig. 1).

 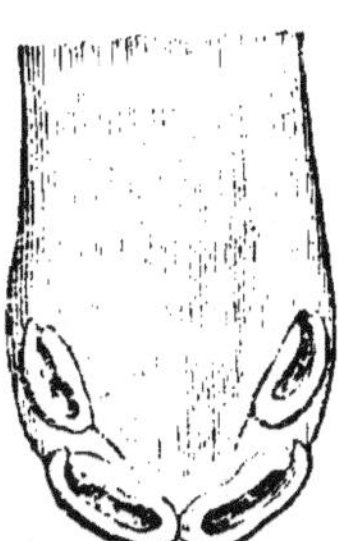 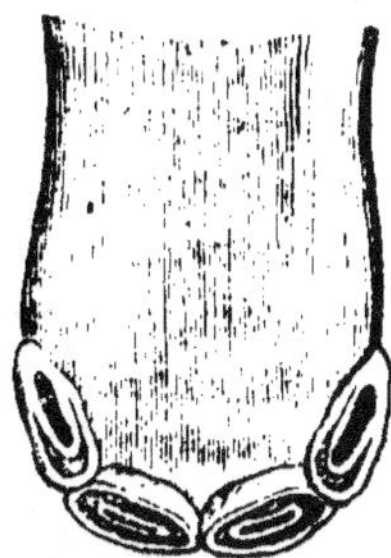

Fig. 1.— Poulain de 6 jours.   Fig. 2. — Poulain de 40 jours.   Fig. 3.— Poulain de 4 mois.

Vingt à quarante jours environ après la naissance, les mitoyennes percent la gencive (fig. 2), et de six mois à un an, le poulain a toutes ses incisives (fig. 4 et 5).

L'éruption des incisives de lait peut varier de quelques jours, et même de quelques mois ; mais l'orsqu'elle a eu lieu, ces dents se mettent en rapport et leur table s'use par le

frottement, absolument comme dans les sujets adultes, jus
qu'à leur chute , qui commence de trente mois à trois ans.

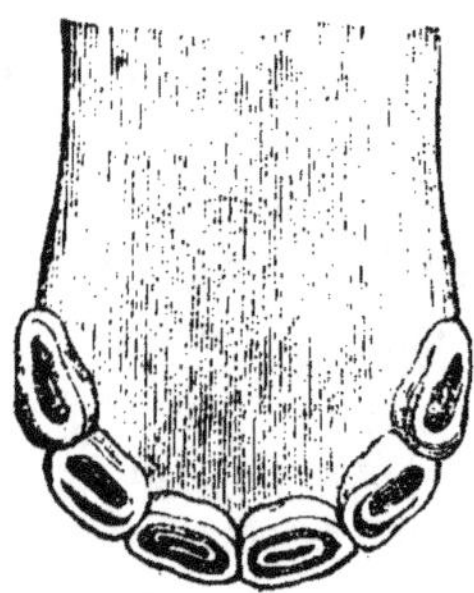

Fig. 4.—Poulain de 18 mois.

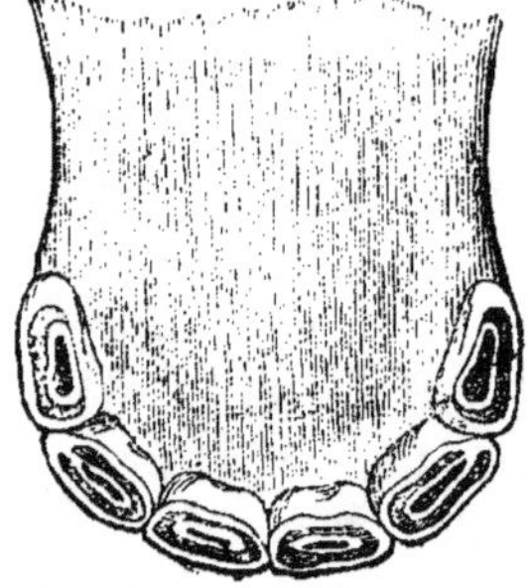

Fig. 5.— Poulain de 30 mois.

Dès l'âge de trente mois, le travail de remplacement des
pinces de lait s'opère. Ces dents tombent, et à trois ans elles
sont remplacées par les pinces d'adulte (fig. 6).

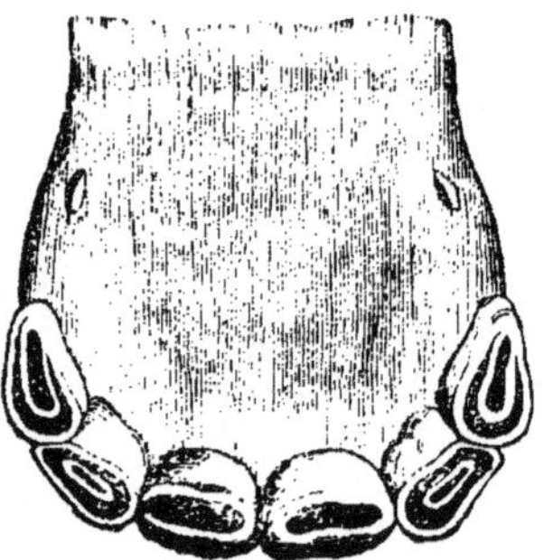

Fig. 6. — Poulain de 3 ans.

De trois ans et demi à quatre ans, les mitoyennes de lait
ont été remplacées (fig. 7).

Enfin, de quatre ans et demi à cinq ans, les coins d'adulte
ont poussé (fig. 8).

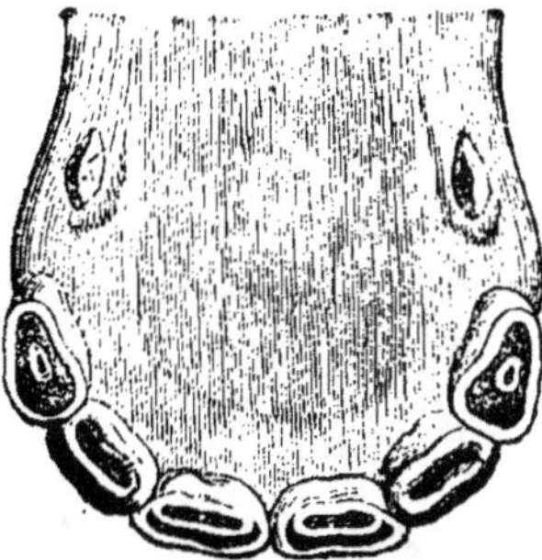

Fig. 7.— Cheval de 4 ans.

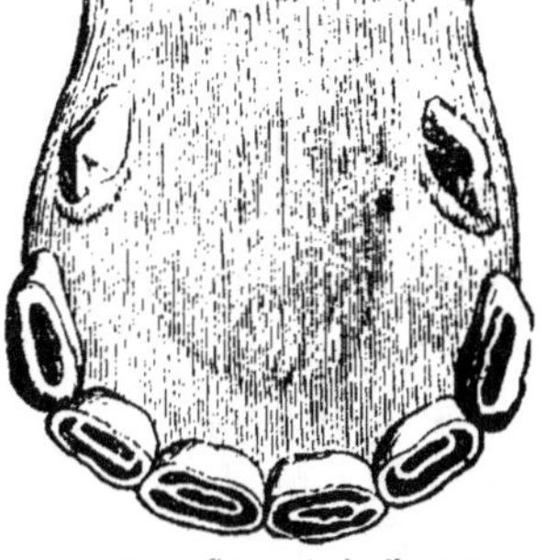

Fig. 8.— Cheval de 5 ans.

Les dents canines (les crochets) observées (fig. 7 et 8) en
arrière des coins, poussent de quatre à cinq ans; elles n'offrent aucun indice pour la connaissance de l'âge des sujets.

Telle est la marche de l'éruption des incisives. Dès l'âge de
cinq à six ans, les coins croissent, et lorsque le cheval a six
ans faits, ceux de la mâchoire inférieure touchent par leurs
bords à ceux de la supérieure.

Ainsi donc, lorsque les bords des coins sont en rapport et
qu'ils commencent à s'user par le frottement (fig. 9) le cheval
a six ans faits.

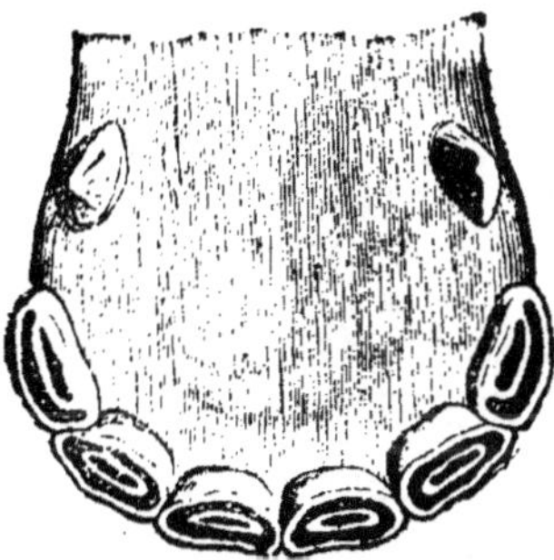
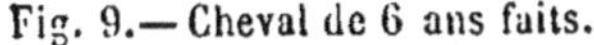

Fig. 9.— Cheval de 6 ans faits.

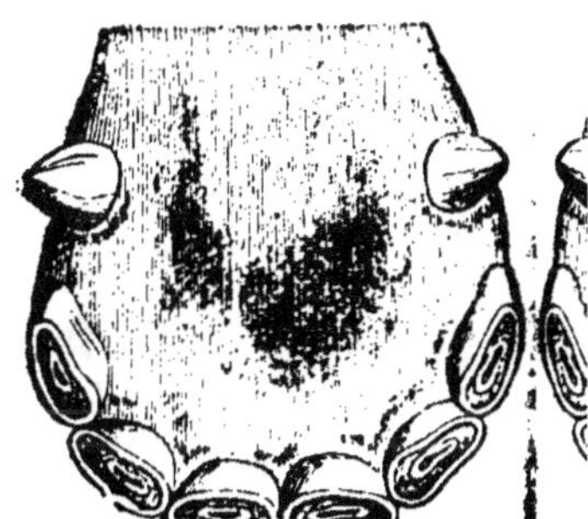

Fig. 10.— Cheval de 7 ans.

A sept ans, les coins sont usés de deux millimètres environ, et lorsque cette quantité d'usure est accusée par l'é-

chancrure dont nous avons déjà fait mention , il n'y a pas
d'erreur à craindre.

D'après la théorie que nous avons développée sur la forme
des incisives, nous avons vu que leur table change de forme
par l'usure. Dès l'âge de huit ans , la table des pinces commence à devenir ovale. On peut s'en convaincre (fig. 11).

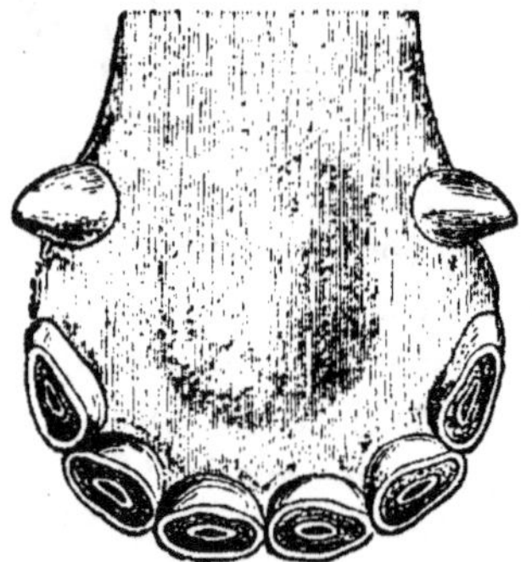

Fig. 11.—Cheval de 8 ans.

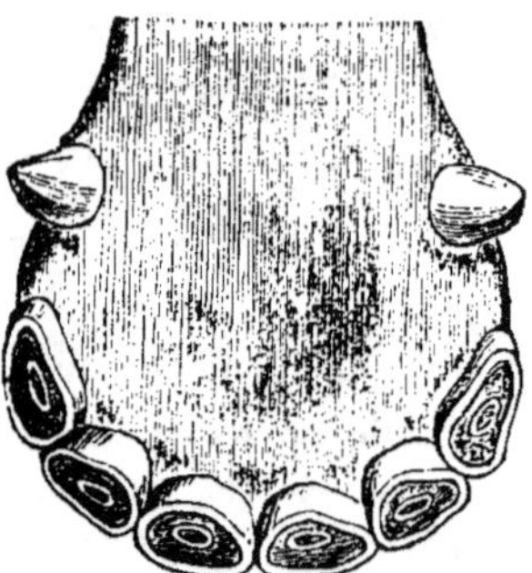

Fig. 12.— Cheval de 9 ans.

Les mitoyennes de neuf ans deviennent ovales, et, de plus,
on voit que le cornet dentaire qui se trouve au milieu de la
table des dents est plus petitqu'à l'âge de huit ans (fig. 12).

A dix ans, la table des pinces, les incisives et les coins,
continuent à s'arrondir, et le cornet dentaire externe, plus
petit qu'à l'âge de neuf ans, tend à se rapprocher du bord
postérieur de la dent (fig. 13).

Fig. 13.—Cheval de 10 ans.

A onze ans, le cornet dentaire externe touche au bord postérieur de la table de la dent et est sur le point de disparaître (fig. 14), et à douze ans, il n'existe plus (fig. 15); il est remplacé, au milieu de la table de la dent, par l'extrémité du cul-de-sac du cornet dentaire interne, dépourvu d'émail et dont la cavité s'efface à mesure que la dent s'use et est chassée de l'alvéole.

La disparition du cornet externe des incisives est en général un point de repère caractéristique; elle indique douze ans. On peut s'en convaincre par la comparaison de la fig. 14 et de la fig. 15.

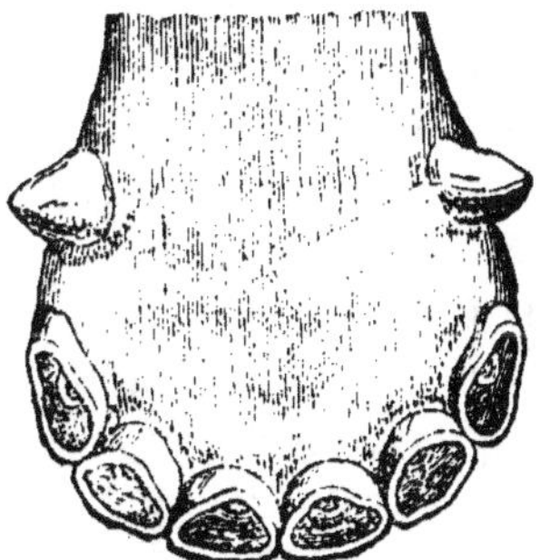 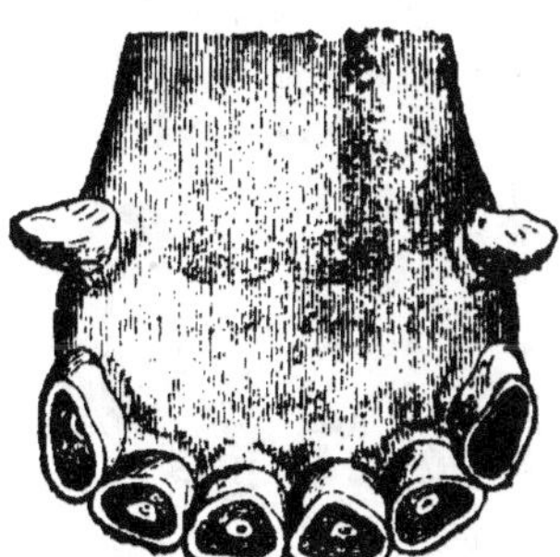

Fig. 14.—Cheval de 11 ans.　　　　Fig. 15.—Cheval de 12 ans.

Comme nous l'avons vu plus haut, non seulement le cornet dentaire a disparu à l'âge de douze ans, mais les incisives deviennent anguleuses à leur bord postérieur. L'angle qui se forme à cette partie devient plus tranché à mesure que le cheval vieillit. On peut le voir fig. 16, 17 et suivantes.

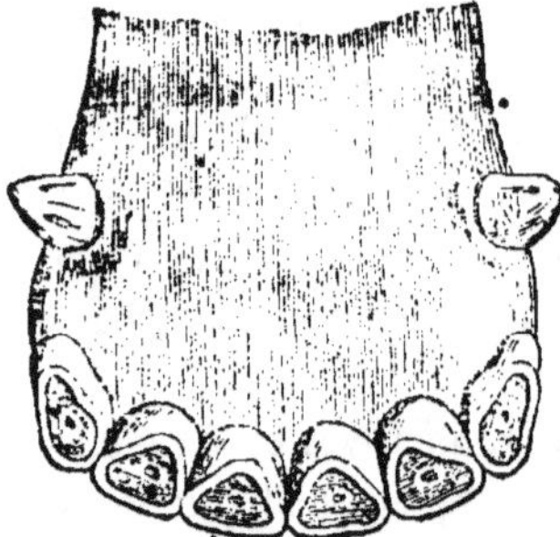

Fig. 16. — Cheval de 13 ans.

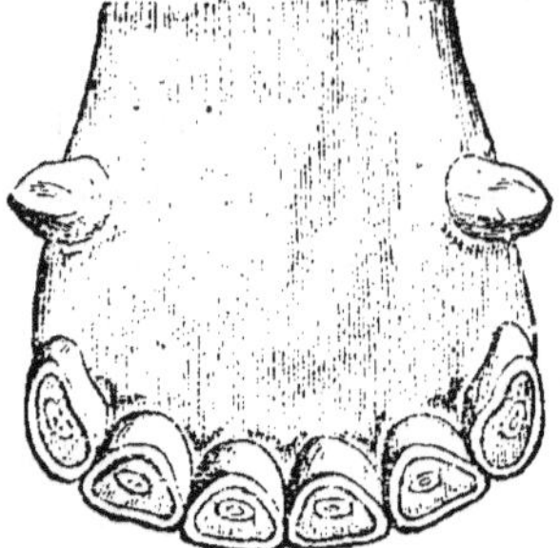

Fig. 17. — Cheval de 14 ans.

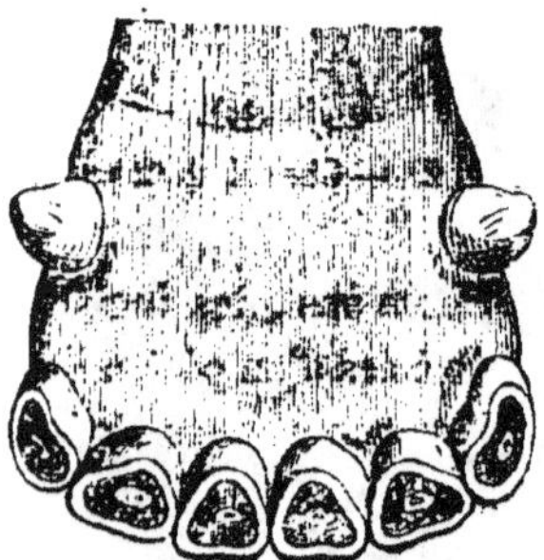

Fig. 18. — Cheval de 15 ans.

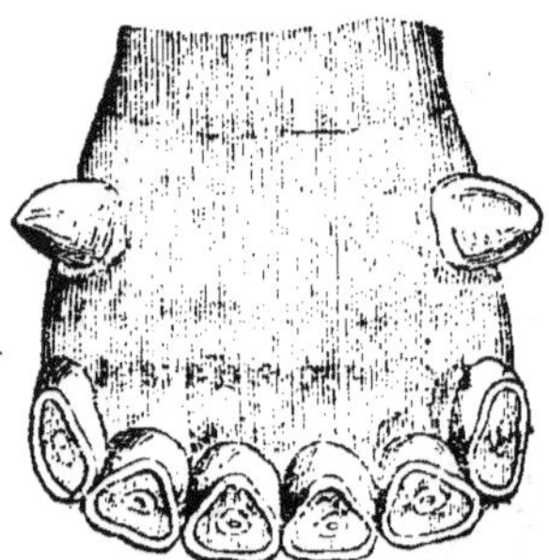

Fig. 19. — Cheval de 16 ans.

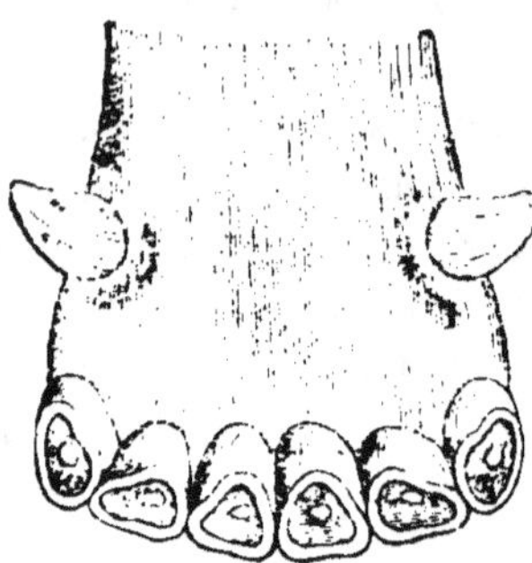

Fig 20. — Cheval de 17 ans.

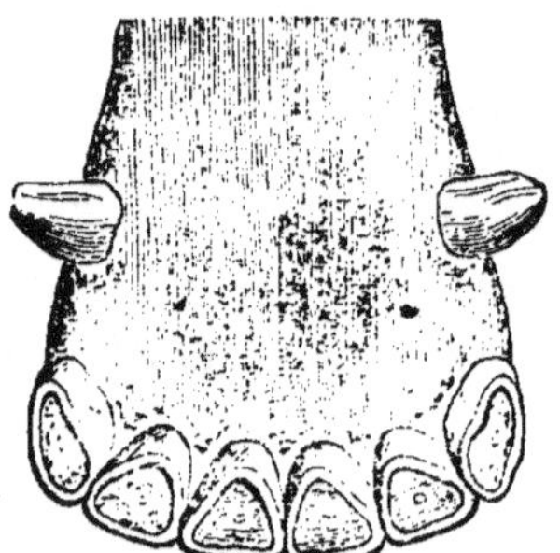

Fig. 21. — Cheval de 18 ans.

Les incisives, de dix-neuf à vingt ans, tendent à se rétré-

cir d'un côté à l'autre et commencent à perdre leur triangularité pour affecter, en arrière, une forme ovalaire (fig. 22
et 23).

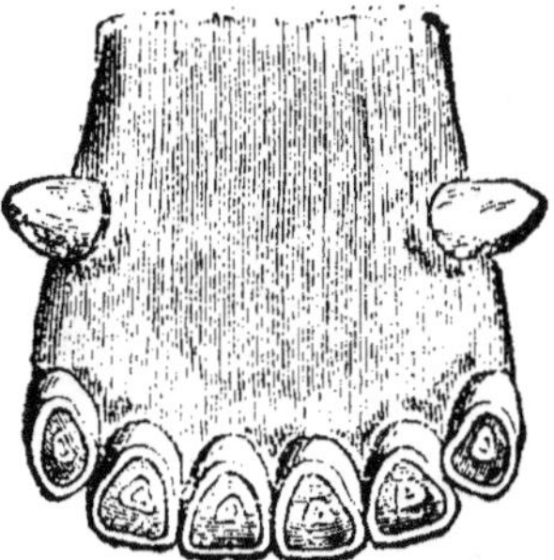

Fig. 22.— Cheval de 19 ans.

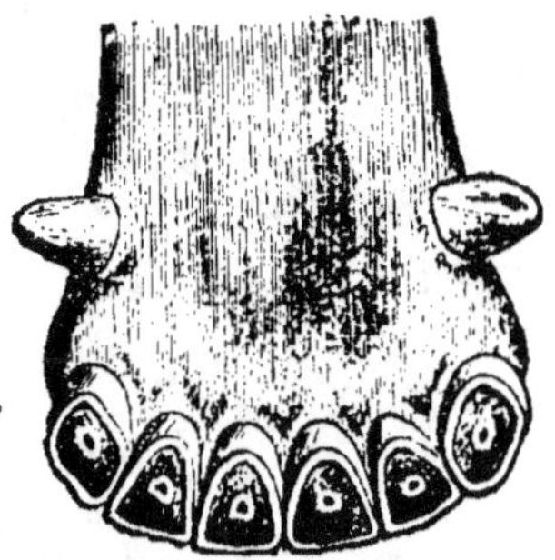

Fig. 23.— Cheval de 20 ans.

Enfin, de vingt à vingt-cinq et trente ans, les incisives
sont allongées d'avant en arrière et rétrécies d'un côté à l'autre par leur table. Les fig. 24 et 25 pourront nous donner
une idée assez juste de cette transformation.

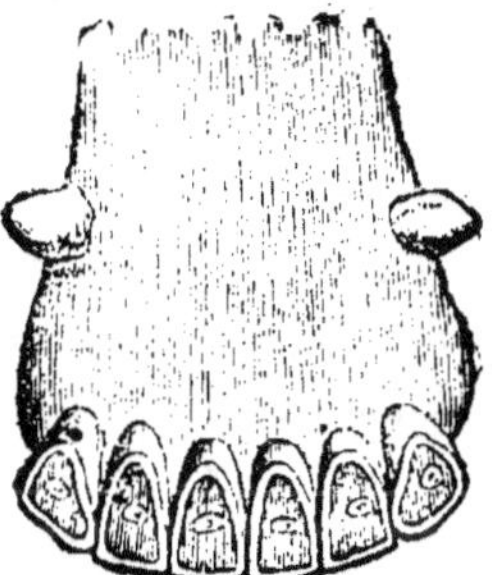

Fig. 24.— Cheval de 25 ans.

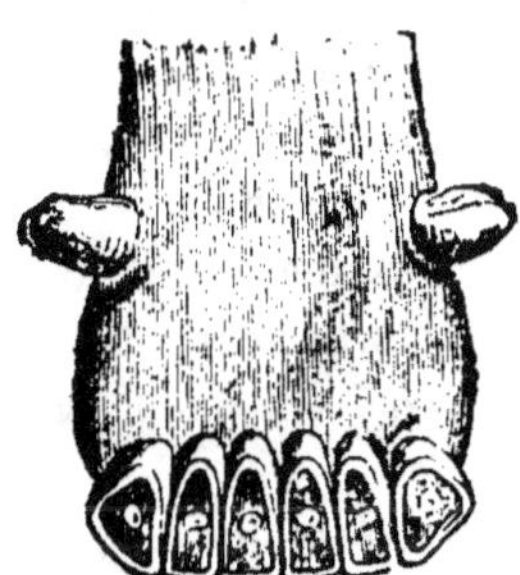

Fig. 25.— Cheval de 30 ans.

Enfin, pour faire saisir d'un coup d'œil les changements
subis par la table des incisives, nous plaçons ci-dessous trois
modèles de dentition (fig. 26, 27 et 28). On pourra voir que

ces trois modèles diffèrent autant par leur âge que par leur forme.

Fig. 26.—Cheval de 5 ans.

Fig. 27.—Cheval de 15 ans.

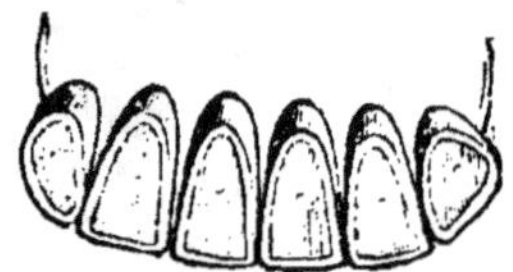

Fig. 28. — Cheval de 25 à 30 ans.

VIII.

USURE IRRÉGULIÈRE DES DENTS.

Tout ce que nous avons dit sur les moyens de reconnaître l'âge du cheval par l'étude de la conformation de ses incisives, est applicable dans tous les cas où leur frottement est régulier ; mais quand l'ordre naturel de leur usure est interverti, lorsque les dents sont trop courtes ou trop longues à l'une des mâchoires seulement, ou aux deux, il faut recourir à des moyens de compensation fournis par leur irrégularité même.

Suivant les observations de Pessina, sanctionnées par la pratique en général, les incisives ont une longueur à peu près déterminée dans leur état naturel. Ainsi, les pinces sont environ de seize à dix-huit millimètres en dehors des gencives ; les mitoyennes sont plus courtes de trois à quatre millimètres, et les coins de cinq à sept. C'est là à peu près le terme moyen de la longueur proportionnelle des incisives.

Nous avons vu que la quantité d'usure des dents était de
deux à trois millimètres par an, ce qui varie d'une faible
quantité suivant les races. Dans les chevaux de sang, dont
les tissus sont plus denses, plus durs, l'usure serait un peu
moins rapide que dans les races communes, suivant les observations de Pessina.

La longueur et la quantité d'usure ordinaires des dents
étant connues, il nous sera plus facile de nous éclairer sur les
anomalies qu'elles présentent.

Supposons des pinces qui ont quatre, six ou huit millimètres de longueur de plus qu'à l'état naturel : cela nous
prouvera que leur usure a été trop lente, comparativement à
leur quantité sortie des alvéoles. Leur table ne pourra donc
pas avoir la configuration de celle des dents d'un autre cheval
du même âge et de longueur voulue. Celles-ci marqueront
l'âge réel ; celles-là rajeuniront d'autant d'années qu'elles
auront plus de longueur de deux à trois millimètres qui n'auront pas été usés. Si on les sciait de manière à les mettre à
leur niveau naturel, on aurait les véritables signes exigés.
Eh bien! il faut les scier par la pensée, se représenter la configuration de leur table à leur longueur ordinaire, puis ajouter
à l'âge qu'elles marquent autant d'années que l'excédant de
leur longueur en accuse, à deux millimètres par an.

Citons un exemple : si la table dentaire d'un cheval marque sept ans, et que les incisives soient trop longues de six
ou huit millimètres, il faudra ajouter trois ou quatre ans de
plus. En effet, si on sciait ces dents pour leur donner leur
longueur ordinaire, elles accuseraient réellement dix ou
onze ans.

Pour les dents trop courtes, on opère suivant la même
théorie, mais en sens inverse : on retranche autant d'années
qu'il leur manque de longueur d'usure annuelle. Ainsi, le cheval qui marque huit ans n'en aura que cinq environ, s'il faut
à ses dents six ou huit millimètres de plus qu'elles n'ont pour
avoir leur longueur exigée.

Si, comme nous en avons des exemplaires sous les yeux, les incisives sont fortement usées d'un côté et peu de l'autre par frottement oblique, on établit à peu près une moyenne par le procédé suivant :

Lorsqu'une mâchoire, irrégulièrement usée d'un côté, marque à peu près seize ans, et dix ans de l'autre (nous prenons ces termes comme nous pourrions en prendre d'autres), on établit une moyenne, qui sera de treize ans ; on nivelle ainsi par la pensée les incisives, en ajoutant au côté trop usé la quantité excédante de l'autre. Si on sciait horizontalement ces dents quand elles sont rapprochées, on les nivellerait par le fait, et leur table marquerait nécessairement les treize ans que nous avons trouvés par la combinaison que nous venons d'indiquer. Elle nous a toujours donné les résultats que nous pouvions désirer.

Enfin il est des circonstances telles, qu'il est impossible de préciser l'âge des animaux par excès d'irrégularité de leurs dents. Les chevaux tiqueurs en offrent souvent des exemples. Dans ces cas, on ne peut avoir pour guide que le jugement donné par l'esprit d'observation, la pratique et l'habitude de voir et d'étudier beaucoup de chevaux de tout âge. L'inspection des maxillaires, celle des incisives en général, la configuration de l'angle formé par le rapprochement des dents, enfin la physionomie générale de la tête, fournissent aussi des indices utiles. Un homme habile et éclairé se fixera toujours sur l'état de vieillesse plus ou moins avancée des animaux. L'étude de l'ensemble des individus lui en donnera les moyens, sans même avoir besoin de recourir aux caractères qu'une dentition trop irrégulière rend impossibles.

Pour tromper les acheteurs sur l'âge des animaux, pour les rendre plus vieux ou plus jeunes, les marchands emploient des fraudes faciles à découvrir.

Lorsqu'on veut faire marquer quatre ans à un cheval qui n'en a que trois, on arrache les mitoyennes de lait ; mais la fraîcheur des pinces, qui doivent avoir rasé à quatre ans, ne permet pas de se laisser tromper ; d'un autre côté, la nature de la plaie causée par l'opération ou sa cicatrisation sans trace de la mitoyenne remplaçante, l'état des coins, sont encore des indices certains pour peu qu'on ait d'habitude : les ignorants seuls y seront pris.

Quant aux vieux chevaux qu'on veut rajeunir, on leur creuse la dent avec un burin, puis on noircit la cavité pratiquée au milieu de la table. Cette ruse est aussi facile à découvrir que la précédente.

En creusant la dent, on veut imiter la cavité du cornet dentaire externe ; mais il faut attendre qu'il ait disparu. On ne cherche jamais à la simuler tant qu'elle existe ; si on le fait, c'est une maladresse, parcequ'on est obligé de creuser une cavité factice à côté des traces de celle qui est naturelle, et qu'on aperçoit. Ce n'est donc qu'après l'âge de onze à douze ans que l'on contremarque les chevaux ; mais nous avons vu que le cornet dentaire externe était formé par l'émail, plus dur que l'ivoire : or comme l'émail résiste mieux que l'ivoire au frottement, il domine toujours vers le milieu de la table, et garnit d'un rebord bien marqué la cavité qu'on y observe. La blancheur de l'émail, d'ailleurs, tranche toujours au milieu de la couleur jaunâtre de la substance éburnée.

La table de la dent contremarquée n'a pas de point central qui domine la cavité qu'on y a faite, pas de rebord saillant ni blanc comme l'émail, qu'il est impossible de simuler. Ainsi, quelles que soient les précautions et l'adresse des fraudeurs, ils ne pourront jamais tromper ceux qui feront attention aux caractères que nous signalons. D'ailleurs la table de la dent du cheval qui aura dépassé douze ans, comparée à celle de l'âge que l'on veut simuler par la contremarque, ne permettra pas de s'y méprendre. On ne confondra jamais son aplatissement d'avant en arrière, ou sa forme ovale ou arrondie d'un côté à l'autre, avec la triangularité ou l'aplatissement d'un côté à l'autre des incisives des vieux chevaux.

Des dents très allongées sont, pour beaucoup de personnes

qui ne connaissent rien sur l'âge des chevaux, un témoignage de leur vieillesse. Des auteurs ont assuré que souvent des vendeurs les scient pour les raccourcir. Nous n'avons jamais eu occasion de voir ce mode de rajeunir les animaux, nous le croyons même impossible à pratiquer. Si cependant on l'observait, il serait trop facile à reconnaître : les incisives supérieures ne pourraient plus s'ajuster aux inférieures ; leurs tables ne se correspondraient plus, et seraient distantes les unes des autres en raison de la quantité du raccourcissement opéré ; le contact des mâchelières ne permettrait pas leur rapprochement.

Tout ce que nous avons dit sur les moyens de reconnaître l'âge du cheval n'est pas toujours facile à appliquer, pour tout le monde, aux diverses périodes de sa vie. Nous avons eu des caractères tranchés, faciles à saisir jusqu'à l'âge de sept ans révolus. La forme de la dent, et la marche de l'usure du cornet dentaire externe, nous ont fourni des moyens d'appréciation assez satisfaisants jusqu'à douze ans ; mais il n'en a plus été de même à partir de cette dernière époque. La forme de la table des dents qui a servi de base à la théorie que nous avons adoptée, n'est pas toujours un signe rigoureusement infaillible, malgré les assertions de Pessina : on peut se tromper d'un, deux, trois ans et plus, à mesure qu'on se rapproche de vingt-cinq, trente ans, etc. Vers ces dernières époques, le praticien le plus habile est souvent embarrassé pour se prononcer. Il faut donc beaucoup étudier, pratiquer encore plus et observer long-temps, pour bien posséder cette question importante de la connaissance du cheval. On peut errer de quelques années quand on n'a pas eu occasion de bien se pénétrer des signes distinctifs fournis par les dents des vieux chevaux ; mais aux diverses époques de sa vie on a des points de repère qui peuvent servir à diriger nos études et nous fixer d'une manière assez satisfaisante.

Ainsi l'éruption des dents et leur croissance nous ont donné des signes certains jusqu'à sept ans révolus. L'arrondissement des incisives plus ou moins marqué, l'usure, le rapprochement de l'émail central du bord postérieur de la table dentaire et sa disparition, nous ont conduit jusqu'à douze ans. A partir de cette époque à peu près, la triangularité plus ou moins marquée des dents nous indique l'âge de treize à dix-huit ou dix-neuf ans ; enfin le triangle plus ou moins étendu de sa base à son sommet, et l'aplatissement des incisives d'un côté à l'autre, se font remarquer de vingt à trente ans et plus. A l'aide de ces divers jalons, il sera du moins facile de distinguer le cheval de onze ans de celui de huit, celui de douze de celui de dix-huit, et l'âge de vingt ans de celui de trente.

IX.

CONCLUSION.

L'étude du système dentaire qui a servi aux naturalistes pour la classification des mammifères nous a fourni les signes propres à reconnaître l'âge du cheval. En y réfléchissant bien, elle pourrait nous faciliter les moyens de juger de l'époque de la vie où ces animaux sont dans toute la plénitude de leur force. En effet, un animal ne peut être dans les meilleures conditions de puissance possible que lorsque les fonctions de sa vie animale sont dans la période de leur plus grande perfection. Or cette période n'existe que lorsque les fonctions de nutrition s'opèrent dans toute leur étendue, par les bonnes conditions, le développement complet, des organes par lesquels elles s'exécutent. Les dents jouent un des rôles principaux de ces importantes fonctions. Nous pouvons donc en conclure, à coup sûr, que l'animal ne jouit au plus haut degré de toutes ses facultés physiques, que lorsque le développement de son système dentaire est complet. C'est en effet pendant ce temps qu'il peut rendre le plus de services. Sans s'en rendre compte, celui qui achète un cheval, et qui en règle le prix suivant l'âge, n'opère pas suivant d autre principe que celui que nous signalons et que la physiologie nous enseigne. Avant le développement complet du système dentaire, un animal n'est pas dans toute sa force, l'organisme est en travail de perfectionnement ; et ce n'est pas le système dentaire seulement, c'est encore les systèmes osseux, ligamenteux, musculaire, pulmonaire, etc., qui se perfectionnent. Il faut donc attendre le développement complet des facultés physiques des animaux avant d'en abuser comme on le fait.

Ce n'est qu'à six ans que le système dentaire est dans son entier développement dans le cheval : toutes les dents alors fonctionnent bien, et ce n'est qu'a cet âge, suivant nous, que cet animal commence à être dans toute sa force. En nous en rapportant toujours aux signes fournis par les dents, cette période de bonnes conditions de mastication nous paraîtrait durer jusqu'à l'époque où le cornet dentaire externe des incisives a disparu, c'est-à-dire de dix à douze ans. Pour les animaux à l'état de nature, le cornet dentaire externe joue un rôle important ; la crénelure qu'il forme aux incisives est utile pour faciliter à l'animal l'action de brouter l'herbe fine et dure surtout. Les incisives, en effet, crénelées par les dispositions de l'émail central, imitent les pinces des treillageurs ou des cordonniers, et pincent mieux l'herbe pour l'inciser ou l'arracher ; elle glisse, au contraire, quand la table des pinces n'offre plus d'inégalités, qu'elle s'est polie par le frottement, l'usure. Le même inconvénient n'existe pas pour les animaux nourris à l'écurie ; ils n'ont pas besoin d'arracher l'herbe, et les mâchelières ont heureusement un autre arrangement des matières qui les composent ; les dispositions de leur émail central, comme celles de leurs formes, sont les mêmes vers leurs racines que vers leurs tables, ce qui leur permet de moudre les aliments de la même manière à toutes les époques de la vie, sauf à une extrême vieillesse.

Ces considérations, qui paraîtront peut-être de peu d'importance à beaucoup de monde, méritent cependant d'attirer l'attention pour l'amélioration des races. Un cheval soumis tout jeune à un travail forcé et continu, ne saurait résister aux fatigues qu'on lui fait supporter. Il se ruine rapidement, parce que son organisation n'a pas acquis son développement normal. Les Arabes, si bons observateurs en ce qui concerne le cheval, ont remarqué que l'âge pendant lequel cet animal supporte le mieux les fatigues, est celui de six ans faits, à quatorze. Ils disent : *Sept ans pour mon frère, sept ans pour moi, et sept ans pour mon ennemi.* L'étude physiologique du cheval, pour les races de sang surtout, confirme cette opinion. A six ans faits, l'organisme du cheval est dans toute sa force et sa vigueur, et il peut la conserver jusqu'à quatorze, quinze et même plus. On a vu des chevaux de vingt ans rendre encore de très bons services, lorsqu'ils n'ont pas été forcés, tarés, ruinés dans leur jeune âge par la cupidité ou l'ignorance. Quand on exténue un jeune cheval de sang surtout, *on tue la poule aux œufs d'or.*

APPENDICE.

LOI CONCERNANT LES VICES RÉDHIBITOIRES

DANS LES VENTES ET ÉCHANGES D'ANIMAUX DOMESTIQUES.

Avant la publication du Code civil, il n'existait pas de législation régulière au sujet des ventes et échanges des animaux domestiques. Chaque lieu avait ses coutumes, ses usages. Il en résultait que tel vice rédhibitoire dans une province, un département, ne l'était pas dans un autre, ce qui rendait les transactions commerciales difficiles. Un cheval rendu au vendeur par suite d'un procès en Normandie était conduit dans un marché de Paris, où les mêmes conditions rédhibitoires n'existaient plus, *et vice versa*.

Le Code civil modifia cet état de choses. Les articles 1641 et suivants, relatifs à la garantie des défauts de la chose vendue, protégeaient l'acheteur contre le vendeur de mauvaise foi ; mais l'article 1648 détruisait en partie l'esprit des autres. Il est ainsi conçu : « L'action résultant des vices rédhibitoires doit être intentée par l'acquéreur dans un bref délai, *suivant la nature des vices rédhibitoires et l'usage du lieu où la vente a été faite.* »

Les usages de lieux étaient donc encore en vigueur ; beaucoup de juges de paix, et même de tribunaux de province, jugeaient souvent contradictoirement.

La révision de l'article 1648 du Code civil ou une nouvelle loi étaient donc indispensables.

Pour répondre le mieux possible aux besoins de l'agriculture et du commerce, le gouvernement consulta les conseils généraux et d'arrondissement, les préfets, les écoles vétérinaires, etc. Il voulait surtout borner l'esprit de l'article 1641 du Code civil, qui donnait trop d'étendue à la garantie, et était peu favorable à l'agriculture, aux éleveurs. Il s'agissait donc de déterminer non seulement la nature des vices rédhibitoires, mais encore de fixer leur nombre, pour que la législation sur la matière fût rigoureusement uniforme partout.

Si la loi de 1838 n'est pas complète, comme l'auraient désiré beaucoup d'esprits judicieux, elle a du moins répondu, pour le moment, à un besoin pressant : elle a fixé le point de juridiction le plus important du commerce des animaux domestiques. Si la pratique demande plus tard des modifications, on aura joui, en attendant, de la loi qui nous régit aujourd'hui.

Voici le texte de cette loi, promulguée le 26 mai 1838 :

Art. 1er. — Sont réputés vices rédhibitoires et donneront seuls ouverture à l'action résultant de l'art. 1641 du Code civil, dans les ventes ou échanges des animaux domestiques ci-dessous dénommés, sans distinction des localités où les ventes et échanges auront eu lieu, les maladies ou défauts ci-après, savoir :

Pour le cheval, l'âne ou le mulet :

La fluxion périodique des yeux,
L'épilepsie ou le mal caduc,
La morve,
Le farcin,
Les maladies anciennes de poitrine ou vieilles courbatures,
L'immobilité,
La pousse,
Le cornage chronique,
Le tic sans usure des dents,
Les hernies inguinales intermittentes,
La boiterie intermittente pour cause de vieux mal;

Pour l'espèce bovine :

La phthisie pulmonaire ou pommelière,
L'épilepsie ou mal caduc,
Les suites de la non-délivrance, après le part chez le vendeur ;
Le renversement du vagin ou de l'utérus, après le part chez le vendeur ;

Pour l'espèce ovine :

La clavelée : cette maladie, reconnue chez un seul animal, entraînera la rédhibition de tout le troupeau ;

La rédhibition n'aura lieu que si le troupeau porte la marque du vendeur ;

Le sang de rate : cette maladie n'entraînera la rédhibition du troupeau qu'autant que, dans le délai de la garantie, sa perte constatée s'élèvera au quinzième au moins des animaux achetés.

Dans ce dernier cas, la rédhibition n'aura lieu également que si le troupeau porte la marque du vendeur.

Art. 2. — L'action en réduction du prix, autorisée par l'art. 1644 du Code civil, ne pourra être exercée dans les ventes et échanges d'animaux énoncés dans l'art. 1er ci-dessus.

Art. 3. — Le délai pour intenter l'action rédhibitoire sera, non compris le jour fixé pour la livraison :

De trente jours pour le cas de fluxion périodique des yeux et l'épilepsie ou mal caduc ;

De neuf jours pour tous les autres cas.

Art. 4. — Si la livraison de l'animal a été effectuée, ou s'il a été conduit, dans les délais ci-dessus, hors du lieu du domicile du vendeur, les délais seront augmentés d'un jour par cinq myriamètres de distance du domicile du vendeur au lieu où l'animal se trouve.

Art. 5. — Dans tous les cas, l'acheteur, à peine d'être non recevable, sera tenu de provoquer, dans les délais de l'art. 3, la nomination d'experts chargés de dresser procès-verbal ; la requête sera présentée au juge de paix du lieu où se trouvera l'animal.

Ce juge nommera immédiatement, suivant l'exigence des cas, un ou trois experts, qui devront opérer dans le plus bref délai.

Art. 6 — La demande sera dispensée du préliminaire de conciliation, et l'affaire instruite et jugée comme matière sommaire.

Art. 7. — Si, pendant la durée des délais fixés par l'art. 3, l'animal vient à périr, le vendeur ne sera pas tenu de la garantie, à moins que l'acheteur ne prouve que la perte de l'animal provient de l'une des maladies spécifiées dans l'art. 1er.

Art. 8. — Le vendeur sera dispensé de la garantie résultant de la morve et du farcin pour le cheval, l'âne et le mulet, et de la clavelée pour l'espèce ovine, s'il prouve que l'animal, depuis la livräison, a été mis en contact avec des animaux atteints de ces maladies.

Comme nous n'avons étudié que le cheval, nous ne traiterons que de ses vices rédhibitoires. Nous négligerons donc ceux des autres animaux (1).

DE LA FLUXION PÉRIODIQUE DES YEUX.

La fluxion périodique des yeux est une affection particulière au genre cheval ; elle n'est pas connue dans les autres espèces d'animaux.

Les causes de cette affection ne sont pas toujours faciles à saisir. Cependant les observateurs regardent l'hérédité comme une des plus patentes. L'expérience a prouvé qu'un père, une mère, fluxionnaires, transmettent ces vices à leurs produits. Cela est si vrai qu'il nous a été assuré que, dans une contrée de la Bretagne, le nombre des fluxionnaires a augmenté depuis la loi qui régit aujourd'hui le commerce des animaux domestiques : les propriétaires, dit-on, ne peuvent plus vendre leurs juments fluxionnaires avec les mêmes avantages, parcequ'elles donneraient lieu à des procès, et ils les font produire. Ces juments ne devraient être destinées qu'à faire des mulets, peu sujets à la maladie. Un règlement sévère devrait défendre que des juments fluxionnaires fussent fécon-

---

(1) Notre but n'est pas de donner de longs détails sur la loi de 1838. Nous désirons seulement faire savoir à quels signes un acheteur peut reconnaître les vices qui lui donnent le droit de se soustraire à une fraude dont il aurait été victime. Ceux qui désireront avoir des développements plus circonstanciés pourront consulter le *Manuel du droit rural*, publié par M Jacques Valserres. Nous avons fait, dans le temps, une analyse de ce remarquable ouvrage dans les *Annales des haras et de l'agriculture*, que nous avions fondées en 1845. On trouvera dans cet ouvrage tout ce qui est relatif à la législation rurale.

dées par des étalons de l'État. Le nombre des saillies des dépôts d'étalons serait diminué, ce qui serait un bien qui n'est peut-être pas compris par tout le monde.

Dans une infinité de cas, les causes de la fluxion pério dique sont inhérentes au sol, surtout lorsqu'il est humide et marécageux. Les bords du Rhin, les marais du Poitou, de la Vendée, la Lorraine, la Franche-Comté, le Limousin, les Pyrénées, le Rouergue, l'Auvergne, ont beaucoup de fluxionnaires.

L'époque de l'éruption des dents, qui appelle le sang vers la tête, paraît être celle où la fluxion se déclare de préférence.

Il est des pays qui sont préservés de cette maladie. La Normandie compte peu ou point de fluxionnaires. Le territoire d'Arles paraît jouir des mêmes priviléges. En Algérie la fluxion périodique paraît inconnue : nous n'en avons jamais entendu parler, pendant près de quatre ans que nous avons fait partie du corps des spahis. L'Espagne offre les mêmes particularités, suivant les témoignages des voyageurs.

Les animaux qui sont le plus sujets à cette affection, incurable jusqu'à ce jour, sont ceux qui ont les yeux petits, les paupières épaisses et peu mobiles ; leur tête est grosse et empâtée. Mais cette règle n'est pas générale : on voit souvent des fluxionnaires avec beaucoup de distinction dans la tête comme dans les autres parties du corps.

Cependant on peut dire qu'un œil grand, bien ouvert, protégé par des paupières minces, bien arquées, une tête sans empâtement, sont des indices de solidité de la vue, surtout dans un pays sec. Les dispositions contraires, dans un pays humide, la rendent douteuse.

Du reste, avec un peu d'esprit d'observation et d'habitude, il est assez facile de reconnaître les yeux qui sont sujets à la fluxion périodique.

Les premiers symptômes de cette affection sont à peu près comme ceux des autres ophthalmies : les larmes coulent,

15.

les paupières se tuméfient, et la température de l'œil semble augmentée. La tristesse, l'inappétence, l'abattement de l'animal malade, suivent ces premiers signes. La vitre de l'œil perd sa transparence et devient opaline. Des flocons albumineux, de teinte jaunâtre, se forment en même temps derrière cette membrane; on les aperçoit quand les phénomènes de l'inflammation ont diminué et que la cornée lucide a commencé à reprendre sa transparence ordinaire. Ils se précipitent au bas de la première chambre de l'œil, où il est facile de les distinguer à leur aspect de feuille morte.

C'est la présence de ces flocons qui caractérise surtout la fluxion périodique; on y fera une attention toute particulière.

Quand les symptômes que nous venons de signaler ont disparu, l'œil a repris son état habituel. Ce n'est qu'après plusieurs accès que l'œil malade devient plus petit que celui qui est sain.

Les deux yeux sont quelquefois fluxionnaires en même temps, mais le plus souvent on n'en observe qu'un seul.

Les caractères de la fluxion périodique sont loin d'être tranchés au début de son invasion. Aussi nous conseillerons à tout acheteur qui observera les symptômes d'une ophthalmie de prendre ses mesures, et de consulter un praticien éclairé, pour avoir son recours, s'il y a lieu.

DE L'ÉPILEPSIE.

Le délai de garantie de l'épilepsie est de trente jours, comme celui de la fluxion périodique. Cette affection est très rare; elle est commune à presque tous les animaux, qui offrent, à peu près tous, les mêmes signes pour la faire distinguer.

L'animal épileptique, bien portant en apparence, tombe tout à coup. Son système musculaire entre en contraction; il grince des dents; son encolure et ses membres se raidis-

sent, ceux-ci s'agitent quelquefois d'une manière convulsive.
La pupille est dilatée et fixe, l'œil roule dans l'orbite, la
bouche est écumeuse, les naseaux son dilatés, la respiration
est laborieuse, et les sens semblent avoir perdu leurs facultés : l'animal le témoigne du moins par son insensibilité.
Enfin, après quelques instants de cet état indéfinissable, l'a-
nimal se relève, souvent baigné de sueur ; il se secoue, et se
remet à manger. Il ne reste plus de trace de cette terrible
maladie, sauf les contusions causées par la chute ou les con-
vulsions.

Les symptômes de l'épilepsie durent peu de temps : on
s'empressera donc d'en faire constater l'existence par témoins
pendant l'accès pour agir en conséquence.

En tout cas, on fera bien de s'informer si l'animal n'avait
pas eu des accès de cette affection aux lieux où il était avant
sa vente.

L'épilepsie, incurable jusqu'à ce jour, a son siége dans le
système nerveux ; ses causes sont inconnues dans les animaux ; on prétend que l'hérédité et un excès de frayeur sont
les plus patentes dans l'homme.

DE LA MORVE.

Il est peu de maladies qui aient donné lieu à plus de contestations inutiles que la morve du cheval. Tout le monde
en a parlé, depuis Buffon jusqu'au dernier charlatan des
rues ; cependant nous ne sommes pas plus avancés sur les
connaissances de sa nature. Cela tient à ce qu'elle a été mal
étudiée ; on n'a pas su faire la distinction des symptômes qui
la rendent commune à diverses affections des voies de la
respiration. On n'a pas défini ce qu'on entendait par morve ;
on l'ignore toujours, et nous ne connaissons encore personne qui le sache. Le mot *morve* est donc vide de sens
dans le dictionnaire de médecine. Nous avons d'autant plu
droit de nous étonner de cette lacune malheureuse que la

médecine des animaux est arrivée aujourd'hui, comme science, à un rang élevé dans l'ordre des connaissances humaines.

Dans tout cas, la morve, comme on l'entend, se distingue aux caractères suivants : écoulement par les naseaux, d'un seul ou des deux côtés, de matières purulentes, variant en couleur, en quantité et en consistance; ulcérations ou érosions de la membrane muqueuse pituitaire; engorgement des glandes de l'auge. Ces trois symptômes constituent la morve, quel que soit le degré de leur intensité. Le cheval est dit douteux quand ils n'existent pas tous ensemble.

Lorsque l'acheteur apercevra un ou plusieurs signes de cette nature, il devra se mettre en mesure pour exercer ses droits, s'il y a lieu.

Les causes de la morve varient autant que les maladies distinctes auxquelles on a donné ce nom, aussi insignifiant que mal défini. Tantôt elle est due à la contagion, ce qui est prévu par l'article 8 de la loi ; d'autres fois à une prédisposition de l'animal, qui est d'une vicieuse constitution. Les mauvais fourrages, les travaux excessifs, mal dirigés, le défaut de soins des animaux, les habitations malsaines, les affections chroniques de poitrine, etc., etc., peuvent provoquer les symptômes de la morve.

On peut simuler cette affection la mieux caractérisée, par des injections irritantes dans les naseaux. Dans quelques heures, nous ferons un morveux au troisième degré le plus intense, quand on voudra; nous avons plus d'une fois répété cette expérience : il serait ainsi facile à un malhonnête homme de créer un vice rédhibitoire que nul ne pourrait nier.

L'affection qu'on a appelée la *morve* comporte plusieurs maladies, différentes de nature comme de gravité; il en résulte qu'il y a des morveux qui périssent en quatre ou cinq jours après l'invasion de la maladie; d'autres restent incurables malgré la médecine, ou se portent à merveille malgré leurs symptômes de morve. Il en est qui guérissent seuls, sans médecin, sans remèdes ; voilà pourquoi il y a tant de guérisseurs, etc., etc.

On peut donc voir pourquoi il y a des morves contagieuses, d'autres qui ne le sont pas ; pourquoi les unes guérissent quand les autres restent incurables. Il y a donc des morves de toutes les espèces et pour toutes les opinions, pour les contagionnistes et les non-contagionnistes, pour les optimistes, les pessimistes, etc., etc.

Quant à notre avis, le voici :

L'affection qu'on a appelée *la morve* a été mal étudiée, mal définie. Elle comprend plusieurs maladies distinctes, qu'on a confondues ensemble pour n'avoir pas assez bien observé la nature particulière des symptômes qui doivent les faire distinguer. Parmi ces maladies diverses, il y en a qui se communiquent, et ce sont les plus dangereuses ; d'autres ne se communiquent pas, et restent incurables. Il y a enfin des morves qui guérissent parfaitement sans aucune espèce de traitement. Les discussions sans fin qui ont eu lieu sur la contagion et la non-contagion, sur la guérison et la non-guérison, sur les causes et les effets de la morve du cheval, n'ont d'autre origine que le défaut de connaissance suffisante des maladies distinctes qu'on a confondues ensemble sous le même nom.

Nous concluons qu'avant de discuter on doit d'abord étudier la question ; on doit définir le sujet des contestations, et s'expliquer ensuite : sans cette marche, il n'y aura jamais de solution possible.

DU FARCIN.

Le farcin se distingue par des boutons de la grosseur d'une noisette ou d'une petite noix. Ces boutons se développent sous la peau et s'abcèdent souvent. Quelquefois ils sont isolés sur différentes parties du corps, tandis qu'ils sont groupés souvent sur une ou plusieurs régions, ou disposés en chapelet les uns à la suite des autres. Dans ce cas, on les observe généralement sur le trajet des gros vaisseaux, à l'encolure, aux membres, etc.

Cette affection reconnaît les mêmes causes que la morve. Elle se caractérise souvent par des engorgements, surtout aux membres. Elle est classée dans les maladies contagieuses plutôt par mesure de prudence que pour cause incontestable de contagion, qui, comme dans la morve, paraît être encore en litige dans le monde médical.

Le farcin est toujours grave, quelle que soit la forme sous laquelle il se présente. Ses symptômes se font remarquer quelquefois, avant d'être apparents au dehors, par des engorgements, des ganglions lymphatiques profonds et inaperçus ; ils peuvent même exister au moment de la vente. On voit des chevaux boiter tout à coup, sans cause connue, par suite de l'engorgement des ganglions des aines ou des ars : quelques jours après, un farcin bien confirmé explique la cause de la boiterie.

MALADIES ANCIENNES DE POITRINE, OU VIEILLE COURBATURE.

De tous les vices qui entraînent la rédhibition, la vieille courbature est un des plus difficiles à bien préciser. Cette affection, en effet, est multiple, et n'est point assez bien définie suivant nous. Du reste, pour la reconnaître, il faut toujours avoir recours à un vétérinaire instruit : il est impossible d'en juger lorsque des études suivies d'anatomie pathologique n'éclairent pas les experts.

On entend en général par *vieille courbature* les maladies chroniques des organes de la respiration et de leurs accessoires. Telles sont toutes les anciennes affections des voies de la respiration, des poumons et des plèvres. Ces maladies sont assez faciles à reconnaître à l'état aigu ; mais leurs

symptômes sont souvent très obscurs quand elles sont passées à l'état chronique.

On observe quelquefois des chevaux qu'on dit *refaits*, en
terme de vendeurs. Ils ont l'apparence d'une bonne santé.
Ces animaux ont été préparés à la vente par un embonpoint
séduisant quand ils ont eu quelque grave maladie de poitrine : on y réussit par un traitement, un régime et des soins
appropriés. On les expose ensuite sur les marchés au moment le plus favorable à la fraude.

La saison du printemps est celle qui est la plus convenable pour masquer les symptômes des vieilles courbatures.
Les fraudeurs vendent, quelque temps après l'usage du
vert, les chevaux malades qui ont été engraissés par ce régime. Ces animaux ont l'apparence d'une bonne santé ; ils
ont le poil luisant, et ce n'est qu'au travail qu'on s'aperçoit
qu'ils ont une mauvaise poitrine : ils toussent, leur embonpoint diminue rapidement, le poil devient sec et terne, et
les flancs indiquent souvent une altération profonde. Si on
est dans le délai de la garantie, on se mettra immédiatement
en mesure.

Nous croyons qu'il serait bon de soumettre un cheval à une
épreuve propre à juger de l'état de sa poitrine immédiatement après l'avoir acheté. Comme le délai de garantie n'est
que de neuf jours, il n'y a pas de temps à perdre pour s'assurer de l'intégrité de son appareil respiratoire.

DE L'IMMOBILITÉ.

Le cheval paraît être le seul de tous les animaux domestiques qui soit atteint du vice de l'immobilité. Son siége doit
être dans le système nerveux, quoique l'anatomie pathologique n'en ait pas fait découvrir les lésions.

Le cheval immobile éprouve beaucoup de difficulté à reculer. Si on l'oblige à le faire, ses membres antérieurs, raidis.

ne se portent pas alternativement en arrière, comme à l'état normal; ses pieds ne quittent pas le sol et se traînent en arrière. Souvent l'animal se défend; il se renverse même s'il est obligé d'obéir par force.

Du reste, la physionomie des animaux atteints de cette singulière affection présente un caractère tout particulier. Elle affecte un air de stupéfaction mêlé d'indifférence difficile à rendre. L'œil est fixe et sans expression; les oreilles sont immobiles, portées souvent l'une en avant, l'autre en arrière, sans discernement et sans cause visible. L'animal annonce d'ailleurs la tristesse, une souffrance sourde et profonde. S'il mange, le mouvement de ses mâchoires est lent et se suspend par intervalles, avant que la trituration des aliments soit complète : on dirait qu'il veut écouter, mais sans s'occuper de ce qui l'environne. Il paraît être en général sous l'influence d'une somnolence continuelle. Si on lui croise les jambes de devant, il les laisse telles qu'on les lui a placées. La peau de la couronne semble avoir perdu sa sensibilité ; on peut s'en assurer en comprimant cette partie avec le pied. Les marchands de chevaux des bords du Rhin, où l'immobilité est commune, ne négligent pas cette épreuve.

Il est souvent dangereux de se servir des chevaux immobiles ; ils s'arrêtent quelquefois en travaillant, et, si on veut les obliger à marcher, ils se défendent sans avoir la conscience de ce qu'ils font. Leur maladie est une sorte d'idiotisme. Du reste, le cheval immobile n'a pas d'allure réglée ni assurée ; il butte et tombe. Enfin il dépérit et meurt.

Les symptômes de l'immobilité ne sont pas toujours aussi tranchés que ceux que nous venons de décrire ; ils sont au contraire assez obscurs quand ils commencent à se manifester. Il faut alors une grande habitude pour les distinguer, et on examine pour cela les animaux au repos pendant et après l'exercice.

Les chevaux immobiles sont assez communs en Allemagne, où ils sont appelés *Kolres*, et dans le nord; nous en avons observé beaucoup sur les bords du Rhin. Ils nous ont paru très rares dans le midi.

DE LA POUSSE.

La pousse se caractérise par l'irrégularité des mouvements des flancs pendant la respiration.

Lorsqu'un cheval est bien portant et tranquille, l'entrée et la sortie de l'air dans les poumons sont uniformes et sans saccades. On le voit aux flancs, qui se soulèvent et s'affaissent par deux mouvements réguliers qui suivent l'inspiration et l'expiration. Lorsque la pousse existe, au contraire, l'expiration est entrecoupée et s'opère en deux temps ; le temps d'arrêt brusque qui la caractérise, se nomme *soubresaut de la pousse.*

Quand cette affection est très prononcée, elle est facile à reconnaître. Elle est ordinairement accompagnée d'une toux sèche et rauque ; les naseaux sont très dilatés, et l'on remarque entre eux des rides bien tracées à la peau. Tout le corps se ressent de la secousse brusque de l'expiration quand l'animal est en repos. Mais, à son début, la pousse est souvent difficile à constater ; il faut, pour apercevoir ses symptômes légers, une grande habitude, que les hommes expérimentés peuvent seuls bien posséder.

Le régime du vert fait ordinairement disparaître les premiers caractères de pousse ; ils reparaissent avec l'usage des aliments secs. On devra faire attention à ce moyen, employé par la fraude.

DU CORNAGE CHRONIQUE.

Le cornage chronique est la conséquence d'une difficulté du libre passage de l'air dans les voies respiratoires, notamment pendant l'exercice. Le cheval, dans ce cas, fait entendre un bruit plus ou moins distinct, permanent ou intermittent, suivant l'intensité ou la nature de la cause qui le détermine.

Lorsqu'un cheval corne ou siffle, on doit s'assurer s'il n'existe pas quelque maladie aiguë, quelque engorgement passager qui obstrue les cavités nasales, le larynx ou la trachée-artère. Le vice, dans ce cas, peut n'être que passager lui-même, et disparaît avec la cause qui l'a produit. Mais si le siffleur a l'apparence d'une bonne santé, s'il corne pendant le travail sans cause apparente, il y aura vice de conformation d'un des points des voies de la respiration, et, par conséquent, cornage chronique.

Les chevaux qui ont la poitrine étroite, la tête busquée et aplatie d'un côté à l'autre, sont sujets à cette affection, surtout quand ils ont les branches des maxillaires serrées l'une contre l'autre. Elle est rare dans les races de sang, qui ont la tête carrée, les naseaux bien ouverts, la poitrine forte, et les branches des mâchoires très écartées, pour loger convenablement le larynx.

Pour s'assurer de l'existence du cornage, on soumet le cheval à un exercice violent s'il le faut, mais pendant quelques minutes seulement ; on s'aperçoit facilement alors du vice rédhibitoire.

Le cornage était très commun en Normandie du temps du règne des têtes busquées, à l'époque où le système malheureux de perfectionnement des races, tant recommandé par le fondateur des écoles vétérinaires, fut accepté, pratiqué par le gouvernement et les éleveurs. Ce vice est devenu aujourd'hui plus rare par l'emploi des chevaux de sang ; les mauvaises poitrines et les têtes moutonnées, que la mode avai adoptées, ont disparu, avec tous les défauts de conformation qui en dépendaient.

DU TIC SANS USURE DES DENTS.

Le tic est une manie ou un besoin éprouvé par le cheval.

Il appuie fortement les dents sur la mangeoire ou tout autre corps, et fait entendre un bruit qu'on a distingué sous le nom de *rot*.

Dans ce cas, le tic est dit d'*appui;* dans le tic en l'air, le cheval lève la tête sans l'appuyer pour *roter*.

On est généralement d'avis que le besoin éprouvé par le cheval de déglutir de l'air, ou de rendre des gaz, est la conséquence d'une altération particulière de l'estomac. Il est à remarquer d'ailleurs que beaucoup de chevaux qu'on empêche de tiquer maigrissent et ne reprennent leur embonpoint que lorsqu'on les laisse libres.

Les chevaux tiqueurs usent leurs dents à force de les appuyer contre des corps durs. Dans ce cas, le tic n'est pas rédhibitoire, parceque l'acheteur a pu se convaincre de son existence. Ce n'est donc que lorsque les dents n'offrent aucune trace de vice qu'il donne lieu à la rédhibition.

Lorsqu'en achetant un cheval on s'apercevra que les dents sont usées, on ne manquera pas de s'assurer de la cause de cette usure. Le tic alors ne serait pas dans les conditions de rédhibition exigées par la loi.

Les chevaux qui paissent dans des terrains sablonneux ont souvent les dents ébréchées, usées, comme les tiqueurs; d'autres usent leurs dents par l'habitude de mordre les mangeoires ou les corps qui sont à leur portée pendant le pansage. On ne manquera donc pas de bien établir la différence qui existe entre ces diverses causes d'usure des incisives.

Pour empêcher les chevaux de tiquer, on leur met un collier serré près de la tête; on emploie aussi une infinité d'autres moyens inutiles. Tant que la cause persiste, l'effet est produit; l'animal, rendu à la liberté, ne manque jamais de se livrer à son habitude, qui paraît être une nécessité pour lui.

DES HERNIES INGUINALES INTERMITTENTES.

La hernie inguinale est très rare ; on aurait pu même, sans grand préjudice, effacer ce vice rédhibitoire de la loi. Il est causé par la descente d'une anse d'intestin dans les bourses. C'est surtout pendant le travail, et les violents efforts, que les chevaux sont sujets aux hernies, lesquelles disparaissent pendant le repos. Le cordon testiculaire qui contient l'intestin en cas de descente est plus gros que le cordon opposé. Dans tout cas, on aura toujours recours à un homme spécial pour en juger.

Les chevaux entiers sont naturellement les plus sujets aux hernies ; ces accidents sont peu observés dans les chevaux hongres.

BOITERIES INTERMITTENTES POUR CAUSE DE VIEUX MAL.

Les boiteries intermittentes sont des vices rédhibitoires communs, dans les villes surtout ; ils sont aussi souvent très difficiles à reconnaître. L'homme de l'art le plus exercé est quelquefois très embarrassé pour bien asseoir son jugement. Aussi l'acheteur doit-il toujours recourir à un expert habile pour constater ce cas rédhibitoire.

Une boiterie intermittente peut se faire remarquer à chaud ou à froid. Dans le premier cas, le cheval ne boite pas en commençant à marcher ; ce n'est que lorsqu'il a travaillé que la claudication est apparente. Après le repos, la boiterie disparaît avec la douleur qui avait été causée par l'exercice.

Lorsque le cheval boite à froid, on s'en aperçoit au moment où il commence à marcher ; sa claudication disparaît après quelque temps d'exercice, pour reparaître après le repos.

On conçoit qu'il est facile de tromper un acheteur en n'exposant un cheval en vente que dans les conditions où il ne boite pas.

Du reste, les claudications reconnaissent toujours pour cause de vieilles maladies dont il est souvent difficile de découvrir le siége. Presque toujours elles sont incurables.

FIN.

LETTRES

DU GÉNÉRAL DAUMAS ET DE L'ÉMIR ABD-EL-KADER

SUR LE

CHEVAL ARABE

M. le général Daumas a envoyé à la Société d'acclimatation une lettre qu'il a reçue de l'émir Abd-el-Kader, sur le Cheval arabe. Chargé par cette Société de formuler notre avis sur ce curieux document, nous le soumettons à nos lecteurs. Les observations de l'Émir sont en harmonie avec celles que nous avons faites en Afrique, notamment au corps de cavalerie indigène dans lequel nous avons servi pendant quelques années, au commencement de la conquête de l'Algérie; nous les publions ici, avec la persuasion qu'elles seront utiles à la cause que nous soutenons sur le Cheval de guerre.

A Monsieur le Président de la Société impériale d'acclimatation.

Monsieur le Président,

Les peuples et les gouvernements ont de tout temps considéré le Cheval comme l'un des éléments les plus puissants de leur force et de leur prospérité. De nos jours, il n'est pas de question d'économie rurale et d'art militaire qui soit plus controversée que celle de l'amélioration du Cheval de guerre. Les grands pouvoirs de l'État, les sociétés savantes, les agriculteurs, l'armée, tout le monde s'en est occupé en France, et cependant nous sommes encore loin d'être d'accord. Pour mon compte, je n'ai jamais cessé d'étudier ce précieux animal, par goût autant que par patriotisme et par état ; j'ai consulté les auteurs les plus estimés, les hommes les plus instruits, et je dois avouer que c'est surtout dans les opinions des Arabes (opinions reproduites dans mon ouvrage sur les Chevaux du Sahara) que j'ai cru trouver les appréciations les plus justes sur le sujet dont je vous demande la permission de vous entretenir un instant. Pour bien m'éclairer, je me suis souvent aussi adressé à l'Émir Abd-el-Kader, l'un des Arabes les plus érudits sur la matière. La dernière lettre qu'il m'a écrite en réponse aux questions que je lui avais adressées offre des considérations remarquables au point de vue de la zoologie appliquée. Aujourd'hui, je viens vous soumettre cette curieuse communication, avec la prière de lui donner la suite que vous jugerez convenable dans l'intérêt de la science et du pays.

Agréez, etc.

Général DAUMAS.

Lettre de l'Émir Abd-el-Kader.

Louange au Dieu unique !

A celui qui reste toujours le même au milieu des révolutions de ce monde.

A notre ami M. le général DAUMAS.

Que le salut soit sur vous, avec la miséricorde et la bénédiction de Dieu, de la part de l'écrivain de cette lettre, de la part de sa mère, de ses enfants, de leur mère, et de toutes les personnes de sa famille et de tous ses compagnons.

Et ensuite : j'ai lu vos questions, je vous adresse mes réponses :

Vous me demandez des renseignements sur l'origine des Chevaux arabes ; mais vous êtes donc comme la fente d'une terre desséchée par le soleil, et qu'une pluie, fût-elle abondante, ne peut jamais parvenir à rassasier !

Cependant, pour étancher, s'il est possible, votre soif (de connaître), je vais, cette fois, remonter à la tête de la source. L'eau y est toujours plus abondante et plus pure.

Sachez donc que chez nous il est admis que Dieu a créé le « Cheval avec le vent, comme il a créé Adam avec le limon ».

Ceci ne peut être discuté. Plusieurs prophètes (sur eux soit le salut !) ont proclamé ce qui suit :

Lorsque Dieu voulut créer le Cheval, il dit au vent du sud :

« Je veux faire sortir de toi une créature, condense-toi. » Et le vent se condensa.

Puis vint l'ange Gabriel ; il prit une poignée de cette matière et la présenta à Dieu, qui en forma un Cheval bai-brun ou alezan brûlé (*koummite*, rouge mêlé de noir), en s'écriant :

« Je t'ai appelé Cheval (*frass*) (1), je t'ai créé arabe et je t'ai
» donné la couleur koummite ; j'ai attaché le bonheur aux
» crins qui tombent entre tes yeux : tu seras le seigneur (*sid*)
» de tous les autres animaux. Les hommes te suivront partout
» où tu iras ; bon pour la poursuite comme pour la fuite, tu
» voleras sans ailes ; sur ton dos reposeront les richesses, et le
» bien arrivera par ton intermédiaire. »

Puis il le marqua du signe de la gloire et du bonheur, *ghora* (pelote en tête, étoile au milieu du front).

Voulez-vous savoir maintenant si Dieu a créé le Cheval avant l'homme, ou s'il a créé l'homme avant le Cheval ? Écoutez.

______

(1) *Frass*, cheval ; le pluriel est *Khéïl*. Ce mot viendrait, disent les savants du substantif *ikhelïal*, qui signifie *fierté*. On aurait ainsi nommé les Chevaux arabes à cause de la fierté de leur démarche.

Dieu a créé le Cheval avant l'homme, et la preuve, c'est que, l'homme étant la nature supérieure, Dieu devait lui donner tout ce dont il avait besoin avant de le créer lui-même.

« La sagesse de Dieu indique qu'il a fait tout ce qui est sur » la terre pour Adam et sa postérité.

En voici encore un témoignage :

Lorsque Dieu eut créé Adam, il l'appela par son nom et lui dit :

« Choisis entre le Cheval et le *Borak* (1). »

Adam répondit : « Le plus beau des deux est le Cheval. » Et Dieu lui répliqua :

« C'est bien, tu as choisis ta gloire et la gloire éternelle de » tes enfants ; tant qu'ils existeront, ma bénédiction sera sur » eux, car je n'ai rien créé qui me soit plus cher que l'homme » et le Cheval. »

Dieu a également créé le Cheval avant la jument ; mes preuves sont que le mâle est plus noble que la femelle, et qu'il est en outre plus vigoureux et plus résistant. Quoique tous deux soient d'une même espèce, l'un est plus passionné que l'autre, et c'est l'habitude de la puissance divine de créer le plus fort le premier. Ce que le Cheval désire le plus, c'est le combat et la course ; aussi est-il préférable pour la guerre, parce qu'il est plus rapide que la jument, plus dur à la fatigue, et qu'il partage tous les sentiments de haine ou de tendresse de son cavalier. Il n'en est pas ainsi de la jument. Qu'un Cheval et une jument soient atteints d'une blessure semblable, et telle qu'elle doive entraîner la mort, le Cheval résistera jusqu'à ce qu'il ait pu conduire son maître loin du champ de bataille, la jument au contraire tombera tout de suite, et sur place, sans pouvoir attendre. Il n'y a pas de doute à élever là-dessus, c'est un fait

---

(1) *Borak* est l'animal qui servit de monture à Mohammed lors de son voyage à travers les cieux. Il ressemblait à un mulet, et n'était ni mâle ni femelle.

constaté par les Arabes ; j'ai vu le cas se présenter souvent
dans nos combats, et je l'ai moi-même éprouvé.

Ceci admis, passons à autre chose. Dieu a-t-il créé les Chevaux arabes avant les Chevaux étrangers (*berradine*), ou bien
a-t-il créé les Chevaux étrangers avant les Chevaux arabes ?

Comme conséquence de mon premier raisonnement, tout
porte à croire qu'il a créé les Chevaux arabes les premiers,
parce qu'ils sont incontestablement les plus nobles. D'ailleurs
le *berdonne* n'est qu'une espèce d'un genre et le Dieu tout-
puissant n'a nulle part créé l'espèce avant le genre.

Maintenant, d'où proviennent les Chevaux arabes d'aujour-
d'hui ?

Beaucoup d'historiens racontent qu'après Adam, le Cheval,
comme tous les animaux, la gazelle, l'autruche, le buffle et
l'âne, ont vécu à l'état sauvage. Suivant eux encore, le premier
qui, après Adam, monta le Cheval, fut *Ismaïl*, le père des
Arabes. Il était fils de notre seigneur Abraham, le chéri de
Dieu. Dieu lui apprit à appeler les Chevaux, et lorsqu'il l'eut
fait, tous accoururent à lui. Il s'empara alors des plus beaux,
des plus fiers, et les dompta.

Mais, plus tard, grand nombre de ces Chevaux dressés et
employés par Ismaïl perdirent avec le temps de leur pureté.
Une seule race fut recueillie dans toute sa noblesse par Salomon, fils de David, et c'est celle appelée *Zad-el-Rakeb* (le ca-
deau, la provision du cavalier), à laquelle tous les chevaux
arabes actuels doivent leur origine. Voici comment :

On prétend que les Arabes de la tribu des Azed vinrent, à
Jérusalem la Noble, complimenter Salomon sur son mariage
avec la reine de *Saba*. Leur mission accomplie, ils lui tinrent ce
langage :

« O prophète de Dieu ! notre pays est éloigné, nos provisions
» sont épuisées ; vous êtes un grand roi, accordez-nous-en de
» suffisantes pour retourner chez nous. »

Salomon fit alors venir de ses écuries un magnifique étalon issu de la race d'Ismaïl, et les congédia en leur disant :

« Voilà les provisions que je vous donne pour votre voyage. » Quand la faim se fera sentir parmi vous, faites du bois, allu- » mez du feu, placez votre meilleur cavalier sur ce Cheval et » armez-le d'une bonne lance; vous aurez à peine réuni votre » bois et allumé le feu, que vous le verrez reparaître avec le » produit d'une chasse abondante. Allez, et que Dieu vous » couvre de sa protection. »

Les Azed se mirent en route. A la première halte, ils firent ce que leur avait prescrit Salomon, et ni zèbre, ni gazelle, ni autruche, ne purent leur échapper. Éclairés alors sur la valeur de l'animal dont le fils de David leur avait fait présent, ces Arabes, rentrés chez eux, le consacrèrent à la reproduction, soignèrent les accouplements, et obtinrent ainsi cette race à laquelle ils donnèrent par reconnaissance le nom de *Zad-el-Raakeb*.

Cette race est celle dont la haute renommée se répandit plus tard dans le monde entier.

En effet, elle se propagea en Orient et en Occident à la suite des Arabes qui pénétrèrent plus tard jusqu'aux extrémités de l'Occident et de l'Orient. Longtemps avant l'islamisme, *Hamir-Aben-Melouk* et ses descendants régnèrent sur l'Occident pendant cent ans ; c'est lui qui fonda *Medaina* et *Saklia Chedad-Eben-Add*, s'empara des pays jusqu'à l'extrémité du Moghreb, et y bâtit des villes et des ports. *Afrikes*, qui donna son nom à l'Afrique, conquit jusqu'à Tandja (Tanger), tandis que son fils Chamar s'empara de l'Orient jusqu'à la Chine, entra dans la ville de *Sad* et la détruisit. C'est pour cela, et depuis cette époque, que ce lieu fut appelé *Chamar-Kenda*, parce que *Kenda* veut dire, en persan, *il a détruit*, d'où les Arabes, par corruption, ont fait *Samarkand*.

Depuis l'islamisme, les nouvelles invasions des musulmans étendirent encore la réputation des Chevaux arabes en Italie, en Espagne et même jusqu'en France, où, sans aucun doute, ils ont laissé de leur sang. Mais ce qui a surtout peuplé l'Afrique de Chevaux arabes, c'est d'abord l'invasion de *Sidi-Okba*, et, plus tard, les invasions successives des Ve et VIe siècles de l'hégire. Avec *Sidi-Okba*, les Arabes n'avaient fait que camper en Afrique, tandis que dans les Ve et VIe siècles, ils y sont venus comme colons, pour s'y installer avec leurs femmes et leurs enfants, avec leurs Chevaux et leurs juments. Ce sont ces dernières invasions qui ont établi sur le sol de l'Algérie les tribus arabes, notamment les *Mekall*, les *Dj'endel*, les *Oulad-Mahdi*, les *Daouaouda*, etc., etc., qui se sont répandus partout et constituèrent la véritable noblesse du pays. Ce sont même ces invasions qui ont transplanté le Cheval arabe jusque dans le Soudan, et peuvent nous faire dire, avec raison, que la race arabe est une, en Algérie comme en Orient.

Ainsi donc, l'histoire des Chevaux arabes peut se diviser en quatre grandes époques :

1° D'Adam à Ismaïl ;

2° D'Ismaïl à Salomon ;

3° De Salomon à Mohammed ;

4° De Mohammed jusqu'à nous.

On conçoit cependant que la race de l'époque principale, celle de Salomon, ayant été forcément divisée en plusieurs branches, il a dû s'établir, par le climat, le plus ou moins de soins et la nourriture, des différences, ainsi qu'il s'en est établi dans l'espèce humaine. La couleur de la robe a varié aussi, sous l'empire des mêmes circonstances : l'expérience a prouvé aujourd'hui aux Arabes que, dans les localités où le terrain est pierreux, les Chevaux sont en général gris, et que, dans celles où le terrain est blanc (*Ard Beda*), la plupart sont blancs. J'ai souvent constaté moi-même la justesse de ces observations.

Je n'ai plus, à présent, qu'une question à vider avec vous.

Vous me demandez à quels signes, chez les Arabes, on reconnaît un Cheval noble, un buveur d'air.

Voici ma réponse :

Le Cheval d'origine pure se distingue, chez nous, par la finesse des lèvres et du cartilage inférieur du nez, par la dilatation des narines ; par la maigreur des chairs qui entourent les veines de la tête, par l'attache élégante de l'encolure, par la douceur des crins, des poils de la peau ; par l'ampleur de la poitrine, la grosseur des articulations et la sécheresse des extrémités. Suivant les traditions de nos ancêtres, on doit cependant le reconnaître par les indices moraux bien plus encore que par les signes extérieurs. Par les signes extérieurs, vous pouvez préjuger la race ; par les indices moraux seulement, vous aurez la confirmation du soin extrême apporté dans les accouplements, de l'intérêt qu'on aura pris à proscrire impitoyablement les mésalliances.

Les Chevaux de race n'ont point de malice. Le Cheval est le plus beau des animaux ; mais son moral, d'après nous, sous peine de dégénérescence, doit répondre à son physique. Les Arabes en sont tellement convaincus que si un Cheval ou une jument ont donné une preuve incontestable de vitesse extraordinaire, de sobriété remarquable, d'intelligence rare ou d'attachement précieux à la main qui les nourrit, ils feront tous les sacrifices imaginables pour en tirer race, persuadés que les qualités qui les ont distingués se représenteront chez leurs produits.

« Nous admettons donc qu'un Cheval est véritablement noble
» quand, en sus d'une belle conformation, il réunit le courage
» à la fierté et qu'il resplendit d'orgueil au milieu de la poudre
» et des hasards.

» Ce Cheval chérira son maître, et ne voudra, le plus sou-
» vent, se laisser monter que par lui.

» Il n'urinera ni ne fera d'ordures tant qu'il le portera.

» Il ne mangera point les restes d'un autre Cheval.

» Il éprouvera du plaisir à troubler avec ses pieds l'eau lim-
» pide qu'il pourra rencontrer.

» Par l'ouïe, par la vue et par l'odorat, aussi bien que par
» son adresse et son intelligence, il saura préserver son maître
» des mille accidents qui sont possibles à la chasse ou à la
» guerre.

» Et, enfin, partageant les sensations de peine ou de plaisir
» de son cavalier, il l'aidera au combat en combattant lui-même,
» et fera, partout et sans cesse, cause commune avec lui (*Ika-*
» *telma-Rakeb-hou*). »

Voilà les indices qui témoignent de la pureté d'une race.

Nous possédons, sur les qualités des Chevaux, des histoires
nombreuses; de toutes il ressort que le Cheval est la plus noble
des créatures après l'homme, la plus patiente, la plus utile. Il se
nourrit de peu, et, si on le considère sous le rapport de la force,
nous le trouvons encore au-dessus de tous les autres animaux.
Le bœuf le plus robuste peut porter un quintal; mais, si vous
placez ce poids sur son dos, il ne marchera plus qu'avec effort
et ne pourra courir. Le Cheval, lui, porte un homme fait, un
cavalier vigoureux, avec un drapeau, des armes et des munitions, des provisions pour tous les deux, et il court un jour
entier et plus sans boire ni manger. C'est avec son secours que
l'Arabe peut sauver ce qu'il possède, s'élancer sur l'ennemi,
suivre ses traces, le fuir, défendre sa famille ou sa liberté; sup-
posez-le riche de tous les biens qui font le bonheur de la vie,
rien ne pourra le protéger que son Cheval.

Comprenez-vous maintenant l'amour immense des Arabes
pour le Cheval? Il n'est qu'égal aux services que celui-ci leur
rend. Ils lui doivent leurs joies, leurs victoires; aussi l'ont-ils
toujours préféré à l'or et aux pierres précieuses. Tant que dura
le paganisme, ils l'aimèrent par intérêt et seulement parce qu'il

leur procurait gloire et richesses; mais, lorsque le Prophète en eut parlé avec les plus grands éloges, cet amour instinctif s'est transformé en devoir religieux. L'une des premières paroles qu'il prononça au sujet des chevaux est celle que la tradition lui prête lorsque plusieurs tribus de l'Yémen vinrent accepter ses dogmes et lui offrir, en signe de soumission (1), cinq juments magnifiques appartenant aux cinq différentes races que possédait alors l'Arabie.

On rapporte que Mahommed sortit de sa tente pour recevoir les nobles animaux qui lui étaient envoyés, et que, tout en les caressant de la main, il s'exprima ainsi :

« Soyez bénies, ô les filles du vent ! »

Plus tard, l'envoyé de Dieu (*Rassoul Allah*) a ajouté :

« Celui qui entretient et dresse un Cheval pour la cause de » Dieu est compté au nombre de ceux qui font l'aumône le » jour et la nuit, en secret ou en public. Il en sera récompensé : » tous ses péchés lui seront remis, et jamais la crainte ne vien- » dra déshonorer son cœur. »

Maintenant, je prie Dieu qu'il vous accorde un bonheur qui ne passe jamais. Conservez-moi votre amitié. Les sages parmi les Arabes ont dit :

« Les richesses peuvent se perdre ;

» Les honneurs sont une ombre qui se dissipe ;

» Mais les vrais amis sont un trésor qui reste. »

Celui qui a écrit ces lignes avec une main que la mort doit dessécher un jour, c'est votre ami, le pauvre devant Dieu,

Sid-el-Hadj Abd-el-Kader, Ben-Mahhyeddin.

Fin de Deui-Kada 1274 (fin d'août 1857).

(1) Ne serait-ce pas là l'origine des Chevaux de soumission (*Gada*) que, dans les pays musulmans, le vaincu doit offrir au vainqueur ?

Les réflexions suivantes ont été soumises à la Société d'acclimatation, qui les a adoptées dans sa séance générale du 18 juin 1858.

Messieurs,

Notre honorable confrère, M. le général Daumas, dont vous connaissez les remarquables travaux sur l'Algérie, continue avec la plus louable persévérance ses études sur le Cheval de guerre. Cette question, qui est des plus graves pour les éleveurs, est en même temps des plus essentielles à connaître, pour les militaires surtout, puisqu'elle se rattache à la force des armées et à la puissance des États. Pour parvenir à son but d'éclairer le pays sur la production du Cheval d'armes, si mal comprise en France, M. Daumas n'a rien négligé. Durant la guerre d'Afrique, il a profité de ses relations avec les Arabes, auprès desquels il a exercé des fonctions administratives élevées, pour s'éclairer lui-même de leur expérience, et il dit à notre président, en lui envoyant la lettre d'Abd-el-Kader : « Je dois avouer que c'est surtout dans les opinions des Arabes » (opinions reproduites dans mon ouvrage sur les Chevaux du » Sahara) que j'ai cru trouver les appréciations les plus justes » sur le sujet dont je vous demande la permission de vous en- » tretenir un instant. » Le général termine sa lettre en priant M. le président de donner au travail de l'Émir la suite qu'il jugera convenable *dans l'intérêt de la science et du pays.*

M. le président a envoyé la lettre de M. Daumas et celle de l'Émir à la première Section, qui s'en est occupée avec attention. Je viens vous rendre compte, en son nom, des réflexions que lui ont inspirées les opinions émises par Abd-el-Kader sur l'origine du Cheval arabe, et sur ses qualités comme type de guerre.

16.

Dans sa lettre, l'Émir prouve qu'il a de profondes connaissances sur le Cheval. Abstraction faite de la forme poétique qu'il donne à son récit, on y trouve un cachet de vérité que je vais chercher à rendre patent par quelques développements, dont l'anatomie, la physiologie et la zoologie me fourniront les éléments. Quant à la partie historique, je ne puis en appuyer le sens que par des probabilités qui me paraissent d'ailleurs fondées, bien qu'on ne puisse rien savoir de positif à ce sujet.

En effet, l'histoire du perfectionnement et de la multiplication du Cheval dans les premiers âges du monde est inconnue ; elle ne saurait donc nous éclairer sur ce point de zootechnie pratique. On doit cependant supposer que les premières sociétés humaines, vivant paisiblement, sans se faire la guerre, n'attachaient pas plus d'importance au Cheval qu'aux autres animaux. Les patriarches étaient pasteurs, ils n'étaient probablement pas guerriers : les produits de leurs troupeaux suffisaient à leurs besoins et à ceux de leurs familles. Un matériel de guerre, sous quelque forme qu'il fût, leur eût donc été complétement inutile.

Mais les sociétés, se multipliant, formèrent des peuplades d'abord, des nations ensuite. L'ambition de ceux qui se mirent à leur tête pour les gouverner les porta à étendre leur domination et à faire des conquêtes. C'est aux époques où la loi du plus fort fut la loi suprême que l'homme songea à multiplier et à améliorer le Cheval comme l'un des éléments les plus puissants de la force des armées organisées, soit pour l'attaque, soit pour la défense.

Les récits des Arabes, dégagés de tout ce qu'ils peuvent avoir d'imaginaire, ne sont pas dépourvus de probabilité. Le peuple arabe, en effet, peuple soldat, porta au loin la guerre. Il fit des conquêtes dans toutes les directions, en Afrique, en Asie ou en Europe ; il a dû par conséquent s'occuper, l'un des premiers, de perfectionner le Cheval qu'il possédait. Favorisé par le climat qui lui en facilitait les moyens, engagé dans des guerres permanentes, nul mieux que lui ne pouvait sentir la nécessité d'une bonne et puissante cavalerie indispensable pour continuer sa vie de conquérant.

Abd-el-Kader indique quatre époques distinctes dans l'histoire de l'origine du Cheval arabe. « Ainsi donc, dit-il, l'his» toire des Chevaux arabes peut se diviser en quatre grandes » époques :

» 1° D'Adam à Ismaïl,

» 2° D'Ismaïl à Salomon,

» 3° De Salomon à Mahomet,

» 4° De Mahomet jusqu'à nous. »

Peu nous importent les limites que l'imagination poétique des Orientaux a fixées à ce sujet; ces époques ne sont d'ailleurs pour la science du Cheval, dont je veux m'occuper exclusivement ici, qu'une question de forme et de détail; c'est, au fond, la vérité qu'il faut chercher à découvrir, et c'est ce que je vais essayer de faire, sans négliger toutefois de tenir compte de la narration poétique de l'auteur arabe.

L'histoire du cœur humain nous apprend que l'homme s'est attaché de tout temps à ce qui a favorisé ses intérêts et flatté ses goûts. Tant que le Cheval n'a pas joué un rôle important dans le sort des nations comme dans celui des individus, il a dû être traité comme les autres sujets de la création, c'est-à-dire en raison de son utilité. Certes, le mouton qui fournissait sa laine pour vêtir les premières familles humaines, la vache qui donnait son lait pour les nourrir, le chameau qui transportait avec une rare docilité leurs bagages quand elles voulaient changer de place ou traverser des déserts, étaient des animaux bien plus précieux que le Cheval, relégué sans doute dans un rang secondaire. Mais il n'en fut plus de même du moment qu'il fut question d'attaquer ou de défendre; le Cheval alors prit le premier rang : nul autre animal ne pouvait le remplacer pour les combats, soit pour poursuivre un ennemi vaincu et le piller, soit pour l'éviter vainqueur et se soustraire à ses atteintes.

Pour démontrer l'opinion établissant que les exigences de la guerre ont dû être le plus puissant motif de la multiplication et du perfectionnement du Cheval, la lettre de l'Émir renferme un passage remarquable : « *Tant que dura le paganisme, dit-il,* » *les Arabes aimèrent le Cheval par intérêt et seulement parce* » *qu'il leur procurait gloire et richesses ; mais, lorsque le* » *Prophète en eut parlé avec les plus grands éloges, cet amour* » *instinctif s'est transformé en devoir religieux.* »

Mahomet, aussi profond politique que guerrier habile, comprit que le Cheval devait jouer un rôle trop important dans les guerres qu'il soutenait pour ne pas employer un moyen nouveau de faire multiplier et perfectionner ce précieux animal. Il eut l'idée de faire intervenir la religion dans l'art difficile de l'élever et de le gouverner. Le sentiment religieux, quelle que soit d'ailleurs son origine, n'est-il pas l'un des mobiles les plus puissants et les plus énergiques du cœur humain ? Quels grands événements ne se sont pas accomplis, dans la vie des nations comme dans celle des individus, sous l'influence des idées religieuses ! Elles peuvent donner aux existences les plus modestes, aux âmes les plus timides, la bravoure la plus héroïque, l'abnégation la plus absolue. Quelles preuves les chrétiens, les martyrs surtout, n'ont-ils pas données de ce que j'avance ici, au commencement du christianisme comme à toutes les époques de cette religion divine !

Mahomet, en promettant le paradis à ceux qui traitaient les Chevaux comme il le désirait dans l'intérêt de sa puissance, de sa force et de sa gloire, trouva le meilleur moyen de faire multiplier et perfectionner les types de remonte de sa cavalerie. Chez un peuple croyant comme le peuple arabe, il n'était pas possible d'employer un plus puissant encouragement. Si nous avions une histoire bien faite et exacte de l'origine du Cheval arabe perfectionné, j'ai la persuasion que cette amélioration daterait surtout du Prophète, et l'opinion d'Abd-el-Kader me paraît formelle sur ce point. Avec leurs idées religieuses, non-seulement les Arabes ont fait le premier et le meilleur cheval de guerre du monde, mais ils ont conservé le monopole de sa production. Toutes les autres nations vont dans les pays mahométans acheter les étalons aptes à perfectionner leurs races.

L'opinion que j'avance ici me paraît si fondée que les musulmans seuls semblent avoir le privilége de posséder le meilleur Cheval de guerre. Certes, l'Asie doit avoir, dans la vaste étendue de son territoire, des contrées dont les conditions climatériques seraient aptes à faire des Chevaux comme ceux des Arabes; l'Inde, le pays de l'hémione, certaines régions méridionales de la Chine et autres pays du Levant, pourraient sans doute obtenir des Chevaux tels que les Arabes les ont faits; mais il leur a manqué le Coran, le sentiment religieux dont Mahomet a tiré un si bon parti pour l'entretien d'une armée formidable par sa cavalerie.

On me dira peut-être : « Mais les Numides n'avaient pas le » Coran, et cependant l'histoire rapporte que leur cavalerie » était du premier ordre. »

La cavalerie numide était formée de Chevaux d'Afrique, et par conséquent de bons Chevaux ; mais est-il admissible que, lorsque le Prophète a dit à ses croyants : « *L'Arabe doit aimer* » *ses Chevaux comme une partie de son propre cœur, et leur* » *sacrifier, pour les entretenir, jusqu'à la nourriture de ses* » *propres enfants !* » est-il admissible, dis-je, que cette parole si puissante, puisqu'elle sortait de la bouche de l'envoyé de Dieu, ait été sans effet ? En parlant du Cheval du temps du paganisme, c'est-à-dire avant l'époque de Mahomet, Abd-el-

Kader confirme l'opinion que j'émets ici, et il ne serait pas raisonnable de la contester : les actes, comme la raison, en effet, parlent en faveur de ce qu'a avancé ce chef éclairé des Arabes, et rien n'est plus vraisemblable.

L'idée religieuse qui s'attache à l'élevage du Cheval de guerre chez les Arabes paraît donc être l'une des principales causes du perfectionnement de ce type; en Orient, cette idée semble avoir tenu lieu de la science de la nature, que les mahométans sont loin de posséder comme en Europe. Chez eux, la tradition, la méditation, l'étude pratique de la conformation du Cheval, celle de sa nature, ont conduit à des résultats d'appréciation que nos savants en anatomie générale et spéciale, en physiologie, en hygiène, en zoologie et en mécanique animale, ne sauraient contester. Pour nous convaincre de ce que j'avance ici, nous n'avons qu'à consulter les maximes des Arabes, ce que disent ces cavaliers habiles, ce qu'ils ont écrit dans leurs légendes sur la connaissance intime du Cheval. Leurs principes sont, à très-peu d'exceptions près, en parfaite harmonie avec ceux des sciences naturelles enseignées au point de vue de l'étude du Cheval. On en trouvera la preuve dans la comparaison que l'on pourra faire entre les opinions émises par Abd-el-Kader et ses coreligionnaires et celles de la plupart de nos auteurs en hippologie, sans en excepter même Bourgelat, qui a rendu de si grands services en fondant les écoles vétérinaires d'après les idées développées par notre immortel naturaliste Buffon. En étudiant le Cheval suivant les lois rigoureuses de la science de la nature, ce qui a été trop négligé même dans l'enseignement officiel, on sera forcé de reconnaître la supériorité des connaissances des Arabes, en matière du Cheval de guerre, sur les nôtres. Je ne veux pas entrer dans tous les détails de la question, ce qui ne me serait pas d'ailleurs difficile; mais je veux me borner ici à commenter la lettre de l'Émir : je trouve dans ce document, quelque limité qu'il soit, des preuves qui viennent corroborer mon opiniou. Je vais prouver ce que j'avance en jetant un coup d'œil rapide sur ce qu'il contient : on le verra conforme aux règles de l'anatomie, de la physiologie, de la mécanique animale et de la zoologie.

« Le Cheval d'origine pure, dit Abd-el-Kader, se distingue,
» chez nous, par la finesse des lèvres et du cartilage inférieur
» du nez, par la dilatation des narines ; par la maigreur des
» chairs qui entourent les veines de la tête ; par l'attache élé-
» gante de l'encolure ; par la douceur des crins, des poils, de
» la peau ; par l'ampleur de la poitrine, la grosseur des arti-
» culations et la sécheresse des extrémités. »

On ne saurait être plus concis et donner avec plus d'exactitude une idée du Cheval de sang. En effet, la finesse des lèvres comporte celle de la peau, qui est toujours un caractère de distinction. De plus, cette finesse des lèvres indique que les muscles sous-cutanés de ces parties sont exempts d'empâtement, de tissu cellulaire abondant ou de graisse, qui forment les lèvres épaisses, roulées en bourrelets, sans expression, et exécutant des mouvements flasques et bornés. Ces dernières lèvres caractérisent les races communes, abâtardies et lymphatiques. La finesse des cartilages des narines indique la distinction, par les mêmes raisons que je viens de signaler pour les lèvres.

La dilatation des narines est observée chez le Cheval que l'Arabe appelle le *buveur d'air*. Ce caractère se rattache à un fait anatomique et physiologique que je ne veux pas négliger de rappeler ici, pour prouver ce que j'ai avancé sur les connaissances des Arabes en matière de Chevaux de guerre.

On sait que, par une disposition anatomique des premières voies du canal aérien, le Cheval ne peut pas respirer par la bouche. Tout l'air qui entre dans ses poumons, passe par ses naseaux. Si, par suite d'accident, la dimension de ces cavités est diminuée, les poumons fonctionnent mal, à défaut d'air suffisant, et le Cheval perd de ses moyens ; il perd surtout de sa force, de son énergie et de la rapidité de ses allures en raison des obstacles de sa respiration. On conçoit donc la nécessité de la dilatation des narines, qui doivent ressembler à la *gueule du lion*, suivant l'expression des Arabes.

L'ampleur de la poitrine, signalée par Abd-el-Kader, se lie rigoureusement à celle des narines. L'une suit l'autre. Si la dilatation des naseaux est nécessaire au passage d'une grande quantité d'air, la capacité de la poitrine, qui est en raison de celle des poumons, est indispensable à l'acte essentiel d'une respiration étendue : ce fait physiologique ne saurait être contesté.

La maigreur des chairs qui entourent les veines de la tête proscrit tout empâtement de cette région causé par la présence d'un tissu cellulaire sous-cutané ou graisseux qui rend la tête comme boursouflée. Ce caractère appartient aux types communs, dégradés ; jamais il n'est observé chez le Cheval de race noble, dont le système vasculaire cutané, en général, est nettement dessiné, bien tranché dans ses divisions, à la tête surtout.

Enfin, l'attache élégante de l'encolure, la douceur des crins, des poils et de la peau, caractérisent aussi les races de sang noble. Ces marques de distinction n'ont pas échappé à l'esprit scrutateur des Arabes, et c'est là un fait d'observation pratique que la science explique parfaitement.

La grosseur des articulations est un point de mécanique animale essentiel à faire connaître. La solidité d'une articulation dépend de la largeur des surfaces osseuses qui sont en rapport, et des ligaments qui les fixent les unes aux autres. Or, on conçoit que plus ces surfaces osseuses sont grandes, plus les ligaments articulaires sont gros et forts, plus le volume formé sous la peau par cet ensemble d'organes est grand. C'est là la raison qui fait désirer à l'Émir la *grosseur des articulations*

d'une part, de l'autre, une articulation à large surface de support se fatigue moins, etc., etc.

Quant à la sécheresse des membres, elle indique que les extrémités sont nettes, exemptes d'engorgements, de tarres molles, qui sont assez communes dans les Chevaux à tempérament lymphatique, élevés dans les lieux humides, dans les pays marécageux.

Ce qu'a avancé Abd-el-Kader dans sa lettre est donc rigoureusement exact au point de vue de l'anatomie générale et spéciale, à celui de la physiologie et de la mécanique animale, en ce qui concerne le Cheval de race noble, le *buveur d'air*. Mais, en connaisseur profond, cet auteur ne s'en tient pas aux caractères physiques, à la belle conformation du sujet : « Suivant les » traditions de nos ancêtres, dit-il, on doit cependant le recon-» naître (le Cheval de sang noble) *par les indices moraux, bien* » *plus encore que par les signes extérieurs.* Par les signes ex-» térieurs, vous pouvez préjuger la race ; *par les indices mo-* » *raux seulement,* vous aurez la confirmation des soins ex-» trêmes apportés dans les accouplements, de l'intérêt qu'on » aura pris à proscrire impitoyablement les mésalliances.

» *Les Chevaux de race n'ont point de malice.* Le Cheval est » le plus beau des animaux ; mais son moral, d'après nous, sous » peine de dégénérescence, doit répondre à son physique. »

Ainsi donc, les Arabes ont poussé si loin l'étude pratique du Cheval de guerre, qu'ils exigent non-seulement une bonne conformation des types de race noble, mais un moral qui soit en harmonie avec leur beauté physique. C'est là un raffinement d'études auquel nous ne sommes pas encore parvenus, malgré toute notre science. L'Arabe attache bien plus de prix encore au moral de son Cheval qu'à son physique, et il entre ainsi dans le domaine de la phrénologie sans s'en douter. Il a dû remarquer que la largeur du front, le développement du crâne, l'écartement des oreilles, doivent être des signes caractéristiques d'un bon moral,

de l'intelligence des chevaux ; comme aussi les bonnes dispositions du cerveau chez l'homme sont les indices de ses qualités
morales pour les phrénologistes.

Que diront les Anglais de l'opinion d'Abd-el-Kader sur le moral du Cheval, eux qui n'y attachent qu'une importance secondaire ? Ils ont fait, il est vrai, à force de persévérance, par des
soins hygiéniques bien dirigés et par des croisements ou des accouplements qui leur ont offert les plus grandes difficultés de
réussite, un type d'une grande vitesse instantanée ; mais le tempérament de ce type est très-délicat : il exige, lui ou ses dérivés,
des soins exceptionnels qu'il est impossible de donner, en campagne surtout. D'autre part, sa nature irritable, son caractère
quelquefois difficile, le rendent volontaire, souvent ramingue,
quand il n'est pas dangereux pour le cavalier, et quand il ne se dé-
robe pas sous lui malgré toutes les précautions prises pour l'en
empêcher. Dira-t-on que ce ne sont pas là des vices essentiels,
pour le Cheval de guerre surtout, pour ce Cheval qui doit être
toujours sobre et rustique, toujours docile, obéissant, et en quelque sorte identifié avec celui qui le monte pour combattre dans
les rangs. Je le répéterai sans cesse, sous quelque point de vue
qu'on l'envisage, le Cheval de course anglais, dit de pur sang
dans les livres, sera toujours un mauvais Cheval de guerre,
lui et ses dérivés. On contestera tant qu'on voudra cette vérité,
elle n'en triomphera pas moins le jour où le pays et les éleveurs seront bien éclairés sur les qualités indispensables au bon
Cheval d'escadron. Il n'est pas un éleveur intelligent en France,
un officier de cavalerie dans l'armée, qui ne soit de cet avis.
J'aurais eu cent fois l'occasion de m'en convaincre, si je n'en
avais eu d'ailleurs la certitude absolue.

Abd-el-Kader ne s'est pas borné à faire l'historique de l'origine
du Cheval arabe, et à parler de sa conformation, de ses qualités
morales et physiques ; il s'est occupé, de plus, des causes qui
ont modifié le type primitif de sa noble race, et il a touché

à une question de zoologie appliquée qui a longtemps agité le
monde savant en Europe. On se souviendra sans doute du débat
contradictoire qui eut lieu entre les deux illustres naturalistes
Étienne Geoffroy Saint-Hilaire et Georges Cuvier. Le premier
soutenait que les espèces pourraient varier dans leurs caractères
zoologiques, suivant des circonstances données ; le second n'était
pas absolument de cet avis : il soutenait son opinion sur l'invaria-
bilité des espèces en général, avec la force d'autorité si justement acquise à son nom, à son génie. Cuvier avait classé le règne animal ; or une classification ne peut être jamais rigoureusement exacte, si l'on admet que les espèces rangées peuvent
varier dans les caractères zoologiques qui ont servi à leur classe-
ment. On ne se doutait guère, à l'époque où ces discussions eurent lieu, que plus tard un Arabe viendrait, par un fait d'ailleurs
bien connu des observateurs, donner raison à Geoffroy Saint-
Hilaire, contre son célèbre contradicteur, sur la variabilité des
espèces suivant les climats et les lieux où elles sont introduites,
soit à l'état domestique, soit à l'état sauvage.

« On conçoit, dit Abd-el-Kader en parlant des Chevaux des
» haras que Salomon avait formés, que la race de l'époque prin-
» cipale, celle de Salomon, ayant été forcément divisée en plu-
» sieurs branches, il a dû s'établir, par *le climat, le plus ou*
» *moins de soins et la nourriture*, des différences, ainsi qu'il
» s'en est établi dans l'espèce humaine. La couleur de la robe a
» varié aussi sous l'empire des mêmes circonstances. L'expé-
» rience a prouvé aux Arabes que, dans les localités où le ter-
» rain est pierreux, les chevaux sont en général gris, et que,
» dans celles où le terrain est blanc, la plupart sont blancs. J'ai
» souvent constaté moi-même la justesse de ces observations. »

Les races de Chevaux varient, comme le dit l'Émir, suivant
les climats. Les soins et la nourriture donnés aux sujets contribuent aussi à la modification de leurs formes. C'est là ce qui explique les variétés différentes de Chevaux observées dans les

divers pays où ils sont élevés. Quant à la couleur du pelage, la cause de son changement est moins connue, bien qu'elle ne puisse être niée. On voit la nuance des robes varier suivant les localités. Dans la Camargue, par exemple, où les Chevaux vivent à l'état sauvage, on ne voit que des robes grises ; celles qui offrent une nuance différente sont de rares exceptions. En Normandie, le bai et l'alezan dominent ; les Chevaux gris y sont en grande minorité, tandis que c'est le contraire dans le Perche. Dans les autres espèces, dans l'espèce bovine par exemple, la couleur de la robe est encore plus tranchée dans les divers lieux. Ainsi, la race flamande est rouge-cerise, celle du pays de Salers est rouge-acajou vif; la race aubrac est gris-fauve ; la charolaise, café au lait clair ; l'agenaise est froment, ainsi que la limousine et la franc-comtoise. La bretonne des Landes est pie noire, etc., etc.

Nous ne savons jusqu'à quel point est fondée l'opinion d'Abd-el-Kader sur la cause des nuances des diverses robes, nous nous bornons donc à signaler le fait sans commentaires. Ce qu'il y a d'irrécusable, c'est que la couleur des animaux varie suivant les régions qui les produisent en général. Si nous n'en avons pas bien apprécié la cause, elle n'en existe pas moins.

Les Arabes attachent de l'importance à la robe des Chevaux, et ils ont raison : « Les robes claires ou lavées, disent-ils, ainsi » que les taches blanches à la tête, sur le corps et aux extré-» mités, surtout quand elles sont larges, longues ou hautes, » regarde-les comme des dégénérescences de race et des indices » de faiblesse (1). »

Nous n'estimons pas non plus les Chevaux alezan lavé, *poil de vache*, ni ceux qui ont de grandes balzanes ou qui ont la robe pie. Ces particularités peuvent indiquer des tempéraments lymphatiques, éloignés des bons types. Les robes foncées, franches dans leurs nuances, telles que les alezan foncé ou brûlé, les bai-

(1) Daumas, *Chevaux du Sahara*.

brun, les noires, etc., se rapprochent plus de la nuance des types purs. Les Arabes partagent cette opinion ; aussi lit-on dans leurs légendes : « Puis vint l'ange Gabriel ; il prit une poignée » de cette matière, et la présenta à Dieu, qui en forma un Che- » val bai-brun ou alezan brûlé (*koummite*, rouge mêlé de » noir). »

Telles sont, Messieurs, les courtes réflexions que j'ai cru devoir vous soumettre au nom de la Section des mammifères, dans l'intérêt de la science du Cheval de guerre, au sujet de la lettre que l'Émir Abd-el-Kader a adressée à notre confrère M. le général Daumas. Quelques objections seront peut-être faites par des incrédules, notamment par ceux qui pensent que nos espèces de remonte ne peuvent être perfectionnées que par leur croisement avec le Cheval de course anglais. Nous sommes loin de contester le mérite des Chevaux de course anglais sur un hippodrome ; mais à la guerre, en campagne, il n'en est pas de même, tant s'en faut : là, ce Cheval est un mauvais type.

La guerre d'Orient nous a fourni une preuve récente de la différence qu'il y a entre le sang arabe et le sang anglais pour les armées, différence que j'avais signalée bien avant cette sanglante lutte. Si celui-ci est un type de luxe (et c'est sa spécialité) ; s'il est d'une grande vitesse pour une course de quelques minutes ; si, quand il est bien choisi, il peut supporter la fatigue d'une chasse ou celle d'un bon service ordinaire, lorsqu'il reçoit les soins particuliers et la nourriture indispensable à sa nature d'ailleurs exigeante, il est par le fait, et l'expérience l'a prouvé, un mauvais Cheval d'escadron, un triste améliorateur de nos types de remonte : je l'ai toujours soutenu avec les hommes qui ont étudié les qualités essentielles aux Chevaux d'armes, et je suis moins que jamais disposé à me rétracter. Je suis sûr, d'ailleurs, de partager cette opinion avec tous les officiers de cavalerie de l'armée, surtout avec ceux qui ont fait la guerre, et qui ont pu juger, en campagne, la question par les faits.

Je ne terminerai pas cette note, Messieurs, sans vous proposer de remercier M. le général Daumas de son intéressante communication. Il vous a ainsi fourni l'occasion de vous occuper de la grave question du Cheval de guerre, débattue depuis des siècles, sans être encore résolue chez nous. En contribuant à éclairer le pays sur elle, vous rendrez un service aussi important pour notre agriculture que pour l'armée.

RICHARD (DU CANTAL).

Troisième partie.

Appendice.